全国专业技术人员新职业培训教程

智能制造工程技术人员

中级

装备与产线智能运维

人力资源社会保障部专业技术人员管理司　组织编写

中国人事出版社

图书在版编目（CIP）数据

智能制造工程技术人员.中级：装备与产线智能运维/人力资源社会保障部专业技术人员管理司组织编写. -- 北京：中国人事出版社，2024

全国专业技术人员新职业培训教程

ISBN 978-7-5129-1947-1

Ⅰ.①智… Ⅱ.①人… Ⅲ.①智能制造系统-职业培训-教材 Ⅳ.①TH166

中国国家版本馆CIP数据核字（2023）第239859号

中国人事出版社出版发行

（北京市惠新东街1号 邮政编码：100029）

*

保定市中画美凯印刷有限公司印刷装订 新华书店经销

787毫米×1092毫米 16开本 21.5印张 322千字

2024年3月第1版 2024年3月第1次印刷

定价：56.00元

营销中心电话：400-606-6496

出版社网址：https://www.class.com.cn

版权专有 侵权必究

如有印装差错，请与本社联系调换：（010）81211666

我社将与版权执法机关配合，大力打击盗印、销售和使用盗版图书活动，敬请广大读者协助举报，经查实将给予举报者奖励。

举报电话：（010）64954652

本书编委会

指导委员会

主　　任：周　济

副 主 任：李培根　林忠钦　陆大明

委　　员：顾佩华　赵　继　陈　明　陈雪峰

编审委员会

总 编 审：陈　明

副总编审：陈雪峰　王振林　王　玲　罗　平

主　　编：陈雪峰

副 主 编：冯辅周　姜洪开

编写人员：李　晶　张　超　王晨希　李　明　孙　伟　王小权　彭焕春
　　　　　刘　锋　张丽霞　江鹏程　翟　智　杨立娟

主审人员：胥永刚　李巍华

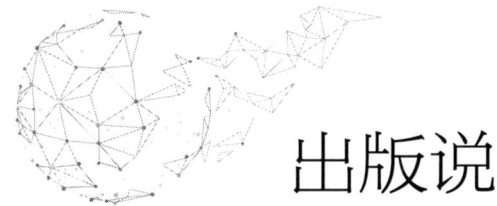

出版说明

当今世界正经历百年未有之大变局，我国正处于实现中华民族伟大复兴关键时期。在全球经济低迷，我国加快形成以国内大循环为主体、国内国际双循环相互促进的新发展格局背景下，数字经济发挥着提振经济的重要作用。党的十九届五中全会提出，要发展战略性新兴产业，推动互联网、大数据、人工智能等同各产业深度融合，推动先进制造业集群发展，构建一批各具特色、优势互补、结构合理的战略性新兴产业增长引擎。党的二十大提出，加快发展数字经济，促进数字经济和实体经济深度融合，打造具有国际竞争力的数字产业集群。"十四五"期间，数字经济将继续快速发展、全面发力，成为我国推动高质量发展的核心动力。

近年来，人工智能、物联网、大数据、云计算、数字化管理、智能制造、工业互联网、虚拟现实、区块链、集成电路等数字技术领域新职业不断涌现，这些新职业从业人员通过不断学习与探索，将推动科技创新、释放巨大能量，推动人们生产生活方式智能化、智慧化、数字化，推动传统产业转型升级，为经济高质量发展注入强劲活力。我国在技术、消费与应用领域具备数字经济创新领先优势，但还存在数字技术人才供给缺口较大、关键核心技术领域自主创新能力不足、数字经济与实体经济融合的深度和广度不够等问题。发展数字经济，推进数字产业化和产业数字化，推动数字经济和实体经济深度融合，急需培育壮大数字技术工程师队伍。

人力资源社会保障部会同有关行业主管部门陆续制定颁布数字技术领域国家职业标准，坚持以职业活动为导向、以专业能力为核心，遵循人才成长规律，对从业人员的理论知识和专业能力提出综合性引导性培养标准，为加快培育数字技术人才提供基本依据。根据《人力资源社会保障部办公厅关于加强新职业培训工作的通知》（人社厅发〔2021〕28号）要求，为提高新职业培训的针对性、有效性，进一步发挥新职业培训促进更好就业的作用，人力资源社会保障部专业技术人员管理司组织相关领域的专家学者编写了全国专业技术人员新职业培训教程，供相关领域开展新职业培训使用。

本系列教程依据相应国家职业标准和培训大纲编写，划分初级、中级、高级三个等级，有的职业划分若干职业方向。教程紧贴数字技术人员职业活动特点，定位于全国平均水平，且是相关数字技术人员经过继续教育或岗位实践能够达到的水平，突出该职业领域的核心理论知识、主流技术及未来发展要求，为教学活动和培训考核提供规范和引导，将帮助广大有意或正在从事数字技术职业的人员改善知识结构、掌握数字技术、提升创新能力。

希望本系列教程的出版，能够在加强数字技术人才队伍建设、推动数字经济快速发展中发挥支持作用。

目 录

第一章　嵌入式系统及技术…………………………… 001

第一节　嵌入式系统技术概述………………………… 003

第二节　常见的嵌入式技术介绍……………………… 012

实验：Arduino Uno 板卡的开发与调试 ……………… 024

第二章　网络集成与通信技术…………………………… 031

第一节　网络集成体系框架…………………………… 033

第二节　网络集成技术………………………………… 038

第三节　通信技术……………………………………… 059

第四节　案例：加工过程网络系统集成及通信…… 082

实验一：报文传输实验………………………………… 087

实验二：智能工厂网络配置与安全防护……………… 088

第三章　装备产线关键部件故障机理模型……………… 091

第一节　轴承转子系统故障特征动力学分析……… 093

第二节　行星轮系齿轮磨损故障动态响应

　　　　特征……………………………………………… 099

第三节　实验验证……………………………………… 114

001

第四章　装备建模与维修作业仿真技术 ………… 133
第一节　基于数字孪生的装备建模方法 ………… 135
第二节　AR 与数字孪生增强的维修作业仿真

与决策 ………………………………… 152
第三节　应用案例 ……………………………… 168
第四节　基于 AR 的产线巡检系统配置实验 …… 178

第五章　时频分析技术 …………………………… 181
第一节　时频分析概述 ………………………… 183
第二节　第二代小波 …………………………… 199
第三节　应用案例：齿轮箱和机车轴承故障

特征提取 ……………………………… 212

第六章　智能诊断技术 …………………………… 223
第一节　智能诊断概述 ………………………… 225
第二节　基于知识的智能诊断方法 …………… 232
第三节　基于数据驱动的机器学习智能诊断方法 … 243
第四节　基于数据驱动的深度学习智能诊断方法 … 252
第五节　基于深度卷积网络的智能故障诊断

应用 …………………………………… 262

实验：深度卷积神经网络模型的训练与参数

调优实验 ……………………………… 272

第七章　民用飞机智能运维系统 ………………… 275
第一节　民用飞机智能运维系统设计 ………… 277
第二节　民用飞机智能运维系统集成 ………… 289
第三节　案例：民用飞机故障诊断技术 ……… 306

第八章　智能制造示范产线的智能运维系统………311

第一节　智能制造示范产线……………………………313

第二节　智能制造示范产线的远程运维平台……………317

实验一：产线故障信号采集与状态监控………………320

实验二：故障诊断知识库的创建与配置………………321

实验三：产线故障诊断与维修…………………………322

参考文献……………………………………………325

后记…………………………………………………329

第一章
嵌入式系统及技术

嵌入式系统是装备与产线智能运维的重要硬件基础。在智能运维中，嵌入式系统起着至关重要的作用，它们负责实时数据采集、数据处理、决策制定以及控制装备和产线的各种动作。本章概述了嵌入式系统，包括其组成、技术原理以及常见的技术，如 VxWorks、DSP、STM32、Arduino，并包含了 Arduino Uno 开发板的实验。

- **职业功能：**装备与产线智能运维。
- **工作内容：**配置、集成装备与产线智能运维系统。
- **专业能力要求：**能进行智能运维系统的属性和参数配置。
- **相关知识要求：**嵌入式系统技术。

第一节　嵌入式系统技术概述

考核知识点及能力要求:

- 了解嵌入式系统的概念、发展及应用。
- 熟悉嵌入式系统的组成与软硬件特征。
- 掌握常见的嵌入式系统分类。

一、嵌入式系统概述

1. 嵌入式系统的概念及定义

嵌入式系统（embedded system）指的是嵌入某一完整设备的一套计算机系统，它通常具有对上级设备、机器或车间等的监测、控制等辅助作用，可以说嵌入式系统就是设备的"神经系统"。嵌入式系统跟常见的家用计算机系统或者服务器系统有很多相似之处，也有一些不同。嵌入式系统的体积、功耗一般更小，它是为了某种场景某项任务特殊定制的，嵌入式系统对于尺寸、成本更加重视。根据场景和任务的不同，有些嵌入式系统还要求具有实时性处理功能以及在复杂环境中重复工作的高可靠性。

嵌入式系统是指以应用为中心，以计算机技术为基础，软硬件可裁剪，适应应用系统对功能、可靠性、成本、体积、功耗等严格要求的专用计算机系统。"以应用为中心"指的是对于任一个具体的嵌入式系统，它的工作目的是服务于某一特定任务，而不是像个人计算机那样服务于多个任务，所以嵌入式系统的设计需要根据特定应用的需求来选择软硬件及编程语言、算法等细节；"以计算机技术为基础"指的是嵌入式系统技术来源于计算机技术,虽然相比较一般计算机系统而言,嵌入式系统的规模一般更小、功能更加单一,但是计算机系统所具有的处理器、存储器、I/O 接口等嵌入式系统也是具备的,并且传感器和执行器比普通计算机系统更加丰富;"软硬件可裁剪"指的是根据场景、任务的不同,嵌入式系统的软硬件会做出一些取舍,以节约空间、成本等,通过对应用场景需求的分析,可以定制不同的软硬件并进行优化,可以根据需要选择不同的操作系统、库、软件模块,为特定应用需求提供更加灵活的解决方案;"专用计算机系统"指出了嵌入式系统与通用计算机系统的不同,嵌入式系统通常是针对某一具体应用场景专门定制的、个性化的计算机系统,相对来说,其软硬件种类比较丰富、复杂,一般而言,嵌入式系统对功耗、实时性、安全可靠性等方面有更高的要求。

2. 嵌入式系统的应用

现代社会中纯机械的设备越来越少,而应用了嵌入式系统的设备可以说是随处可见。从便携式个人设备(数字手表、健康手环、蓝牙耳机等)到更大的电气或机械装备,如家用电器、工业装配线、工厂生产线、机器人、车辆、医疗器械、医学成像系统、航空电子设备、武器电子设备等,都可以看到嵌入式系统的身影。此外,工厂、港口、管道管网、电站、电网、道路交通等大型设施依赖于多个联网的嵌入式系统,不仅可以实现在线监控、智能调度、无人值守,而且大多具备大数据收集及深度学习、自动适应等高级功能。

越来越多的装备与产线逐渐应用了嵌入式系统技术,使得其自动化、智能化水平越来越高,从而节约了各项成本,带来了极高的经济效益。例如,2020 年,特斯拉公司的电动汽车在全球的销量最高,占据了整个电动汽车市场(纯电动)23% 的份额和 16% 的插电式市场(包括插电式混合动力车)。特斯拉引以为傲的电池管理以及驾驶辅助系统由一系列的嵌入式系统组成。特斯拉的智能工厂生产线也是嵌入式系统应用的一个案例。它基于自动化和机器人,结合了软件、硬件和机械以及少许人的参与配合,优化了生产流程,减少了不必要的劳动力和资源浪费,让汽车生产变得更加高效、可控、有趣。其冲压生产线、车身中心、烤漆中心和组装中心四大制造环节有超过 150 台机器人参与工作,整个工厂到处都是工业机器人。车辆自动由一道工序运送到下一道工序，车身喷漆、挡风玻璃及座椅安装、钢板卷圈、车架搬运等都由机器人自动完成。工厂生产线采用机器人有很多优势，机器人对工作环境的要求没有人类那么苛刻，尤其是在人类无法胜任的恶劣环境中。并且机器人不需要休息，可以 24 h 工作，所以整个工厂的生产率极大提高，成本极大降低。2021 年，特斯拉公司汽车业务的毛利润率达到 29.3%，相关统计数据显示，全球大多数车企的毛利率在 20% 以下。

在物联网时代，嵌入式系统是万物互联的基础，它让设备有了生命、感知，进而有了智能。要建设制造强国，智能制造是主攻方向，因此先进制造技术必须与互联网、大数据、人工智能、云计算、超级计算等新一代信息技术深度融合，并将嵌入式系统技术贯穿始终，所以了解、学习、掌握嵌入式系统及其相关技术十分必要。

3. 嵌入式系统的背景、历史及发展

嵌入式系统发端于电子器件技术的发展和应用，受益于集成电路尤其是各种微型处理器的出现，计算机硬件的尺寸、功耗及成本持续降低，而计算处理速度、带宽传输速度等性能持续提高，这使得每个设备、每个小物件都拥有一个 CPU 成为可能，嵌入式系统因而蓬勃发展。

嵌入式系统很早就出现了，已知最早的嵌入式系统是 1960 年由查尔斯·斯达克领导的 MIT 仪器实验室为阿波罗计划开发的阿波罗导航计算机。这种导航计算机安装在每个阿波罗指令舱和登月舱上，为航天器的引导、导航和控制提供计算和电子接口。早期的很多计算机系统均采用集成电路，微处理器发明之后，才有了现代意义上的基于微处理器的嵌入式系统。1971 年 11 月，Intel 公司推出了全球第一款商用 4 位微处理器 Intel 4004，尺寸为 4 mm × 3 mm。随后 Intel 公司推出了 8 位微处理器 Intel8008、Intel8080 等，其他公司也推出了自己的 8 位处理器，如 Zilog 公司推出了与 Intel8080 兼容的 Z-80 芯片，MOS 科技公司推出的 6502 芯片等。这些微处理器被广泛应用于电子通信、工业控制、家庭娱乐等领域。微处理器的发明使得嵌入式系统的广泛应用成为可能。

此后，随着制造技术、理念和工艺的进步，出现了单板机（single-board computer）的概念。单板机是将整个计算机系统都构建在一块板子上，如微处理器、内存、输入输出接口等，目前个人计算机的多个核心部件也大多集成在主板上，可以说单板机的出现是未来 PC 时代的序幕。随后的发展方向是更加标准化、模块化，开发人员不需要从头去设计一个单板机，而是像拼积木一样，从不同厂商处选择不同的标准配件，插入板卡组成一个计算机系统。这使得各项配件的标准化程度越来越高，尤其是推动了总线行业标准的产生。1976 年，Intel 公司推出 Multibus 总线标准，随后几年发展为 Multibus Ⅱ。

20 世纪 80 年代，制造厂商尝试进一步减小计算机的体积、进一步提高器件的集成程度，这导致了单片机的产生。单板机是将计算机集成在一块板子上，而单片机是尽可能将计算机集成在一个芯片上。时至今日，严格意义上的单板机和单片机不好区分，单片机的集成程度更高，目前单片机的说法更为常见。单片机主要是把 CPU、内存、各种 IO 接口、定时器等部件集成在一块芯片上。常见的单片机有 Atmel 的 51 系列、AVR 系列，Arm 公司的 ARM 系列，意法半导体的 STM32 系列等，单片机的出现使得嵌入式系统的应用达到一个新高潮。

此后出现了专门用于数字信号处理的数字信号处理器（digital signal processor, DSP）。DSP 的主要作用是快速处理真实世界的信号，尤其在实时音频、视频处理领域。20 世纪 70 年代后期推出的 TM320 系列 DSP，曾在市场十分流行，被广泛应用到语音信号处理、雷达信号处理、声纳信号处理、生物医疗器械、噪声测量、自动测试等领域。

随着人工智能、区块链、云计算等技术的发展和需要，图像处理单元（graphics processing unit, GPU）越来越受到重视。

嵌入式系统的应用场景无所不在，形态千变万化，是微电子技术、计算机技术与其他专业领域知识结合的产物。与嵌入式系统技术强关联的学科有模拟电子技术、数字电子技术、单片机技术、计算机接口技术、计算机软件技术、计算机操作系统、电力电子技术、自动控制技术等。它综合了硬件知识、软件知识，尤其是与 CPU 接口密切相关的外围数字和模拟输入/输出电路。具体而言，操作系统、软件工程、面向对象、C 语言、网络通信、服务器、数据库、电路板设计等这些知识都是必不可少的。

就目前和未来的嵌入式系统而言，除了传统的知识外，对传感器技术、网络安全、人工智能、大数据、云计算等多种技术的关注也越来越多，且要不断适应设备、产线发展的新趋势。

二、嵌入式计算系统的组成与技术原理

1. 嵌入式系统的组成

嵌入式系统一般是指具有单个微处理器/控制器芯片的低复杂度的系统，有时也可以指具有多个控制单元、多个外围设备，甚至组网形成的远距离的多个嵌入式系统组成的大型嵌入式系统网络。

嵌入式系统最核心的部件是嵌入式处理器芯片，目前很多处理器芯片被集成在单片机里面。嵌入式系统通常不像通用计算机那样拥有很多功能、可以安装很多软件，嵌入式系统只有一个或少数的几个任务，其应用的软件通常也是固定不变的（有些嵌入式系统软件可能会定期升级），所以嵌入式系统的软件常被称为固件。

典型的嵌入式系统结构如图 1-1 所示，嵌入式处理器作为整个嵌入式系统的核心，主要功能是数据计算、数据处理、逻辑控制，外围设备包括各内存、各类传感器、模数转化、各类 I/O 接口、时钟电路、控制电路等。在硬件基础之上，嵌入式操作系统提供了资源分配、任务调度、控制协调等功能，应用软件用来实现对对象的控制、与用户的交互等功能。

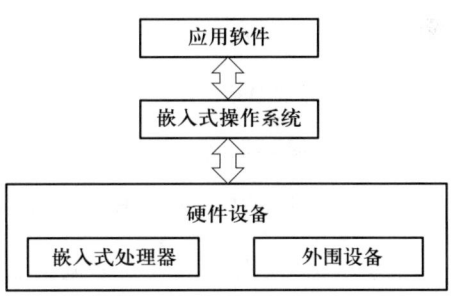

图 1-1　嵌入式系统的结构

由于篇幅所限，本章只对部分嵌入式系统技术作简单介绍。如有需要，读者可以有针对性地查阅、学习相关领域知识与行业知识，进一步掌握嵌入式系统在不同场景下的设计、开发及调试方法。除了书籍之外，互联网上流行的不同类型的开源社区、视频网站等，也是极好的学习途径。

2. 嵌入式系统处理器及其他硬件

嵌入式系统处理器是嵌入式系统的核心部件，是整个嵌入式系统的大脑。与家用

计算机的处理器不同，嵌入式系统处理器更强调功耗低、小尺寸、高可靠性和低成本，这是由于嵌入式系统通常需要长时间工作，嵌入式系统必须嵌入更大的设备，其使用场合和使用场景等决定的。

位宽是处理器很重要的一个概念，指的是微处理器一次执行指令的二进制位数。嵌入式处理器最初为4位处理器，例如Intel 4004，目前8位、16位处理器仍在很多场合大量使用。在很多对处理器性能要求更高的场合，32位、64位处理器的使用也逐渐增多。目前嵌入式处理器的流行架构体系包括嵌入式微处理器（MPU）、嵌入式微控制器（MCU）、嵌入式数字信号处理器（EDSP）、嵌入式片上系统（SoC）等30多种，有单片机、DSP、FPGA等多个品种。随着第四次工业革命的到来，嵌入式处理器的需求和自主研发厂家均越来越多，芯片处理速度越来越快，性能越来越强，价格也越来越低。

嵌入式微处理器（micro processor unit，MPU）大多和通用计算机的微处理器没有区别。由于嵌入式系统的任务相对简单、对处理器的处理速度等性能相对要求更低，很多目前在通用计算机上很少使用的微处理器仍活跃在嵌入式领域。常见的嵌入式微处理器有x86系列、Zilog Z8系列、MIPS、ARM系列等。根据服务场合的不同，嵌入式微处理器在硬件上有所取舍，以低成本和低功耗尽可能满足需求。

嵌入式微控制器（microcontroller unit，MCU）与嵌入式微处理器相比，它集成了更多元件，典型代表是单片机。单片机系统通过总线将其他存储器、定时/计数器、看门狗、输入/输出接口、脉宽调制、串行口、中断控制器、模数转换、数模转换等各种必要功能和外设等硬件集成到一起。由于集成了更多元件，与嵌入式微处理器组成的系统相比，MCU的体积大大减小，从而提高了可靠性，降低了成本和功耗。目前，嵌入式系统应用最多的就是微控制器，根据存储和总线结构，可以分为冯·诺依曼结构和哈佛结构两种。不同厂商或者集成商，设计出了应用于不同场合的微控制器，对于外设资源各有取舍。常见的微控制器有PIC单片机、8051单片机、MCS-51微控制器等。

嵌入式数字信号处理器（embedded digital signal processor，EDSP）是特殊设计的、专门用于信号处理方面的处理器。它的存储体系采用哈佛结构，数据和程序分开，并且拥有硬件乘法器，处理速度更快。虽然普通的微处理器也可以处理数字信号，但是速度和功耗往往比不上专用的 DSP 处理器，所以在数音视频处理、雷达、声纳、仪器设备等很多领域上 DSP 应用较多。常见的有德州仪器生产的 TMS320 系列、英特尔公司的 MCS–296 等，国产的华睿、魂芯系列 DSP 芯片也已用在雷达等领域。

相对而言，片上系统（system on chip，SoC）力求更高的集成度，在一个芯片上尽可能集成整个计算机系统。SoC 将 CPU、GPU、DSP、ISP、RAM、调制解调器、NFC、Wi-Fi 等集成在一起，体积、重量、功耗等大大减小，在手机等移动终端上 SoC 已有广泛应用，高通骁龙、海思麒麟等都是 SoC 的典型代表。

嵌入式系统通过外围设备与外界对话，例如：

串行通信接口（SCI）：RS–232、RS–422、RS–485 等。

同步串行接口：I2C、SPI、SSC 和 ESSI（增强型同步串行接口）。

通用串行总线（USB）。

存储卡（SD 卡、CF 卡、Mini SD 卡等）。

网络接口控制器：以太网、Wi-Fi、5G、蓝牙、红外等。

现场总线：CAN 总线、LIN-Bus、PROFIBUS 等。

定时器：锁相环，可编程间隔定时器。

通用输入/输出（GPIO）。

模数和数模转换器（AD/DA）。

3. 嵌入式系统软件及操作系统

最初的嵌入式系统软件属于机器语言及汇编语言，编程烦琐，极大地限制了嵌入式系统软件的开发。20 世纪 70 年代 C 语言的诞生，是计算机发展史上的一次重大飞跃，极大地提升了开发效率。C 语言是结构化的高级编程语言，支持复杂、可移植、跨平台的软件开发，至今仍活跃在技术舞台。现代操作系统的诞生与应用是计算机发展史的又一个里程碑事件，标志着计算机资源管理和服务功能的结构化。Ready System 公司 20 世纪 80 年代推出的 VTRX32 操作系统，被认为是第一款商业嵌入式实时内核。目前，常见的嵌入式操作系统有嵌入式实时操作系统 μC/OS-Ⅱ、嵌入式 Linux、Windows for IoT、VxWorks、WebOS、iOS、FreeRTOS、Android 等。

通常，可以把嵌入式软件分为系统软件、支撑软件、应用软件，如图 1-2 所示。

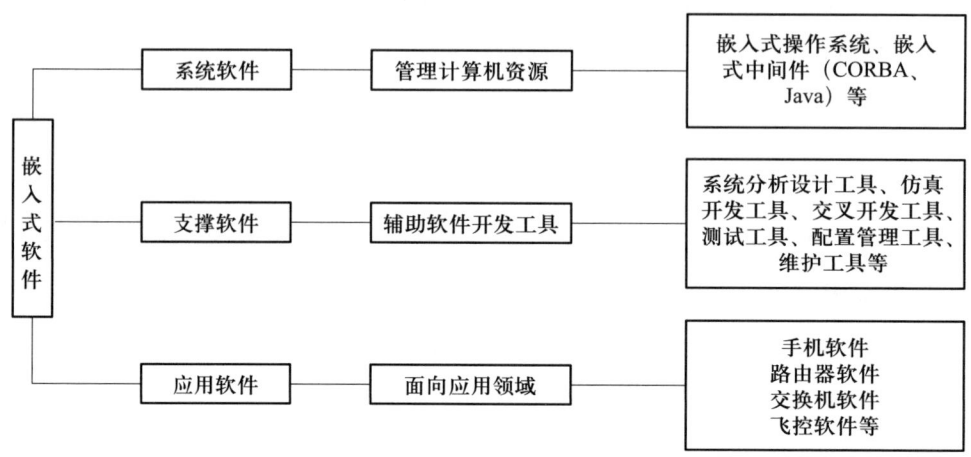

图 1-2 嵌入式系统软件分类

从运行平台上来分，嵌入式系统软件可以分为两大类：

1）运行在开发平台上的软件：设计、开发、测试、仿真工具等。

2）运行在嵌入式系统上的软件：如底层驱动程序、嵌入式操作系统、应用程序以及部分开发工具。

由于大多数嵌入式系统资源有限，所以本身不具备开发能力，其开发、测试、仿真工作都在嵌入式系统之外的平台上进行。底层硬件驱动程序一般由各硬件厂商各自完成，有时候也将底层驱动包含在嵌入式操作系统内。

嵌入式系统的软件体系结构如图 1-3 所示，硬件层之上是驱动层，包含了板级初始化程序、与系统软件相关的驱动、与应用软件相关的驱动。

操作系统层包括网络协议、文件系统、操作系统内核、图形用户界面（GUI）、电源管理等。

中间件层：有些复杂的嵌入式系统采用中间件技术，是应用层和操作系统之间的中间层，向下将硬件平台、操作系统的差异进行封装抽象，向上为应用层软件提供标准接口，如消息中间件、对象中间件、数据访问中间件等。

应用层：应用层调用系统的标准应用程序编程接口（API），执行具体的工作任务、人机交互等。

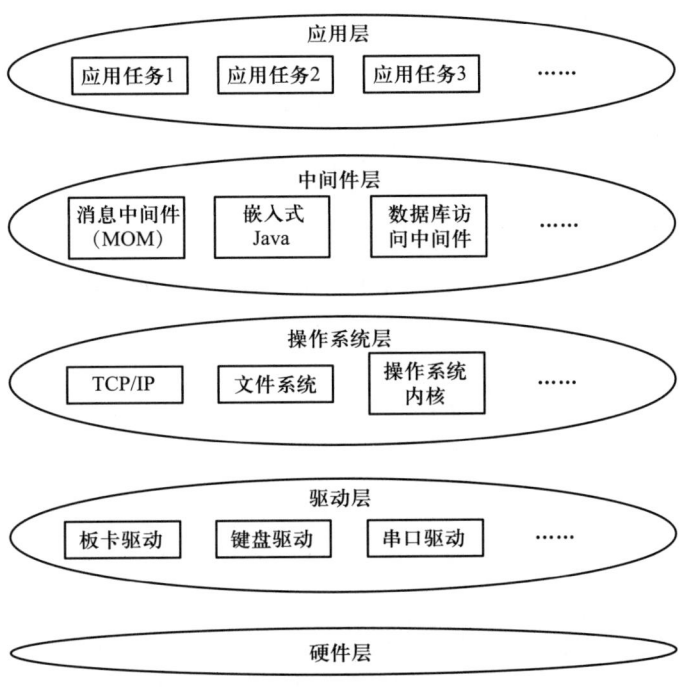

图 1-3　嵌入式系统的软件体系结构

嵌入式操作系统的主要作用是调用、管理底层硬件资源，为应用程序提供标准接口，通常包括硬件驱动、操作系统内核、任务管理、网络通信、文件系统、图形界面、交互接口、安全服务等。针对不同内核的操作系统略有不同，但大体都要负责整个嵌入式系统资源的分配、记录、调度、控制、协调并发、中断响应、异常处理等。目前在嵌入式领域广泛使用的操作系统有 μC/OS、嵌入式 Linux、Windows for IoT、VxWorks、Windows Mobile、Android、鸿蒙操作系统等。

对于某些简单的嵌入式系统而言，应用软件的逻辑可能十分简单，这样软件的程序就可以直接在芯片上运行，并不需要操作系统，而有些嵌入式系统的系统软件和应用软件的区分不明显。但在其他一些场合，嵌入式系统对实时性要求极高，如用于汽车、地铁、飞机、火车和船舶的驾驶及航行的嵌入式系统，高速公路、空域、铁路轨道和航道的交通管控系统、电话通信等。所以对嵌入式操作系统也要求满足高实时性，即对外部事件的快速响应。对实时性要求高的场合往往使用固态存储提高数据存储、提取速度，很多嵌入式实时操作系统使用抢占式调度算法。随着物联网、智能家居概念的提出，嵌入式操作系统的功能越来越强、越来越专业。

绝大多数的嵌入式系统自身不具备开发环境，所以需要相应的开发工具以及支持的开发环境。常见的嵌入式软件开发工具有编译器、编辑器、调试器、汇编器、模拟器等。常用的开发环境及工具有 Proteus、Keil MDK、Eclipse、Android Studio、Visual Studio、MPLAB、Multisim 等。此外嵌入式开发还可能用到逻辑分析仪、示波器等硬件设备。

第二节　常见的嵌入式技术介绍

考核知识点及能力要求：

- 了解嵌入式实时操作系统 VxWorks、DSP 数字信号处理器、STM32 板卡、Arduino 板卡的特点。
- 熟悉 DSP 数字信号处理器的分类、STM32 的命名规则。
- 掌握 Arduino 板卡的分类、特点及选用方法，掌握 Arduino Uno 板卡的特点及参数。

嵌入式系统技术是微电子技术、计算机技术、其他专业领域知识结合的产物，涉及的知识面十分广，限于篇幅关系，本书仅对业界常用的 VxWorks 操作系统、专门用于信号处理的 DSP 芯片系统、STM32 系列板卡以及 Arduino 开发平台作介绍。

一、VxWorks 操作系统

1. VxWorks 介绍

VxWorks 是美国风河系统公司 1987 年推出的一个嵌入式实时操作系统（RTOS），是世界上第一个也是唯一支持通过容器部署应用程序的实时操作系统。VxWorks 被广泛应用在航空航天、机器人、生产线、消费电子、医疗等领域。

VxWorks 支持 32 位以及基于 Intel 架构、POWER 架构、ARM 架构和 RISC-V 架构的 64 位多核处理器，并且允许针对非对称多处理（AMP）、对称多处理（SMP）等场景配置操作系统，并支持硬件优化以及多核加速。

VxWorks 由名为 Wind Kernel 的实时内核、类 UNIX 函数库、其他库，以及管理 CPU 内核及周围环境的板级支持包组成，并且附带基于 Eclipse 的 Wind River Workbench 集成开发环境。在最新的 VxWorks 7 版本中，重点强调了对物联网（IoT）、嵌入式的支持以及可拓展性、安全性、保密性等。

2. VxWorks 的硬件支持

VxWorks 可以在很多 CPU 上运行，包括 Intel x86 系列、MIPS、PowerPC、Arm 等。VxWorks 提供标准板卡支持包（BSP），可用于硬件的初始化、操作系统的引导、软硬件之间的设备接口。

3. VxWorks 的开发环境

美国风河系统公司推出了全新的基于 Eclipse 的 Workbench 集成开发套件、On-Chip Debugging JTAG 解决方案、Compiler 综合诊断工具套件，可用于配置、分析、优化和调试正在开发的基于 VxWorks 的系统。Tornado 集成开发套件早期被用于 VxWorks 5 版本，并被基于 Eclipse 的 VxWorks 6 版本的 Workbench 集成开发套件所取代。除了支持 VxWorks 外，Workbench 还支持 Wind River Linux 等系统。

美国风河系统公司的 Simics 是一个与 VxWorks 兼容的模拟仿真平台。它可以模拟包括软硬件的完整的目标系统，如处理器、内存、总线等硬件以及进行软件调试。Simics 支持团队协作，多个开发人员对一个完整的虚拟系统进行访问及调试。Simics 通过利用虚拟元件而不是物理元件，大大节省了开发时间，提高了开发效率。

4. VxWorks 的应用案例

VxWorks 应用的著名案例有美国 F-16、F/A-18 战斗机，B-2 隐形轰炸机，爱国者导弹，火星探测器（如火星探路者号、凤凰号、好奇号、洞察号等），波音 787 客机，德国库卡机器人，诺格公司无人机，佳能数码相机等。

二、DSP 芯片系统

1. DSP 系统介绍

数字信号处理器（digital signal processor，DSP）是一种专用微处理器，其架构针对数字信号处理的操作需求进行了优化，可以尽可能快速地执行数字信号处理（如滤波、提取信号等）。DSP 多用于需要实时处理数字信号的领域，如音频信号处理、移动电话、数字图像处理、雷达、声纳和语音识别系统。

数字信号处理涉及执行许多数学运算，大多数通用微处理器也运行数字信号处理算法，但由于未经过专门优化、处理速度较慢，往往无法满足实时处理的要求。DSP 经过优化，可以快速执行加法、减法、乘法和除法等数学运算，大大简化了数字信号的处理，因此也降低了功耗，使得 DSP 可以应用在移动电话等便携式设备上。DSP 摒弃了数据和程序在同一个内存区域的经典冯·诺依曼架构，选择了哈佛架构，数据和程序有物理上独立的内存块，这样 DSP 能够同时获取多个数据或指令，从而大大提高了运算速度。

2. DSP 的特点

DSP 芯片采用哈佛架构的处理器，程序和数据分开储存，通过实现单指令、多数据（SIMD）操作、超标量架构内核的特殊指令、单周期 MAC 或融合乘加（FMA）计算、多个 MAC 单元中的并行计算、快速数据流来实现高速数据处理。通常 DSP 从模数转换器（ADC）获得数据，并最终输出由数模转换器（DAC）转换的模拟信号。DSP 芯片的信号处理及模数转化如图 1-4 所示。

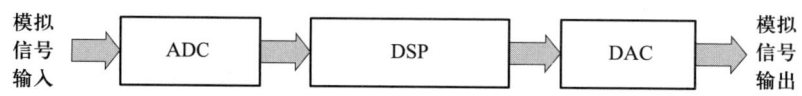

图 1-4 DSP 芯片信号处理及模数转化

DSP 芯片的其他特点如下：

1）硬件乘法、累加器：一个周期内完成一次或多次的乘法和累加操作。

2）特殊的 DSP 指令：DSP 设置了很多特殊的指令加快处理速度，如 FIRS 和 LMS 指令，可以用于系数对称的 FIR 滤波器和 LMS 算法。

3）多总线结构，可以同时访问指令程序以及数据。

4）快速的指令周期。

5）片内有快速 RAM，通常可以通过独立的数据总线分两块同时访问。

6）支持流水线结构：支持取值、译码、执行等操作重叠、并行执行。

3. DSP 芯片的分类

由于不同厂商每年会向市场推出新的芯片，对 DSP 芯片做出明确分类比较困难，传统上可以按照以下两种方式进行分类：

（1）按数据格式分

1）定点 DSP。数据表示为定点小数（如 –1.0 ~ 1.0）或整数。大多数 DSP 采用定点计算。

2）浮点 DSP。以浮点格式工作的称为 DSP 芯片。有的 DSP 芯片采用自定义的浮点格式，有的 DSP 芯片采用 IEEE 标准浮点格式。

（2）按用途分

按照 DSP 芯片擅长的计算用途来分，可分为通用型和专用型两种。通用型 DSP 芯片适合普通的 DSP 应用，如 TI 公司的 DSP 芯片。专用型 DSP 芯片是为特定的 DSP 运算设计的，更适合特殊的运算，如数字滤波、卷积等。

4. DSP 芯片的选择

选择合适的 DSP 芯片是 DSP 设计中很重要的一个环节，之后才能进一步设计其他外围电路。选择 DSP 芯片时应考虑运算速度、要求精度、价格、存储、可靠性、产品流行程度等因素。具体而言：

（1）DSP 芯片的运算速度

运算速度是 DSP 芯片的一个最重要的性能指标，一般由以下几种具体指标来分析：

1）指令周期，即执行一条指令所需要的时间，常以纳秒为单位。

2）MAC 时间，即一次乘法加上一次加法的时间。

3）FFT 执行时间，即运行一个 N 点 FFT 程序所需的时间。这个时间涉及的运算很有代表性。

4）MIPS：即每秒可执行多少百万条指令，表征定点 DSP 芯片的重要指标。

5）MOPS：即每秒执行百万次运算操作，这个指标越高，乘积－累加和运算的速度越高。

6）MFLOPS：即每秒执行百万次浮点操作，表征浮点 DSP 芯片的重要指标。

（2）DSP 芯片的价格

根据对性能的需要及 DSP 价格，综合考虑确定一个 DSP 芯片。

（3）DSP 芯片的硬件资源

不同的 DSP 芯片所具有的硬件资源不同，可以根据实际需要配置。

（4）DSP 芯片的运算精度

选定一个合适的运算精度，满足需要又不至于要求过高导致冗余或者昂贵。

（5）DSP 芯片的开发、调试工具的支持情况

（6）功耗

有些场合需要更低功耗的 DSP 芯片。

（7）其他因素

如封装的形式、质量标准、生命周期、总线结构、售后服务等。

5. DSP 的应用领域

DSP 芯片的高速发展，离不开集成电路等技术的发展，也是市场的呼唤。在信号处理、仪器仪表、汽车电子、医学医疗等许多领域得到广泛应用。目前，DSP 芯片的价格也越来越低，性能价格比日益提高，具有巨大的应用潜力。DSP 芯片主要应用在以下方面：

（1）信号处理

如数字滤波、自适应滤波、快速傅里叶变换、窗函数、频谱分析、卷积、波形产生等。

（2）通信

如调制解调器、自适应均衡、数据加密、数据压缩、回坡抵消、多路复用、传真、移动通信、纠错编码、网络电话等。

（3）音频处理

如语音识别、语音增强、语音输入法、语音生成等。

（4）图像处理

如图像变形、图像压缩、图像传输、图像增强、机器视觉等。

（5）军事

如保密通信、雷达、声纳、导航等。

（6）仪器仪表

如频谱分析、函数发生、锁相环、地震波处理等。

（7）自动控制

如自动驾驶、机器人控制、产线控制等。

（8）医疗

如CT、超声设备、心电图分析等。

（9）消费电子

如MP3、保真音响、音乐合成、音调控制、玩具与游戏、数字电话/电视等。

三、STM32 系列板卡

STM32系列板卡在工程实际中用得很多，是嵌入式开发的主流产品，同时也需要开发人员具有更多的专业知识。

1. STM32 介绍

STM32是意法半导体公司（ST Microelectronics）生产的32位微控制器系列，以高性能、低成本、低功耗而著称。以ARM Cortex®-M0、M0+、M3、M4、M7为内核，其产品可以分为主流产品（STM32F0、STM32F1、STM32F3）、超低功耗产品（STM32L0、STM32L1、STM32L4、STM32L4+）、高性能产品（STM32F2、STM32F4、STM32F7、STM32H7）等多个系列。在内部，每个微控制器由处理器内核、内存、调试接口、晶振、时钟、电源管理等其他各种外设组成。

以 STM32F103RBT6 为例，STM32 命名规则见表 1-1。

表 1-1　　　　　　　　　　　STM32 命名规则

序号	内容	含义
1	STM32	STM32 代表 ST 公司基于 ARM Cortex-M 内核的 32 位微控制器
2	F	F 代表芯片的子系列
3	103	103 代表本款芯片为增强型系列
4	R	本项代表引脚数。T 代表 36 脚，C 代表 48 脚，R 代表 64 脚，V 代表 100 脚，Z 代表 144 脚，I 代表 176 脚
5	B	本项代表嵌入式闪存容量，其中 6 代表 32 KB 字节，8 代表 64 KB，B 代表 128 KB，C 代表 256 KB，D 代表 384 KB，E 代表 512 KB，G 代表 1 MB
6	T	本项代表封装，其中 H 代表 BGA 封装，T 代表 LQFP 封装，U 代表 VFQFPN 封装
7	6	本项代表芯片的工作温度范围，其中 6 代表 -40 ~ 85 ℃，7 代表 -40 ~ 105 ℃

2. STM32 的特点

（1）价格低廉

价格低廉是 STM32 得到很大规模应用的重要原因。

（2）外设丰富

STM32 拥有包括基本输入输出、定时器 TIM、串口 USART、ADC 模数转换、DAC 数模转换、SPI 串行通信、EXIT 外部中断、BKP 备份数据、RTC 闹钟、WDG 看门狗（独立 + 窗口）、DMA 传输数据、片内 FLASH 编程、FSMC 读写外部 SRAM 等众多外设及功能，集成度高、拓展性强。

（3）型号丰富

STM32 系列包括基本型、增强型、超低功耗型、无线应用型等众多型号，开发人员通过选择产品来满足个性化的应用需求。

（4）实时性能优异

拥有众多的中断和可编程优先级，并且 STM32 所有的引脚都可以作为中断输入，可以实现实时对多个任务进行处理。

（5）功耗控制精细

STM32可以通过关闭相应外设的独立时钟开关来降低功耗。

（6）开发成本低

STM32的开发不需要仿真器，通过串口即可烧录代码，支持SWD和JTAG两种调试接口。SWD只需要2个IO口，即可实现仿真调试。

3. STM32的应用领域

STM广泛应用于消费电子、物联网、通信设备、医疗服务、安防监控、交通、物联网、工业控制、机器人等领域，尤其是很多低功耗产品。

四、Arduino开发平台

1. Arduino简介

Arduino是一类开源、便捷的中小型系统开发平台的总称，包含硬件（各种型号的Arduino开发板）和软件（Arduino IDE）。Arduino诞生于Ivrea交互设计学院，对于没有电子和编程学科背景的人员来说，Arduino非常容易上手。由于它是开源的，学生、教师、业余人员、程序员和专业人士组成了Arduino的全球社区，任何人都可以对Arduino进行修改，这使得Arduino迭代更新迅速，对新手和专家都有很大帮助。Arduino工程套件荣获英国2020年"高等教育或继续教育数字服务"贝特奖。

Arduino旨在为业余人士和专业开发人员提供一种成本低廉、简单的途径，强调使用传感器和执行器与外界环境进行交互的设备。基于Arduino涌现出了大量的创意项目，如机器人、智能家居、相机、游戏机、飞行器等。

Arduino板采用各种微处理器和控制器，并且配备了数字和模拟的输入/输出引脚，包含了串口通信接口。Arduino微控制器可以使用封装了的标准API（也称为Arduino语言）进行编程，降低了开发难度。Arduino项目提供了集成开发环境（IDE）和Go开发的命令行工具，这些都让Arduino开发变得相对容易。

2. Arduino开发板的特性

（1）跨平台

Arduino IDE是用Java语言写的，可以跨平台，Windows、Linux、Mac OS等主流

操作系统都能用，而其他不少控制器只能在 Windows 上开发。

（2）简单明了

Arduino 简化了使用微控制器的过程，由于对 avr-gcc 库进行了二次封装，所以开发者不需要太多的底层硬件编程基础，简单培训后就可以快速上手开发。

（3）开源

Arduino 的软硬件包括硬件原理图、电路图、IDE 软件、核心库文件等都是开源的，在遵守开源协议的前提下可以对原设计及代码进行任意更改。Arduino 最重要的理念是开源，软件和硬件均不做技术保留而完全开放。对于很多常见的相关外设，均有支持的库文件及示例程序。开发者只需要简单修改、堆积，就可以在此基础上编写功能更复杂的程序。同时，开发者可以从 Arduino 相关的网站、网络社区中获得大量免费资源，大大加快开发效率。

（4）价格低廉

Arduino 软件是免费的，Arduino 硬件又相当便宜，这样学习试错或开发的成本就很低。Arduino 的程序烧录直接用 USB 线就可以完成下载，不需要额外的烧录器硬件。

（5）发展迅速

由于 Arduino 的开源精神以及其他种种优势，Arduino 吸引了其他行业以及专业开发者的目光，基于 Arduino 的产品和课程越来越多。尤其对于刚接触微控制器的业余人员来说，Arduino 无疑是最容易上手的。Arduino 成了目前全球最流行的开源硬件，Arduino 也形成了一个庞大的用户社区。Arduino 简单的开发方式使得开发者可以将精力更多地放在创意和实现上，而不是烦琐复杂的嵌入式学习上，这样就能更快地完成自己的项目，大大缩短开发周期及降低学习成本。

3. 各种系列的 Arduino 板卡

Arduino 板卡包含多个系列和型号，常用的有 Arduino Uno、Arduino Nano、Arduino Leonardo、Arduino Mini、Arduino Pro Mini、Arduino Micro、Arduino Mega 2560 等。Arduino 官网将板卡分为入门级板卡、性能增强板卡、物联网板卡、教学板卡套件、已退役板卡等。使用者可以根据自己的实际需求来进行选择。

对于个人开发者，多数都以 Arduino Uno 和 Arduino Pro Mini 作为开发的平台。

Arduino Pro Mini 是 Arduino Mini 的半定制版本。

Uno 在意大利语中是"1"的意思，Uno 是 Arduino 系列的标准版本及初始版本，也是所有板子中最受欢迎、使用最多的。它提供了数字输入/输出，模拟输入/输出，支持 SPI、IIC、UART 等串口通信。

Arduino Mega 是更大号的 Arduino 板卡。它不仅体积比 Uno 大，提供的输入输出引脚更多，能够连接更多硬件。它的存储空间也更大，可以放入更大的程序。

Esplora 意大利语为"探险"的意思，配备了更多的传感器以及 RGB LED、话筒等外设，可以更好地让初学者探索，激发学习的兴趣。

Arduino Nano：Nano 是 Uno 的袖珍版本，它的体积比 Uno 小，但是功能差不多。Arduino Mini 的尺寸更小，连接元器件需要焊接，通常用 Uno 开发原型，而用 Mini 实现成品的小型化。

Arduino Yún：采用中文"云"的拼音命名。Yún 的特点在于它能够与 Linux 分布板通信，增强了 Arduino 的联网功能。物联网可以将各种物体连接到互联网，以让人们的生活更加便利。Yún 就是一个面向物联网的芯片。

Arduino Uno、Mega 2560、Micro 三块最常用的板卡的对比如图 1-5 所示。

板卡类型	Arduino Uno 	Arduino Mega 2560 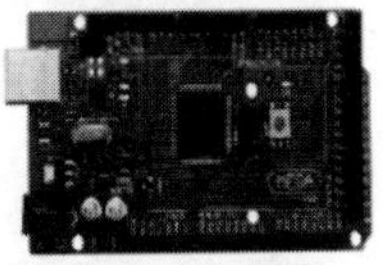	Arduino Micro 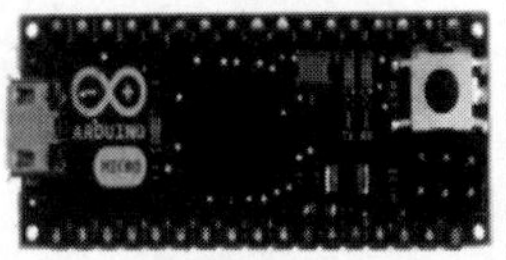
尺寸（in）	2.7×2.1	4×2.1	1.9×0.7
处理器	Atmega328P	Atmega2560	Atmega32U4
时钟速度 /MHz	16	16	16
闪存 /kB	32	256	32
EEPROM/kB	1	4	1
SRAM/kB	2	8	2.5
电压水平 / V	5	5	5
数字 I/O 引脚	14	54	20
数字 I/O 带 PWM 引脚	6	15	7
模拟输入引脚	6	16	12
USB 连接	Standard A/B USB	Standard A/B USB	Micro-USB
以太网 / Wi-Fi / 蓝牙	无	无	无

图 1-5　Arduino Uno、Mega 2560、Micro 的对比

可以在 Arduino 官网查看最新的 Arduino 板卡信息及技术细节、教程等。

4. Arduino Uno 介绍

Arduino Uno 是 Arduino 系列的标准版，基于 ATmega328P 构建，最大尺寸为 2.7 in×2.1 in。如图 1-6 所示，Uno 具有 D0 到 D13 的 14 路数字输入/输出引脚（其中 6 路可作为 PWM 输出）、A0 到 A5 的 6 路模拟输入、一个晶体振荡器（工作频率为 16 MHz）、一个 USB 接口、一个电源插座、一个 ICSP 接头和一个复位按钮。Uno 已经发布到第三版，与前两版相比有以下新的特点：一是在 AREF 处增加了两个引脚 SDA 和 SCL，支持 I2C 接口；增加 IOREF 和一个预留引脚，将来扩展板能兼容 5 V 和 3.3 V 核心板。二是改进了复位电路设计。三是 USB 接口芯片由 ATmega16U2 替代了 ATmega8U2。

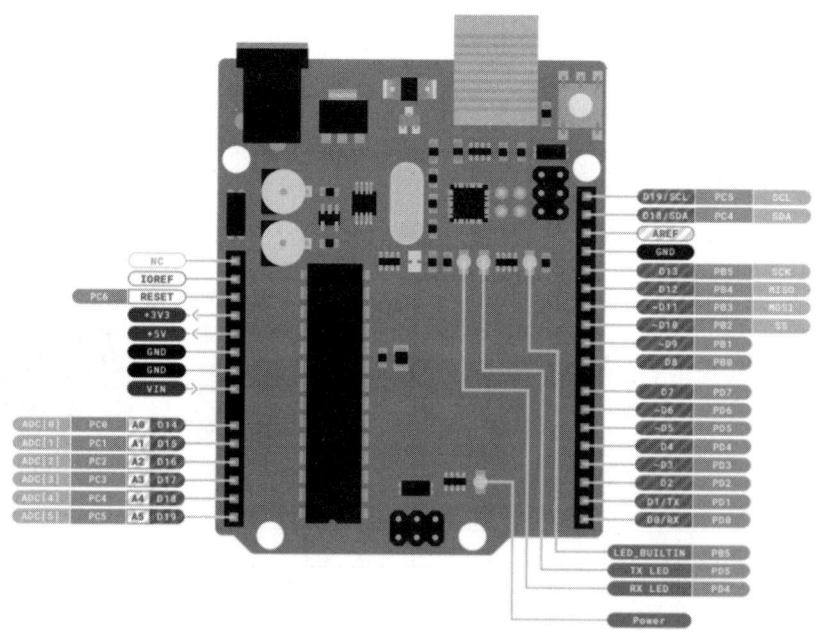

图 1-6　Arduino Uno 板卡

在输入/输出方面，Arduino Uno 具有 14 路数字输入/输出口：工作电压为 5 V，每一路能承受（输入或输出）的最大电流为 40 mA。每一路配置了 20～50 kΩ 内部上拉电阻，以防止电流过大（默认不连接）。除此之外，有些引脚有特定的功能。串口信号 RX（0 号）、TX（1 号）：与内部 ATmega8U2 USB-to-TTL 芯片相连，提供 TTL

电压水平的串口接收信号。外部中断（2 号和 3 号）：触发中断引脚，可设成上升沿、下降沿或同时触发中断。脉冲宽度调制 PWM（3、5、6、9、10、11 号引脚）：提供 6 路 8 位的 PWM 输出。SPI［10（SS）、11（MOSI）、12（MISO）、13（SCK）］：在 SPI 库的帮助下提供 SPI 通信接口。LED（13 号）：Arduino 专门用于测试 LED 的保留接口，输出为高时点亮 LED，反之将其熄灭。6 路模拟输入 A0 ~ A5：每一路具有 10 位的分辨率（可以输入 1 024 个不同的值），默认输入信号电压范围为 0 ~ 5 V，可以通过 analogReference（）函数和 AREF 引脚调整输入上限。除此之外，有些引脚有特定功能。TWI 接口（SDA A4 和 SCL A5）：支持通信接口（兼容 I2C 总线）。AREF：模拟输入信号的参考电压。Reset：信号为低时，重启单片机芯片。

在通信接口方面，串口有：ATmega328 内置的 UART 可以通过数字口 0 和 1 与外部串口通信，ATmega16U2 可以通过访问数字口来实现 USB 上的虚拟串口，以及 TWI（兼容 I2C）接口和 SPI 接口等。Arduino Uno 主控板外观如图 1-7 所示。

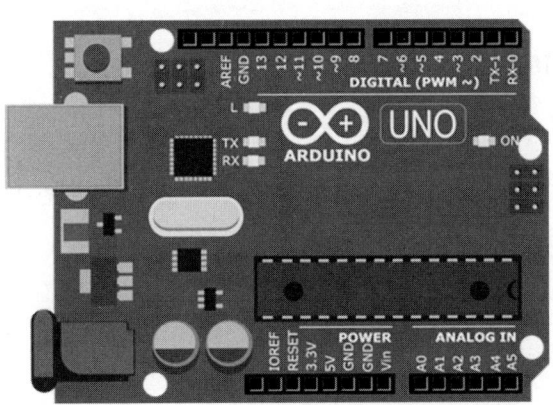

图 1-7　Arduino Uno 主控板外观

在上位机上通过 Arduino 的编程语言编写程序，编译成二进制文件之后，烧录进开发板的微控制器。

实验：Arduino Uno 板卡的开发与调试

（一）实验目标

1. 了解 Arduino 板卡的开发方法。

2. 熟悉 Arduino IDE 的界面、常用操作，熟悉 Arduino 编程语言的特点及常用常量、函数。

3. 掌握 Arduino IDE 下 Arduino Uno 的简单开发、调试。

（二）实验环境

Arduino Uno 板卡、Arduino USB 连接线、个人计算机（推荐 Windows 7 64 位及以上操作系统）。

（三）实验内容

1. Arduino IDE 的下载与安装。

2. 在 Arduino IDE 上编写 Blink 程序并点亮板卡上的 LED 灯。

3. 熟悉 Arduino IDE 的操作以及 Arduino 编程语言。

（四）实验步骤

1. Arduino IDE 下载

如图 1-8 所示，可以根据自己的计算机硬件和操作系统选择合适的 Arduino IDE 版本。

2. 安装 Arduino IDE

双击下载好的 Arduino IDE 安装包，如图 1-9 所示，单击"I Agree"按钮同意安装许可协议。

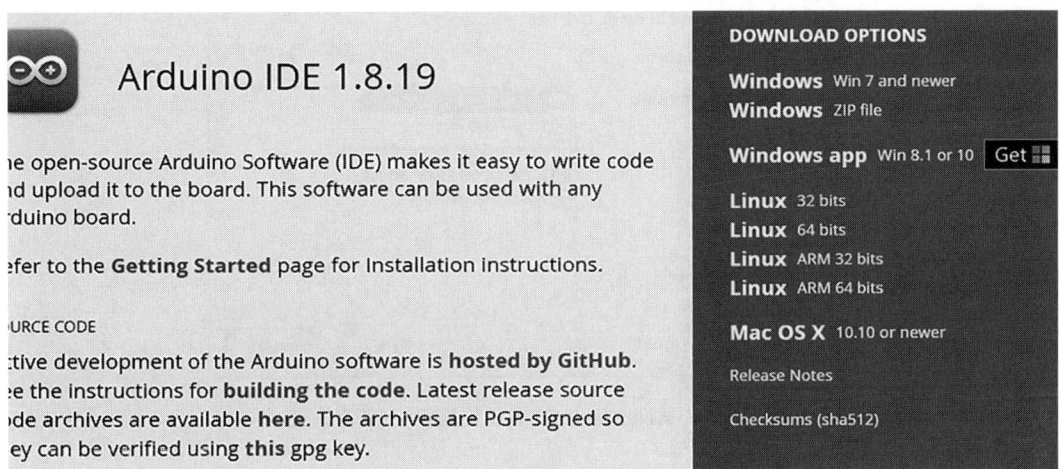

图 1-8　Arduino IDE 下载界面

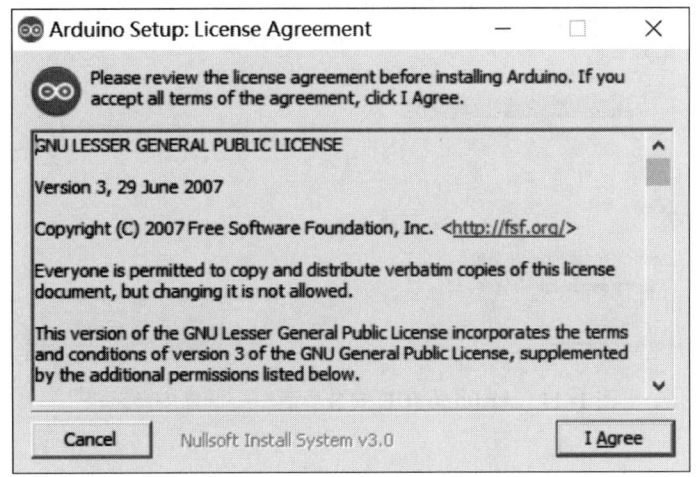

图 1-9　Arduino IDE 安装界面——许可协议安装

如图 1-10 所示，根据需要选择安装 USB 驱动、菜单栏快捷方式、桌面快捷方式，以及是否关联 .ino 后缀文件。

如图 1-11 所示，确定好安装路径之后，就可以单击"Install"按钮进行安装。

如图 1-12 所示，USB 驱动等相关接口驱动都要安装。所有安装完成之后单击"Close"按钮。至此，Arduino IDE 安装完毕。

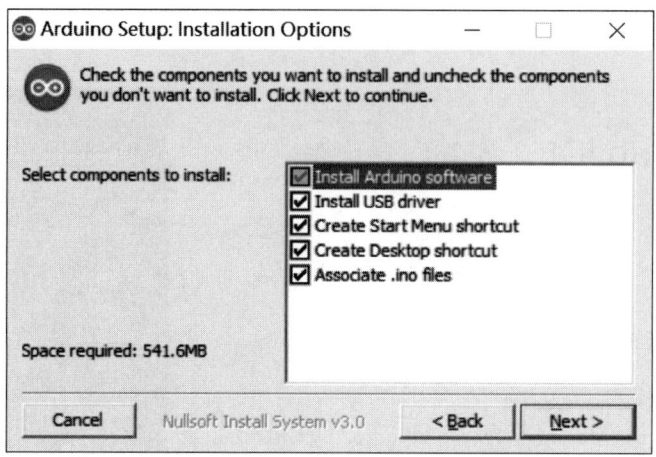

图 1-10　Arduino IDE 安装界面——安装选项

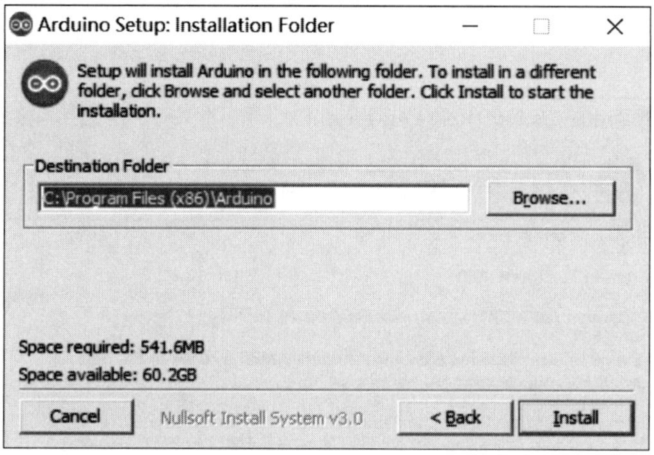

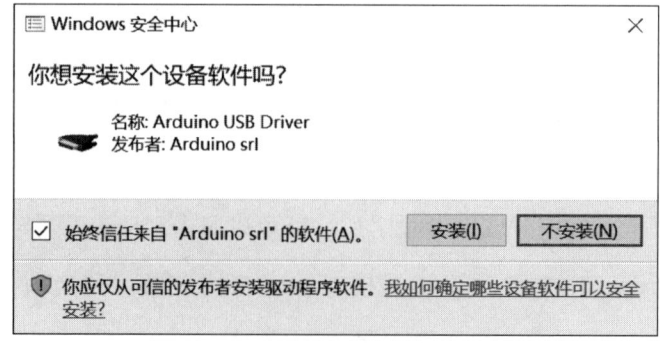

图 1-11　Arduino IDE 安装界面——选择安装路径

图 1-12　Arduino IDE 安装界面——USB 驱动

3. 打开 Arduino IDE 并选择正确的板卡

双击 Arduino IDE 图标,打开 Arduino IDE 界面,如图 1-13 所示。

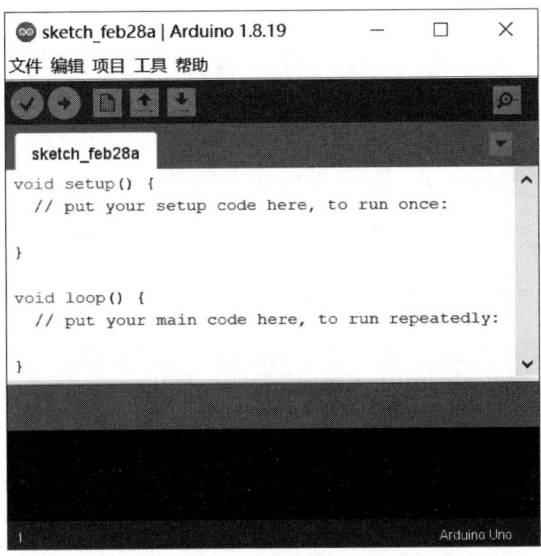

图 1-13　Arduino IDE 界面

首先,选择正确的核心板。如图 1-14 所示,通过导航到工具→开发板,选择正在使用的电路板,如选择 Arduino Uno。

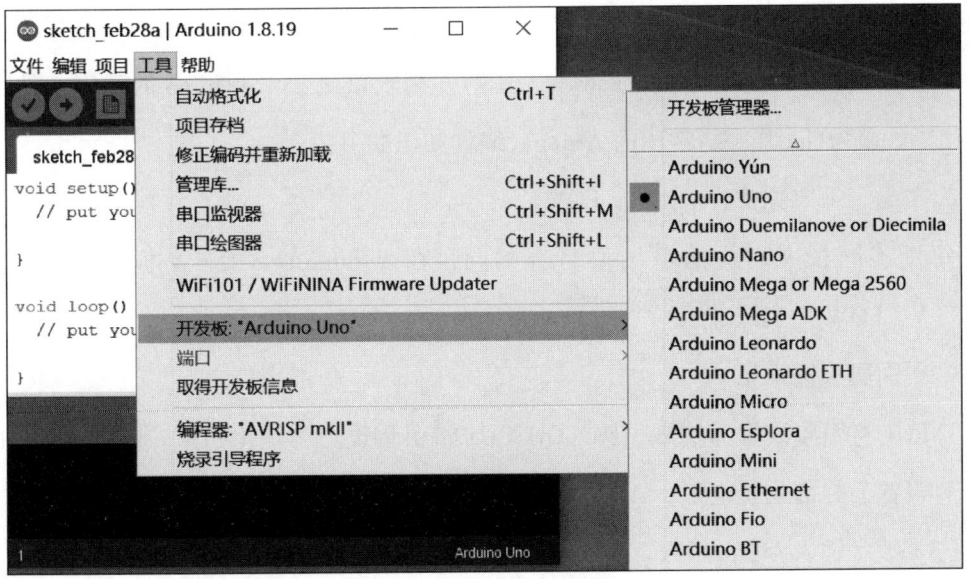

图 1-14　Arduino IDE 选择开发板

然后，指定端口，导航到工具→端口即可完成，从列表中选择通过端口连接的板卡。

4. 上传程序

可以将一个简单的闪烁示例上传到板卡上，通过导航到文件→示例→01.Basics→Blink 来完成。

通过项目→上传（Ctrl+U），即可将程序上传到 Arduino 板卡，或者单击左上角向右的箭头。这个过程需要几秒，在这个过程中注意不要断开电路板。

上传完成，并且一切正常的话，可以观察到 Arduino 电路板上橙色 LED 以 1 s 的间隔闪烁。这意味着完成了第一个简单的 Arduino 项目示例。

接下来，就可以尝试 Arduino 的其他模块和功能了，如数字输入/输出、模拟输入/输出、晶振器等。

（五）Arduino 编程语言简介

Arduino 语言是用 C++ 编写的，并添加了一些特殊的函数和方法。它将原来微控制器中的一些烦琐的参数设置等行为进行函数包装，这样调用起来就会很方便。与常规程序最大的不同，或者说 Arduino 程序最大的特点，就是 Arduino 程序里都必须有 setup（）和 loop（）函数。setup（）函数当程序启动时调用一次，可以做变量声明和引脚定义。loop（）函数当程序启用时被调用，一般作为程序的主体，也就是程序的主循环。Arduino 程序中没有常见的 main（）函数作为入口函数。Arduino 的程序文件称为 Sketch，后缀为 .ino。一些常用的 Arduino 编程知识如下：

（1）高、低电位常量 HIGH、LOW

每个不同板卡对应的电压值略有不同，在 Arduino Uno 等 5 V 板上 HIGH 代表大于 3 V，LOW 代表低电压。

（2）引脚设置常量

INPUT 将引脚设置为输入引脚，OUTPUT 将引脚设置为输出引脚，INPUT_PULLUP 将引脚设置为内部上拉电阻。

（3）数字输入/输出函数

digitalRead（）：数字输入函数，从数字引脚读取值。接受引脚号作为参数，并返回 HIGH 或 LOW 常量。

digitalWrite（）：数字输出函数，将 HIGH 或 LOW 值写入数字输出引脚，将引脚号和 HIGH 或 LOW 作为参数传递。

pinMode（）：将引脚设置为输入或输出。将引脚号和 INPUT 或 OUTPUT 常量作为参数传递。

shiftIn（）：从引脚一次一位地读取一个字节的数据。

shiftOut（）：一次一位地向引脚写入一个字节的数据。

（4）数字输入/输出函数

analogRead（）：从模拟引脚读取值。

analogReference（）：配置用于模拟输入中最高输入范围的值，默认情况下，5 V 板中为 5 V，3.3 V 板中默认为 3.3 V。

analogWrite（）：将模拟值写入引脚，是通过脉宽调制的方式输出的。

（5）时间函数

delay（）：延时函数，单位为毫秒。

delayMicroseconds（）：微秒延时函数，将程序暂停数微秒指定为参数。

micros（）：计时函数，记录自程序启动以来的微秒数。由于溢出，约 70 min 后重置。

millis（）：计时函数，记录自程序启动以来的毫秒数。由于溢出，约 50 d 后重置。

（6）中断函数

noInterrupts（）：禁用中断。

Interrupts（）：重启中断：在它们被禁用后重新启用中断。

attachInterrupt（）：设置中断，设置某个数字输入引脚成为中断。不同的板卡有不同的允许引脚，具体要查看官方文档。

detachInterrupt（）：取消使用启用的中断 attachInterrupt（）。

思考题

1. 结合自己的理解,谈谈什么是嵌入式系统。

2. 通过查阅文献、互联网等,试列举 3 个嵌入式系统应用案例。

3. 嵌入式系统处理器有哪几种类型?

4. DSP 芯片选择时有哪些注意事项?

5. 简述 Arduino 开发板的特性,并指出 Arduino 系列的标准版是哪个型号。

第二章
网络集成与通信技术

网络集成与通信技术是装备与产线智能运维的基础，为装备与产线的智能运维提供支持。本章从网络集成体系框架入手，介绍了环境支持平台、计算机网络平台等知识，并详细讲述了以太网无源光网络技术与对象链接和嵌入过程控制技术为核心的网络集成技术，还介绍了通信技术的相关基础知识，最后给出了加工过程网络系统集成及通信的案例和两个实验。通过本章的学习，读者应能进行智能运维系统的属性和参数配置，为后续学习打下基础。

- **职业功能：** 装备与产线智能运维。
- **工作内容：** 配置、集成装备与产线的智能运维系统。
- **专业能力要求：** 能进行智能运维系统的属性和参数配置。
- **相关知识要求：** 网络集成与通信技术、边缘计算。

第一节　网络集成体系框架

考核知识点及能力要求：

- 了解网络集成体系框架、网络管理平台和网络安全平台。
- 熟悉网络应用系统、用户界面和应用基础平台。
- 掌握环境支持平台和计算机网络平台。

由于网络集成不仅涉及技术问题，还涉及工业智能制造过程中各单位的管理问题，因此比较复杂。特别是大型网络系统，从技术角度说，因为会涉及很多不同的厂商、不同标准的计算机设备、协议和软件，也会涉及异质和异构网络的互联问题；从管理角度来说，不同的单位有不同的实际需求，管理思想也千差万别。所以，必须从系统工程的角度建立起网络系统集成的体系框架。一般的网络集成体系框架包括环境支持平台、计算机网络平台、应用基础平台、网络应用系统、用户界面、网络安全平台、网络管理平台等，如图2-1所示。

一、环境支持平台

1. 机房

机房包括网络管理中心或信息中心，用于放置网络核心的交换机、路由器、服务器等设备，还包括各建筑物内放置交换机和布线基础设施的设备间、配线间等场

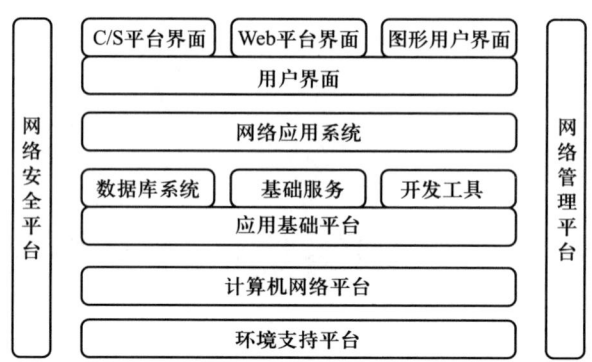

图 2-1　网络集成体系框架

所。机房和设备间对温度、湿度、静电、电磁干扰、光线等要求较高,在网络布线施工前要先对机房进行设计、施工和装修。

2. 电源

电源为网络关键设备提供电力供应,良好的电源系统是网络可靠运行的保证。理想的电源系统是不间断电源(uninterruptible power system,UPS),它有 3 项主要功能,即稳压、备用供电和智能电源管理。有些单位供电电压长期不稳,对网络通信和服务器设备的安全和使用寿命造成严重威胁,并会损害宝贵的业务数据,因此,必须配备稳压电源或带整流器和逆变器的 UPS 电源。

二、计算机网络平台

1. 网络传输基础设施

网络传输基础设施是指以网络为目的铺设的信息通道,根据距离、带宽、电磁环境和地理形态的要求,其可以是室内综合布线系统、建筑群综合布线系统、城域网主干光缆系统、广域网传输线路系统、微波传输和卫星传输系统等。

2. 网络通信设备

网络通信设备是指通过网络基础设施连接节点的各类设备。它包括网卡、集线器、交换机、网络机柜、转换器、切换器、无线网卡、调制解调器、路由器等。

3. 网络服务器和操作系统

网络服务器是组织网络共享核心资源的宿主设备。操作系统则是网络资源的管理者和调度员。二者是构成网络基础应用平台的基础。

4. 网络协议

网络协议是用来描述进程之间信息交换数据时的规则术语。在网络中，两个相互通信的实体处在不同的地理位置，其上的两个进程相互通信，需要通过交换信息来协调它们的动作达到同步，而信息的交换必须按照预先共同约定好的规则进行。网络协议使网络上各种设备能够相互交换信息。常见的网络协议有 TCP/IP 协议、PX/SPX 协议、NetBEUI 协议等。

5. 外部信息基础设施的互联和互通

目前，互联和互通已成为建网的出发点之一。网络系统集成项目都会遇到内联（Intranet）和外联（Extranet）的问题。

三、应用基础平台

1. 数据库系统

数据库系统（database systems）是由数据库及其管理软件组成的系统。它是为适应数据处理的需要而发展起来的一种较为理想的数据处理的核心机构。它是一个实际可运行的存储、维护和应用系统，是存储介质、处理对象和管理系统的集合体。

可以说，"哪里有网络，哪里就有数据库"。目前流行的数据库系统有 Oracle、MySQL、SQL Server、DB2 等。根据网络不同的适用范围需要选择合适的数据库。

2. 基础服务

从网络通信技术的角度看，Internet 是以 TCP/IP 网络协议连接各个国家、地区及机构的计算机网络的数据通信网；从信息资源的角度看，Internet 是集各个部门、领域的各种信息资源为一体，供网上用户共享的信息资源网。Intranet 是 Internet 技术应用于企业内部的信息管理和交换平台。Intranet 又称内联网、企业内部网或企业内联网，是利用 Internet 各项技术建立起来的企业内部信息网络。Internet 能够提供电子邮件、WWW、FTP、BBS、Netnews、信息查询等服务。

3. 开发工具

开发工具是建造具体网络应用系统所采用的软件通用开发工具，主要有数据库开发工具、Web 平台应用开发工具和标准开发工具。

四、网络应用系统

网络应用系统是指以应用基础平台为基础，为满足建网单位要求，由系统集成商为建网单位开发，或由建网单位自行开发的通用或专用系统，如工作流程调度系统、备件系统、维修系统、监控系统等。

网络应用系统的建立，表明工业网络应用已进入成熟阶段。

五、用户界面

在网络中，基础服务程序和网络应用系统程序一般都处于服务器端。用户端的操作界面有 3 种情况：C/S 平台界面、Web 平台界面、图形用户界面（graphical user interface，GUI）。

用户界面是系统和用户之间进行交互和信息交换的媒介，它实现信息的内部形式与人类可以接受形式之间的转换。用户界面介于用户与硬件之间交互沟通相关软件，目的是使用户能够方便高效地去操作硬件，以达成双向交互。

六、网络安全平台

网络安全贯穿系统集成体系架构的各个层次，网络安全的主要内容是防止信息泄露和黑客入侵。主要措施有：通过用户身份认证来授予其对资源的访问权；使用防火墙技术，分隔内网、外网，使用包过滤技术，跟踪和隔离有不良企图者；使用信道或数据加密传输技术，传送主要信息；实施内网、外网物理隔离。

由于工业控制系统对可靠性和生命周期的要求较高，所以其使用的系统与网络技术很容易被攻击者所超越。工业控制系统可能需要不间断地运行数月甚至数年，其生命周期也可能长达数十年，而攻击者却可以在任何时候使用新的工具进行攻击。由于类似原因，工业控制系统的安全设计与实践方面也相对落后，所使用的系统落后于现代网络基础设施，只能保证物理安全而非数字安全。

常见的安全平台包括安全保护类平台和安全管理类平台。安全保护类平台如工业防火墙、单项隔离网关、工业协议过滤器、数据采集隔离平台等，安全管理类平台如安全监控平台、安全审计平台等。

1. 工业防火墙

工业防火墙建立在深度数据包解析和开放式特征匹配之上，支持工控网络协议，可适用于 DCS、SCADA 等控制系统，不仅具备多种工控网络协议数据的检查、过滤、报警、阻断功能，而且拥有基于工业漏洞库的黑名单入侵防御功能、基于机器智能学习引擎的白名单主动防御功能以及大规模分布式实时网络部署和更新等功能。

2. 安全监控平台

安全监控平台是一种实时监控和报警系统，通过监控关键设备和安全产品的日志和监控信息，快速进行安全事件的反馈和报警。

3. 安全审计平台

安全审计平台是一种将工业控制系统环境中相关软硬件系统和其他安全设备的信息进行长时间记录存储，以供后续审计、分析、取证时使用的系统，一般都会有独立的数据库存储系统配套使用。

七、网络管理平台

网络管理系统（network management system，NMS）是一种通过结合软件和硬件用来对网络状态进行调整的系统，以保障网络系统能够正常、高效运行，使网络系统中的资源得到更好的利用，是在网络管理平台的基础上实现各种网络管理功能的集合。网络管理平台根据所采用网络设备的品牌和型号的不同而不同。但大多数都支持简单网络管理协议（simple network management protocol，SNMP），建立在 HP OpenView 网络管理平台基础上。为了网络管理平台的统一管理，习惯上在组建一个网络时尽量使用同一家网络厂商的产品。

建立有效的网络管理结构，目前主要有三种方法：第一种是建立一个管理整个网络的集中系统，即集中式结构；第二种是建立一个分布在网络中的系统，即分布式结构；第三种是把前两种方法结合在一个层次型系统中。

集中式结构是由一个大系统去运行大部分所需应用程序，运行在管理系统中的每个应用程序都将把信息存储在位于网络中心的同一数据库中。

在分布式结构中，几个对等网络管理系统同时运行在计算机网络中。在这种结构中，每一个系统可以管理网络的一个特定部分，而且可以由不同的系统管理不同类型的网络设备，并不一定要求其结构在地理上是分布的。尽管在这种方法中系统的处理是分布化的，但通常需要一个中心数据库进行信息存储。

第三种是将集中式和分布式结构合并到一个层次型系统中。集中式结构的中心系统仍然存在于层次的根部，它用来收集所有的必要信息并且允许来自网络各处的访问。然后，通过从分布式结构中建立对等系统，中心系统授权网络管理子系统作为代表，这些子系统完成层次中子节点的功能。这种方法为构造一个网络管理系统结构提供了许多灵活选择。

第二节　网络集成技术

考核知识点及能力要求：

- 了解边缘计算技术。
- 熟悉以太网无源光网络技术与对象链接和嵌入过程控制技术。
- 掌握典型工业控制系统的架构和信息流。

典型工业控制系统是一个层次化网络结构，如图2-2所示。

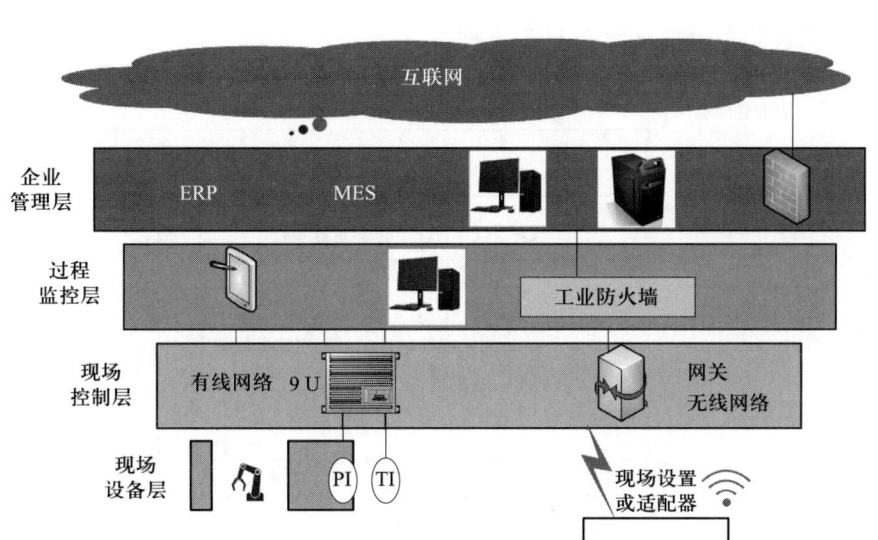

图 2-2 典型工业控制系统层次化网络结构

现场设备层实现制造过程的传感和执行，定义参与感知和执行生产制造过程的活动。时间分辨粒度可为秒、毫秒、微秒。各种传感器、变送器、执行器，以及数控机床、工业机器人、自动导引车（automated guided vehicle，AGV）、输送线等智能制造装备在此层运行。

通过有线/无线网络以总线方式或点对点方式进行数据传输。

现场控制层对生产过程进行测量和控制，采集过程数据，进行数据转换与处理，输出控制信号，实现逻辑控制、连续控制和批次控制功能。

过程监控层以操作监视为主要任务，兼有高级控制策略、故障诊断等部分管理功能，主要包括可视化的数据采集与监视控制系统（supervisory control and data acquisition，SCADA）、人机接口（human machine interface，HMI）、分布式控制系统（distributed control system，DCS）操作员站、实时数据库服务器等。

企业管理层实现工厂内生产管理，定义生产预期产品的工作流/配方控制活动，包括维护记录、详细排产、可靠性保障等。时间分辨粒度可为日、班次、小时、分、秒。企业管理层主要包括制造执行系统（manufacturing execution system，MES）、仓储管理系统（warehouse management system，WMS）、质量管理系统（quality management system，QMS）、能源管理系统（energy management system，EMS）。

典型工业控制系统信息流如图 2-3 所示。

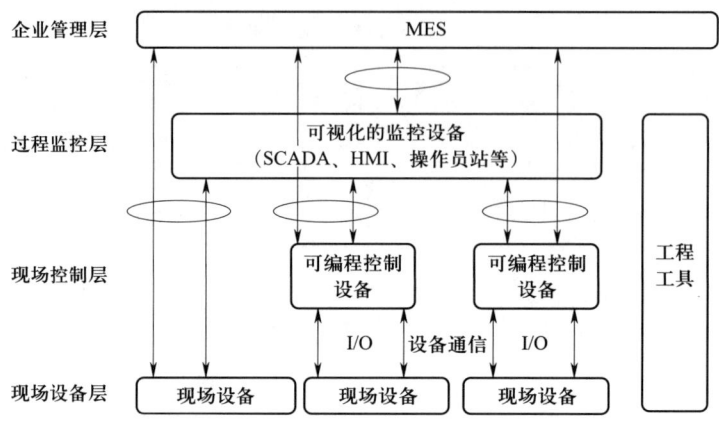

图 2-3 典型工业控制系统信息流

（1）下行数据

下行数据包括 MES、SCADA、HMI 等向可编程控制设备（如 PLC、DCS 控制器、专用控制器）、现场设备（执行器、伺服驱动器或智能制造装备）等发送的作业指令、控制指令、参数配置、工艺数据，以及可编程控制设备向现场设备发送的控制指令、参数配置等。

（2）上行数据

上行数据包括下层现场设备向上层可编程控制设备和 MES、SCADA、HMI 等发送的与生产运行相关的数据，如质量数据、过程数据、测量数据、设备状态以及诊断报警信息。

典型工业控制系统通过层次结构实现工厂内部网络的互联互通。工业控制系统由孤立走向互联，有以下优点：避免现场设备使用专有协议产生设备升级换代的二次开发成本与时间成本；通过采集现场数据对生产过程监视控制，可以提高产品质量，降低次品率；通过透明的数据访问方式实现生产过程整体优化。

此外，受资源相对短缺、环境压力加大、产能过剩等外界环境影响，传统的以能量转换工具为推动力的工业经济将难以维系。为了解决这些问题，工厂外部通过网络技术满足用户个性化定制需求，缩短从原材料采购、加工、制造到销售的周期，不断提供优质服务，提高工厂综合竞争实力。

一、现场设备与控制网络集成——以太网无源光网络技术

以太网无源光网络（ethernet passive optical network，EPON）技术是基于以太网的无源光网络（passive optical network，PON）技术。它采用点到多点结构、无源光纤传输，在以太网之上提供多种业务。EPON 技术由 IEEE 802.3 EFM 工作组进行标准化。2004 年 6 月，IEEE 802.3EFM 工作组发布 EPON 标准——IEEE 802.3 ah（2005 年并入 IEEE 802.3：2005 标准）。在该标准中将以太网和 PON 技术结合，在物理层采用 PON 技术，在数据链路层使用以太网协议，利用 PON 的拓扑结构实现以太网接入。因此，它综合了 PON 技术和以太网技术的优点：低成本、高带宽、扩展性强、与现有以太网兼容、方便管理等。

EPON 系统由光线路终端（optical line terminal，OLT）、光网络单元（optical network unit，ONU）和无源分光器（passive optical splitter，POS）构成，如图 2-4 所示。OLT 放在中心机房，ONU 放在用户设备端附近或与其合成一体，POS 是连接 OLT 和 ONU 的无源设备，它的功能是分发下行数据，并集中上行数据。EPON 利用单芯光纤，在一根芯上转送上下行两个波（上行波长 1 310 nm，下行波长 1 490 nm，另外还可以在这个芯上下行叠加 1 550 nm 的波长，来传递模拟电视信号），其工作过程如图 2-5 所示。

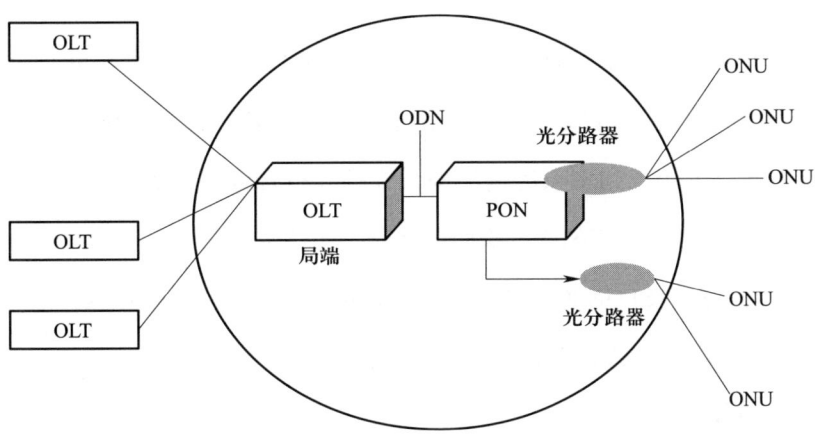

图 2-4　EPON 系统组成

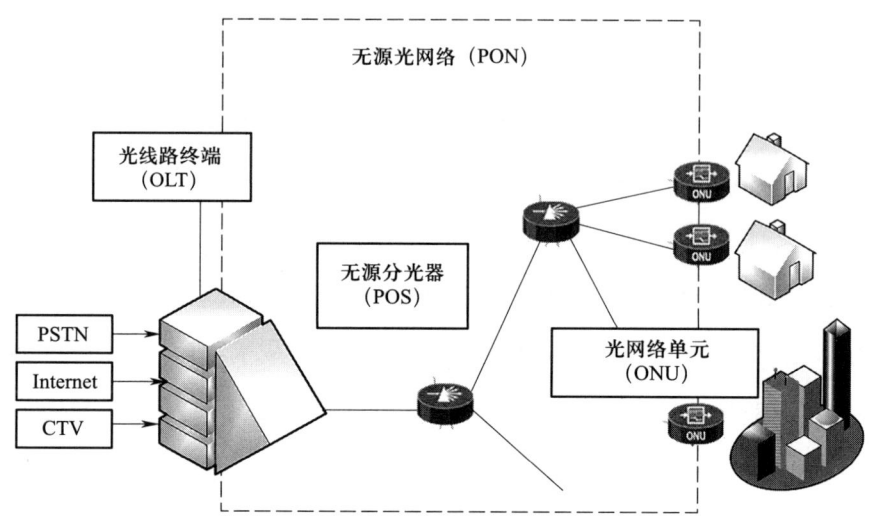

图 2-5　EPON 工作过程

OLT 既是一个交换机或路由器，又是一个多业务提供平台，它提供面向无源光纤网络的光纤接口（PON 接口）。OLT 上将提供多个 1 Gbit/s 和 10 Gbit/s 的以太网接口，可支持波分复用（wavelength division multiplexing，WDM）传输。OLT 根据需要可配置多块光线路卡（optical line card，OLC），OLC 与多个 ONU 通过 POS 连接，POS 不需要电源，可置于相对宽松的环境中，一般一个 POS 的分光比为 8、16、32、64，并可以多级连接，一个 OLT PON 端口下最多可以连接的 ONU 数量与设备密切相关，一般是固定的。

相较于以太网技术，在工业场景下，EPON 技术具有以下优点：EPON 通过无源器件组网，不受电磁干扰和雷电影响；采用自愈环形网络，支持并联型，切换时间短，抵抗失效能力强；采用点到多点传输架构，终端并行接入，部署灵活；仅需单根光纤线传输，最远覆盖 20 km 的范围；多业务承载，支持数据、视频、语音、时间同步等多种业务；高安全性，EPON 网络设置 ONU 安全注册机制，下行数据传送具备加密能力，采用点对多点广播方式，上行数据采用时分多址接入技术。

1. EPON 协议

（1）EPON 的层次模型

IEEE 802.3 EFM 工作组定义了新的物理层。对以太网 MAC 层以及 MAC 层以上则尽量做最小的改动以支持新的应用和媒质。

EPON 的层次模型如图 2-6 所示。

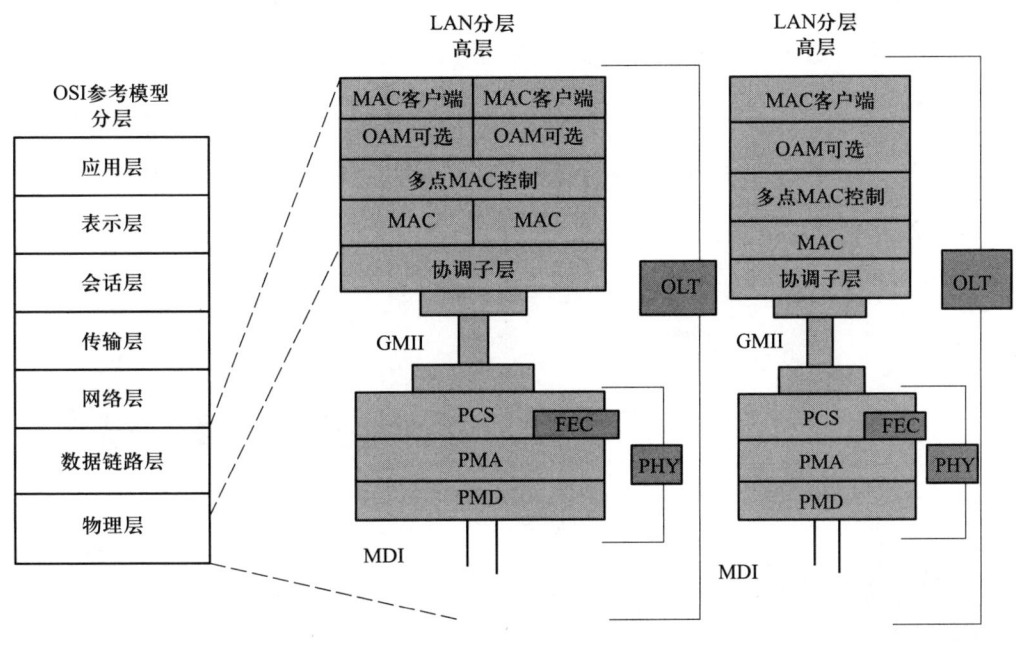

图 2-6　EPON 的层次模型

（2）MPCP 子层

EPON 建立在多点控制协议（multi-point control protocol，MPCP）基础上，该协议是 MAC Control 子层的一项功能。MPCP 使用消息、状态机、定时器来控制访问点到多点（point to multiple point，P2MP）的拓扑结构。

EPON 实现了一个点对点（point to point，P2P）仿真子层，该子层使得 P2MP 网络拓扑对于高层来说就是多个点对点链路的集合。该子层是通过在每个数据报的前面加上一个逻辑链路标识（logical link identification，LLID）来实现的。该 LLID 将替换前导码中的两个字节。PON 将拓扑结构中的根节点认为是主设备，即 OLT；将位于边缘部分的多个节点认为是从设备，即 ONU。MPCP 在点对多点的主从设备之间规定了一种控制机制以协调数据有效地发送和接收。系统运行过程中上行方向在一个时刻只允许一个 ONU 发送，位于 OLT 的高层负责处理发送的定时、不同 ONU 的拥塞报告，以便优化 PON 系统内部的带宽分配。

2. EPON 传输方式

（1）下行传输

下行传输采用广播方式，所有的 ONU 都能接收到相同的数据，但是通过 LLID 来区分不同的 ONU 数据，ONU 只接收属于自己的数据，丢弃其他用户的数据。在下行方向，IP 数据、语音、视频等多种业务位于中心局的 OLT，采用广播方式，通过光分配网（ODN）中的 1:N 无源分光器分配到 PON 上的所有 ONU 单元。EPON 下行传输方式如图 2-7 所示。

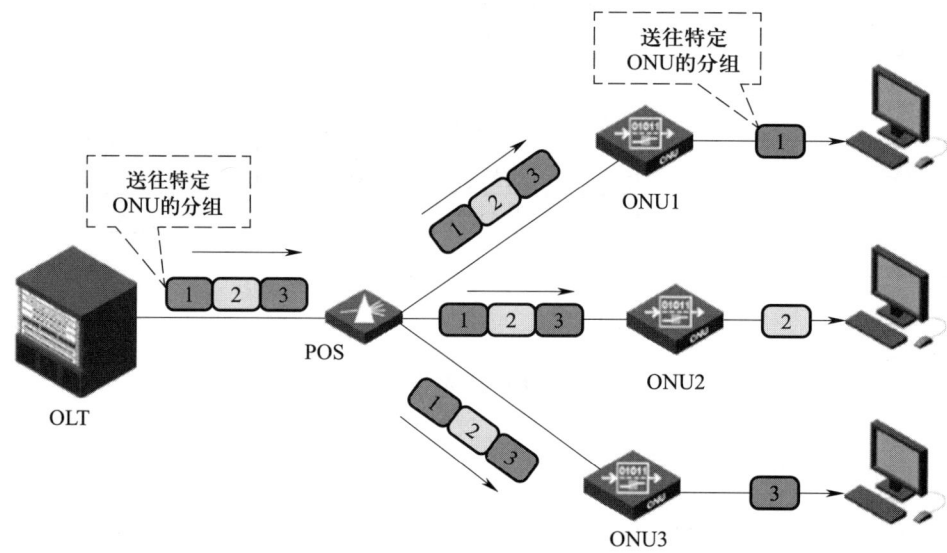

图 2-7　EPON 下行传输方式

（2）上行传输

上行传输采用时分多址（time division multiple access，TDMA）方式。OLT 统筹管理 ONU 发送上行信号的时刻，发出时隙分配帧。ONT 根据时隙分配帧，在 OLT 分配给它的时隙中发送自己的上行信号。各 ONU 的发送时间和长度由 OLT 集中控制。在上行方向，来自各个 ONU 的多种业务信息互不干扰地通过 ODN 中的 1:N 无源分光器耦合到同一根光纤，最终送到 OLT 接收端。EPON 上行传输方式如图 2-8 所示。

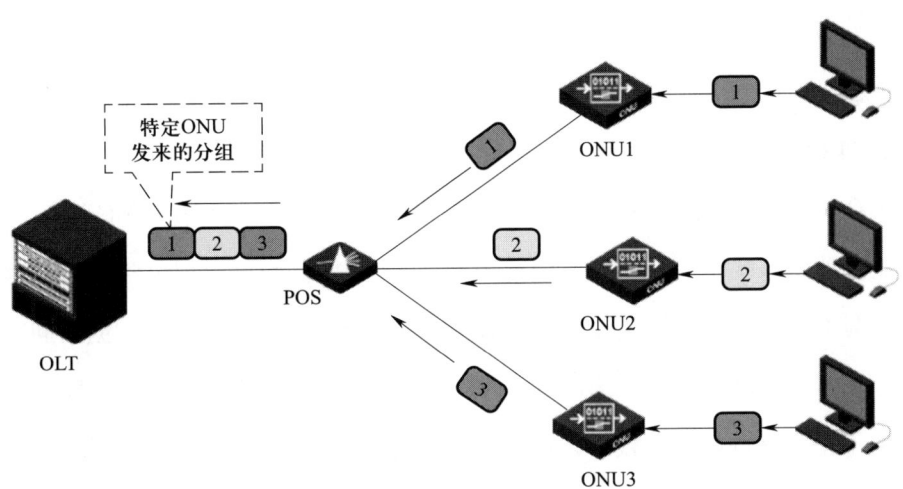

图 2-8 EPON 上行传输方式

二、控制网络与信息网络的集成——对象链接和嵌入过程控制技术

对象链接与嵌入（object linking and embedding，OLE）是实现并扩展动态数据交换（dynamic data exchange，DDE）的一种技术。OPC（OLE for process control，OPC，用于过程控制的 OLE）是一个工业标准，是对 DDE 技术的改进。在工业控制系统网络集成方面，OPC 技术已经取代 DDE 技术。DDE 技术是基于 Windows 的消息机制，实现控制层中监控软件与通用网络编程语言的交互，以及监控层与控制层的网络通信。在使用过程中，通过 DDE 技术在设备和控制系统之间传递实时信息并不理想，DDE 技术在传输性能和可靠性等方面存在诸多限制。开发商不得不对 DDE 标准进行扩展，以满足各种专用的信息格式，提供客户应用程序的性能和通信吞吐量。与此同时，DDE 不适用于大量数据的高速采集，不能为数据交换提供可靠的机制。上述原因促使工业界重新制定更为高效、可靠的数据访问标准，即 OPC 标准。

与 DDE 相比，OPC 最主要的优势体现在数据传输速率上。由于 OPC 服务器每秒能管理成百上千个事务，而且与 DDE 不同的是它的每个事务都能包含多个数据项，因此，采用 OPC 传输数据要比 DDE 快得多。与此同时，OPC 定义了大量软件接口，用来标准化从过程层到管理层的信息流，主要用于工业自动化系统接口，如 HMI 和 SCADA。

OPC 是最流行的数据连接标准,用于在控制器、设备、应用程序和其他基于服务器的系统之间进行通信,而无须进入数据传输的自定义驱动程序。

1. 经典 OPC

经典 OPC 定义了大量软件接口,用来标准化从过程层到管理层的信息流。主要用例是工业自动化系统接口,从设备取得当前数据,并为管理应用提供实时历史数据和事件。根据工业应用的不同需求,已经制定了三个主要 OPC 规范:数据访问(DA)、报警和事件(A&E)、历史数据访问(HDA)。DA 描述了访问过程数据的当前值。A&E 描述了基于事件的信息接口,包括过程报警确认。HDA 描述了访问历史数据的函数。所有接口提供通过地址空间浏览的方法,并提供可用数据的信息。

经典 OPC 采用客户端/服务器(C/S)模式进行信息交换,如图 2-9 所示。OPC 服务器封装了过程信息来源(如设备),使信息可以通过它的接口访问。OPC 客户端连接到 OPC 服务器后,可以访问和使用它所提供的数据。使用和提供数据的应用可以是客户端,也可以是服务器。

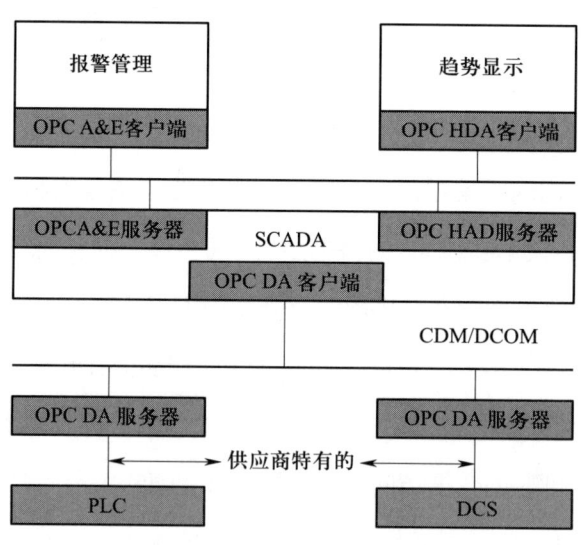

图 2-9 经典 OPC 信息交换模式

(1) OPC 数据访问

OPC 数据访问(DA)接口可以读、写、监测包含当前过程数据的变量。主要用例是将 PLC、DCS 和其他控制设备的实时数据迁移到 HMI 和其他显示客户端。OPC DA

是最重要的 OPC 接口，其他 OPC 接口大多作为 DA 的附加产品实现。

OPC DA 客户端明确地选择它们需要从服务器中读、写或监测的变量（OPC 项）。OPC 客户端通过创建一个 OPC Server 对象来建立一个到服务器的连接。该服务器对象通过浏览地址空间分层寻找项目和它们的属性，如数据类型和访问权限。

为了访问数据，客户端根据相同的设置（如更新时间）将 OPC 项目分组到一个 OPC Group 对象。图 2-10 显示了服务器中 OPC 客户端创建的不同对象，以及访问数据的过程。

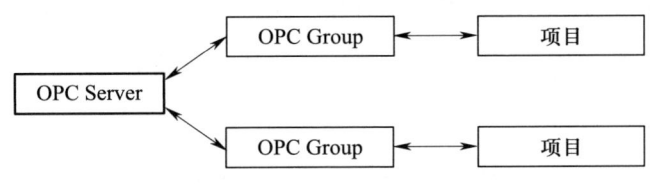

图 2-10　OPC 客户端访问数据的过程

当被添加到一个组后，项目就可以被客户端读取或写入。然而，对于客户端周期性读取数据，更好的方法是监测服务器中值的变化。客户端定义了包含感兴趣项目的组的更新速率。服务器按此更新速率循环检测值变化。每个周期后，服务器仅发送已变化的值给客户端。

OPC 提供的实时数据，可能不是一直都能访问，例如，设备通信暂时中断。经典 OPC 技术为已送达的数据提供了时间戳和质量戳处理这个问题。质量戳用来区分数据是准确（好）、不可用（坏）或未知（不确定）。

（2）OPC 报警和事件

OPC A&E 接口可以接收事件通知和报警通知。事件是单条通知告诉客户端一个事件的发生，报警通知客户端过程状态的变化。OPC A&E 为传输来自不同事件源的过程报警和事件提供了灵活的接口。

要接收通知，OPCA&E 客户端连接到服务器，订阅通知，然后接收在服务器触发的所有通知。为了限制通知的数量，OPC 客户端可以指定某种过滤器准则。OPC 客户端连接第一步是在 A&E 服务器创建一个 OPC Event Server（OPC 事件服务器）对象，第二步是生成 OPC Event Subscription（OPC 事件订阅）对象来接收事件消息。这些事件消息的过滤器可为每个订阅单独配置。图2-11显示了OPC客户端在服务器创建的不同对象，以及接收事件的过程。

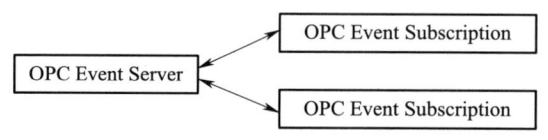

图2-11 OPC客户端接收事件的过程

（3）OPC历史数据访问

OPC DA可以访问不断变化的实时数据，OPC历史数据访问（HDA）则提供了对已存储的数据的访问。从简单的串行数据记录系统到复杂的SCADA，历史记录能够以统一的方式被检索。

OPC客户端通过在HDA服务器中创建一个OPC HDA Server（OPC HDA服务器）对象进行连接。此对象提供了读取和更新历史数据的所有的接口和方法。另一个OPC HDA Browser（OPC HDA浏览器）对象用来浏览HDA服务器的地址空间。其主要功能是对历史数据以三种不同的方式读取。第一种机制从记录中读取原始数据，在客户端定义一个或多个变量和它要读取原始数据的时域。服务器返回记录中指定的时间范围内的所有值，直至达到客户端定义的最大数量。第二种机制读取一个或多个变量在指定的时间戳的值。第三种机制读取历史数据库中一个或多个变量在指定的时间域的数据计算聚合值。值始终包括相关的质量戳和时间戳。除了读取方法，OPC HDA还定义了对历史数据库中的数据进行插入、替换和删除的方法。

2. OPC统一架构

经典OPC基于微软的OLE（现在的Active X）、COM（部件对象模型）和DCOM（分布式部件对象模型）技术，无须定义网络协议或进程间通信机制，减少了为不同的特定需求定义不同的API时的规范化工作，很好地解决了硬件设备间的互通性问题，但未提供企业层面的通信标准化问题。基于微软的COM DCOM技术，会给新增层面的通信带来不可根除的弱点。加上经典OPC技术不够灵活、平台局限等问题的逐渐凸显，OPC基金会（OPC Foundation）发布了最新的数据通信方法——OPC统一架构（OPC UA），涵盖了OPC DA、OPC HDA、OPC A&E和OPC Security的不同方面，并在其基础之上进行了功能扩展。OPC UA 是在经典 OPC 技术取得很大成功之后的又一个突破,让数据采集、信息模型化以及工厂底层与企业层面之间的通信更加安全、可靠。

OPC UA 有以下优势:一是与平台无关,可在任何操作系统上运行,为未来的先进系统做好准备。二是与保留系统继续兼容,配置和维护更加方便,基于服务的技术可见性增加,通信范围更广。三是不再基于 COM/DCOM 技术,更加安全、可靠;可以穿越防火墙,实现 Internet 通信。

(1) OPC UA 体系结构

OPC UA 体系结构包括基础组件、OPC UA 服务和信息模型,其层次如图 2-12 所示。

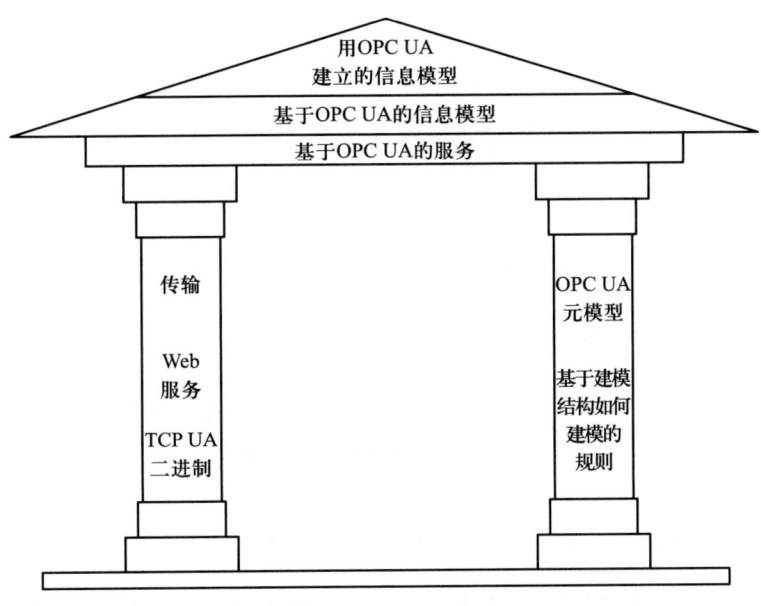

图 2-12 OPC UA 体系结构层次

OPC UA 的基础组件是传输机制和数据建模。为了优化不同的用例,OPC UA 规定了不同的传输机制。其第一个版本为高性能企业内部网通信定义了一个优化的二进制 TCP,并为防火墙友好的互联网通信定义了一个映射,接受类似 Web 服务、XML、HTP 等互联网标准的通信。这两个传输都使用同一个用于 Web 服务的基础消息的安全模型。抽象的通信模型不局限于特定的协议映射,它允许将来添加新的协议。

数据模型定义了提供OPC UA的信息模型的规则和基础构件，它也定义了地址空间的入口和建立类型层次的基本类型，这个基础可以被建立在抽象模型概念上的信息模型扩展。此外，它还定义了一些增强的概念，如在不同的信息模型中描述状态机。

UA服务是作为信息模型的提供者——服务器和信息模型的用户-客户端之间的接口。服务是以抽象的方式定义的，它使用传输机制，在客户端和服务器之间交换数据。这种OPC UA的基本概念使得OPC UA的客户端可以访问最小的一块数据，而不需要了解复杂的系统公开出来的整个模型。OPC UA的客户端也可以理解为专有模型，这种模型可以使用为特定领域和用例定义的增强功能。图2-13显示了OPC、其他组织或供应商定义的信息模型的不同层次。

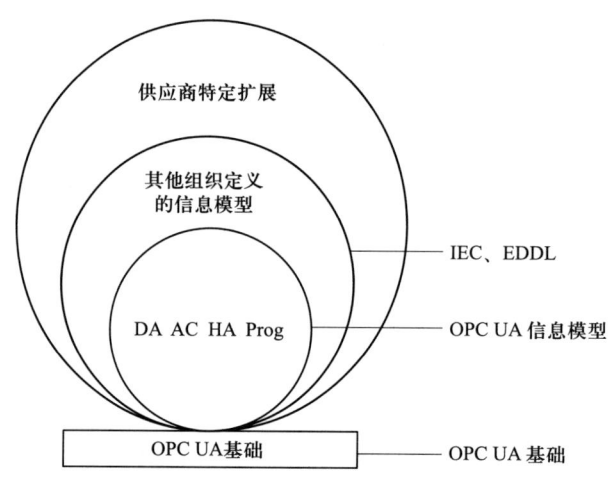

图2-13 OPC UA分层架构

为了覆盖传统OPC的功能，OPC UA在基础规范之上定义了过程信息领域的信息模型。DA定义了自动化数据方面的特定扩展，例如，模拟和离散数据建模，以及服务质量公开。DA的其他所有功能都已经被基础规范覆盖。报警与状态（AC）定义了一个处理报警管理和状态监视的高级模型。历史访问（HA）定义了访问历史数据和历史事件的机制。程序（Prog）制定了启动、操作、监视程序执行的机制。

其他组织可以在UA基础上或者在OPC信息模型上构造它们的模型，通过OPC UA公开特定的信息。现场设备集成（FDI）合并了用来描述、配置和监视设备的电子设备描述语言（EDDL）和现场设备工具（FDT），它是OPC UA映射的标准。

附加的供应商特定信息模型可以通过直接使用 UA 基础、使用 OPC 模型或者其他基于 OPC UA 的信息模型来定义。

（2）OPC UA 规范

OPC UA 规范见表 2-1，包括核心规范、访问类型规范、应用规范和其他相关规范。

表 2-1　　　　　　　　　　　　　　OPC UA 规范

概述	标准	OPC UA 规范
核心规范	IEC/TR 62541-1	Part1：总览与概念
	IEC/TR 62541-2	Part2：安全模型
	IEC 62541-3	Part3：地址空间模型
	IEC 62541-4	Part4：服务
	IEC 62541-5	Part5：信息模型
	IEC 62541-6	Part6：映射
	IEC 62541-7	Part7：行规
访问类型规范	IEC 62541-8	Part8：数据访问
	IEC 62541-9	Part9：报警与状态
	IEC 62541-10	Part10：编程
	IEC 62541-11	Part11：历史访问
应用规范	IEC 62541-12	Part 12：发现
	IEC 62541-13	Part13：集合
	IEC 62541-14	Part14：Pub/Sub 发布者/订阅者
其他相关规范	IEC 62541-100	PLCopen IEC 61131-3

"Part1：总览与概念"给出了一个有关 OPC UA 的概述。

"Part2：安全模型"介绍了 OPC UA 的安全要求和安全模型。

"Part3：地址空间模型"指定了公开实例和类型信息的构件，从而可以用 OPC UA 元模型来描述和公开信息模型，并构建 OPC UA 服务器地址空间。

"Part4：服务"描述了 UA 客户端和 UA 服务器之间可能的交互。客户端使用服务来查找和访问服务器提供的信息。该服务是抽象的，因为它们定义的是 UA 应用之间交换的信息，而不是在传输线路上的具体行为，也不是应用软件使用的 API 的具体行为。图 2-14 显示了 OPC UA 的分层通信架构。

"Part5：信息模型"中的基本信息模型为所有使用 OPC UA 的信息模型提供框架。它定义了以下内容：

地址空间的入口点被客户端用来浏览 OPC UA 服务器中的实例和类型，构建不同类型层次结构所用的基础类型内置的、可扩展的类型，如对象类型和数据类型。该 Server Object（服务器对象）提供容量和诊断信息、UA 服务到消息的映射、应用到消息的安全机制。消息的具体线路传输在"Part6：映射"中定义，只有实现 UA 栈才需要完全理解此规范。由于 OPC 基金会提供了合适的 UA 栈，典型的 UA 应用程序架构师和程序员并不需要阅读本规范。

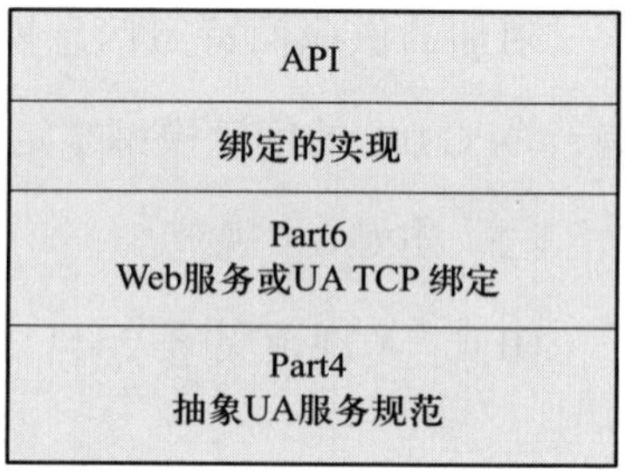

图 2-14 OPC UA 的分层通信架构

"Part7：行规"定义了 OPC UA 功能的一个有用子集。该子集必须由 UA 应用程序完全实现，以确保子集的互操作性。该规范在两个级别定义了该子集。第一个级别是定义一个小功能集的一致性单元，就是始终一起使用，可以当作一个单元用兼容性测试工具进行测试。第二个级别是一个一致性单元列表组成的协议子集。在 OPC UA 产品认证中，一个协议子集必须完全实现，并且被作为一个完整集合测试。在客户端和服务器连接创建的时候，交换支持并使用的协议子集列表，从而允许程序确定对方是否支持自己需要的功能。

在"Part8：数据访问"中，DA 信息模型定义了如何表示和使用自动化数据以及指定类似工程单位一样的特性。

在"Part9：报警与状态"中，AC 信息模型指定了过程报警、监视指定状态机的状态和事件类型。

在"Part10：编程"中，程序信息模型定义了执行、处理和监视程序的一个基础状态机。

在"Part11：历史访问"中，HA 信息模型指定了历史访问服务的使用，以及怎样呈现数据和事件历史的配置信息。

在"Part12：发现"中，定义了怎样在网络中查找服务器，以及客户端怎样得到必需的信息，以便建立一个连接到某服务器。

在"Part13：集合"中，指定了用来从原始数据样本计算聚合值，以及用于历史访问和当前值的监测的聚合方式。

（3）OPC UA 软件层

OPC UA 使用类似经典 OPC 的客户端/服务器概念。一个希望对其他应用暴露自己的信息的应用程序被称为 UA 服务器，而一个想要使用其他应用程序的信息的应用程序被称为 UA 客户端。但是，期望与经典 OPC 相比，更多的应用是在一个应用程序中包含 UA 服务器和 UA 客户端。其中一个原因是，越来越多的 UA 服务器将被直接集成在设备中，同时实现一个 UA 客户端使设备到设备的通信变得可行；另一个原因是，OPC UA 用作配置接口，UA 客户端同时也是一个可以通过 OPC UA 进行配置的 UA 服务器。

典型的 OPC UA 应用是由三个软件层次组成的。完整的软件栈可以使用 C/C++、.NET 或 Java 实现。OPC UA 不限定只使用这些编程语言和开发平台，但目前只有这些环境下的 OPC 基金会的 UA 栈的实现可以交互使用。

OPC UA 应用程序是一个要公开或使用 OPC UA 数据的系统。它包含该应用程序指定的功能，以及通过使用 OPC UA 栈和 OPC UA 的软件开发工具包（SDK），从该功能到 OPC UA 的映射。

实现 OPC UA 公共功能的客户端或服务器 SDK 是应用层的一部分，因为 UA 栈只实现通信通道。OPC UA SDK 减少了开发工作，并促进了 OPC UA 应用更快速的互操作性。

OPC UA 栈实现了"Part6：映射"中定义的不同 OPC UA 传输映射。该栈是用来调用跨进程或网络边界的 UA 服务。OPC UA 定义了三个栈层并为每层定义了不同的配置。消息编码层定义一个二进制和一个 XML 格式的服务参数序列化方式。消息安全层指定通过使用 Web 服务安全标准或 UA 的二进制版 Web 服务标准来保证消息的保密。消息传输层定义了使用的网络协议，它可以是 UATCP、HTTP 或 Web 服务使用的 SOAP。图 2-15 显示了不同的 UA 通信栈层。UA 栈中各层的实现和该应用

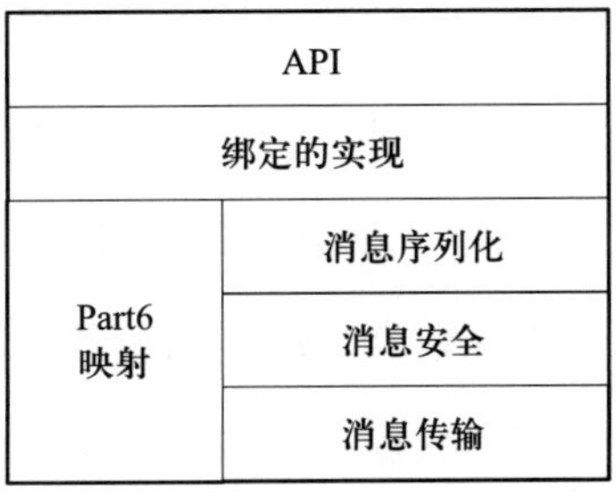

图 2-15 UA 通信栈层

程序的 API 不是 OPC UA 规范的一部分。UA 栈提供与语言无关的 API 给 UA 客户端和服务器应用程序，但是服务及其参数是类似的，而且基于"Part4：服务"中的抽象服务定义。

随着美国国家标准学会（ANSI）C/C++、.NET 和 Java 的实现，主要的开发环境和编程语言已被 OPC 基金会开发和维护的 UA 栈覆盖了。

三、采集数据与开放平台的集成——边缘计算技术

随着大数据的爆发和物联网技术的广泛应用，人类开始进入工业互联网时代，即从以前的人与人、人与物之间进行互联的互联网技术转向万物互联的目标发展，特别是物与物之间的互联。在工业互联网时代，每个终端设备不仅是数据的生产者，同时也是数据的消费者，如利用收集的实时数据进行模式识别、执行预测分析或优化、智能处理等功能。这使通过终端采集数据并与开放平台进行集成成为新型的互联模式。但以云计算为中心的集中式数据处理方式不能满足网络边缘设备所产生海量数据的实时性和隐私性，因此，边缘计算技术以一种新的计算模式热点出现在大众视野中，推动了网络计算架构的转变，对新型业务的应用有重要的提升和改进。

1. 边缘计算的定义

边缘计算是指在网络边缘执行计算的一种新型服务模型，采用分散式运算的架构，将之前由网络中心节点处理的应用程序、数据资料与服务的运算交由网络逻辑上的边缘节点处理。边缘计算的边缘是指从数据源到云计算中心路径之间的任意计算和网络资源，其下行数据表示云服务，上行数据表示万物互联服务。由于边缘节点在距离上更接近用户终端装置，数据的处理速度和传送速度大幅提高，因此，进一步降低了时延和传输带宽的负载量。图 2-16 所示为边缘计算模型。

目前对于边缘计算的官方定义仍存在诸多说法。美国太平洋西北国家实验室（PNNL）定义边缘计算为一种把应用、数据和服务从中心节点向网络边缘拓展的方法，可以在数据源端进行分析和知识生成；ISO/IEC JTC1/SC38 定义边缘计算为一种将主要处理和数据存储放在网络的边缘节点的分布式计算形式；边缘计算产业联盟认为边缘计算是在靠近物或数据源头的网络边缘侧，融合网络、计算、存储、应用核心能力的

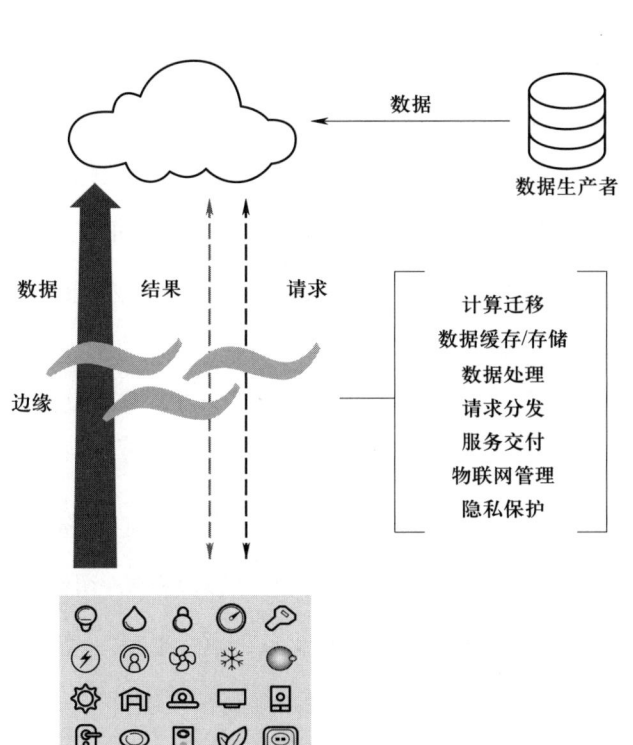

图 2-16 边缘计算模型

开放平台,就近提供边缘智能服务,满足行业数字化在敏捷连接、实时业务、数据优化、应用智能、安全与隐私保护等方面的关键需求,作为连接物理和数字世界的桥梁,实现智能资产、智能网关、智能系统和智能服务。虽然不同组织对边缘计算的定义表述不同,但内容实质基本一致,即在靠近数据源的网络边缘某处就近提供服务。

2. 边缘计算的发展

边缘计算的概念起源于 Akamai 公司于 20 世纪 90 年代定义的内容分发网络(content delivery network,CDN)。CDN 中提出在终端用户附近设立传输节点,这些节点被用于存储缓存的静态数据。边缘计算通过允许节点参与并执行基本的计算任务,进一步提升了这一概念。随着科技的发展,数据规模不断扩大,人们对数据处理性能和能耗方面的要求不断提高,促进着研究学者们对新式计算模型的不断探索。在边缘计算之前出现了如分布式数据库模型、P2P 模型、雾计算模型及海云计算模型等,致力于解决计算负载和数据传输带宽问题。

边缘计算引发新一轮研究应用热潮是内部因素和外部因素联合推动的结果。内部因素是云计算的中心化能力在网络边缘存在诸多不足，具体表现为在万物互联的背景下，传统云计算无法满足应用服务低时延、高可靠性以及数据安全的需求；外部因素则是消费物联网发展迅速，数字经济与实体经济结合的需求旺盛。同时工业互联网蓬勃兴起，实现IT技术与OT技术的深度融合，亟须在工厂内网络边缘处加强网络、数据、安全体系建设。

3. 边缘计算实施

（1）服务器

边缘计算的实施离不开服务器，相比传统的数据中心服务器，边缘计算服务器能够提供高密度计算机存储能力。在实际边缘部署环境中，留给边缘计算服务器的工作空间十分有限，而为了尽可能多地容纳业务部署，边缘计算服务器需要采用多核CPU、大容量ECC内存以及大容量固态存储器等高密度组件。

（2）异构计算

随着人工智能应用的普及和大数据时代的来临，异构计算已经逐渐成为边缘计算实施中的重要一环。CPU具有很强的浮点和向量计算能力，FPGA具有硬件可编程能力及低时延等特性，ASIC可用于边缘侧的模型推理、压缩或加解密等操作，异构计算则能够集成不同指令集和不同体系架构计算单元，以充分发挥各种计算单元的优势，实现性能、功耗和成本等方面的平衡。

（3）虚拟化技术

异构计算在带来优势的同时，也提高了系统的复杂度。因此，虚拟机和容器技术等虚拟化服务也是必不可少的，其可以提供统一的SDK和API，屏蔽硬件的差异，使得系统具有对计算平台上的业务负载进行整合、编排和管理的能力，降低了系统开发成本和部署成本。

（4）网络通信

边缘计算的业务执行离不开通信网络的支持。边缘计算的网络既要满足与控制相关业务传输时间的确定性和数据完整性，又要能够支持业务的灵活部署和实施，因此，时间敏感网络（time sensitive network，TSN）和软件定义网络（software definition network，SDN）是边缘计算网络部分的重要基础资源。

4. 边缘计算架构

制造生产环境的数字化和信息化，以及对生产制造进行优化升级是企业实现智能制造的必经之路。

如图 2-17a 所示，边缘计算节点的实际部署是分步进行的，将低时延、可靠性高的流式数据分析部署在靠近生产现场的边缘端，将计算强度高和储存量大，但对时延和可靠性要求不太严格的批量分析部署在企业机房。如图 2-17b 所示，其中的任务可以运行在同一节点上，也可以根据实际情况分布在多个不同节点上，通过标准协议总线连接起来。

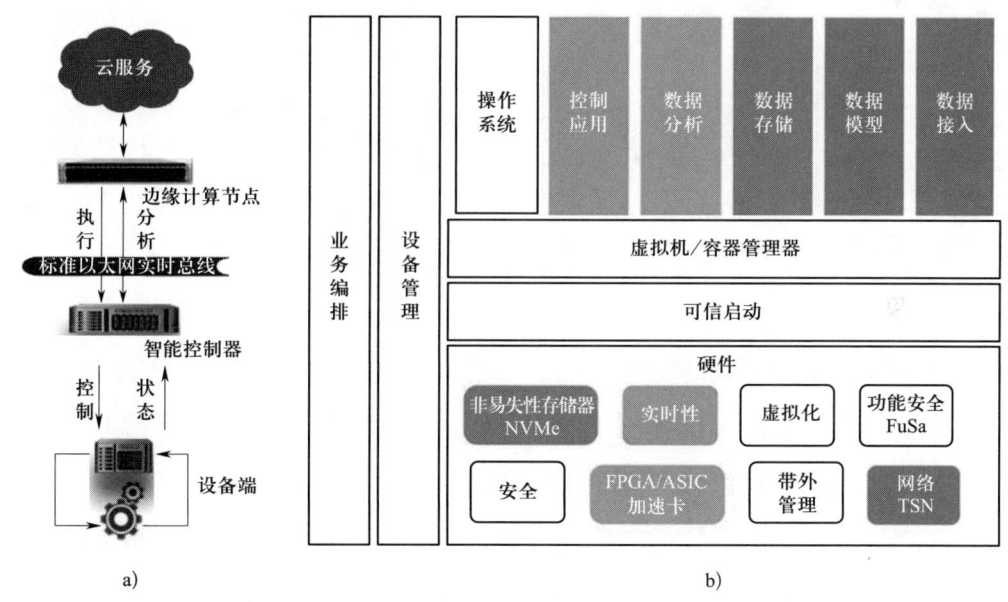

图 2-17　智能制造的边缘计算节点部署方式及节点基础架构

5. 边缘预警与诊断应用

机器人被誉为"制造业皇冠顶端的明珠"，是衡量一个国家创新能力和产业竞争力的重要标志，已经成为全球新一轮科技和产业革命的重要切入点。利用机器人内部数据或外部数据进行预警和诊断是保障机器人安全、稳定运行的重要手段，但是传统云计算的集中式数据处理方案面临诸多问题：一方面，处于作业活动中的机器人对预警方案的实时性要求是非常高的，云计算的延迟性无疑会造成更严重的经济损失和安全事件；另一方面，现有的机器人厂商大多处于竞争关系，机器人的原始数据明显具有高度的隐私性，且在持续采集状态下每台机器人会产生约 8 GB 的数据量，数据量大且本身存在冗余性。若机器人数据全部上传至云端，对网络传输带宽是一个不小的挑战。因此，中心化的云计算方案在机器人边缘预警与诊断的应用方面显得力不从心。

针对云计算存在的应用问题，目前采用云端与边缘端协同分布式监测诊断系统，实现数据快速处理与模块协作，同时利用面向构建的软件开发技术，实现边缘端特征提取及异常预警、云端故障诊断和健康评估。该边云协同的机器人在线预警与故障诊断方案硬件部署如图 2-18 所示。

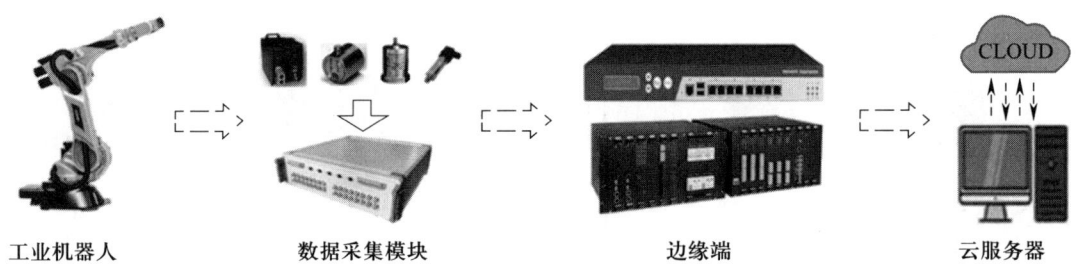

图 2-18　边云协同机器人应用系统框架

这个系统主要包含以下部分：

（1）数据采集模块。该模块中传感部分包含加速度传感器、温度传感器和电流传感器等传感器，它们通过数据采集板卡生成期望数据。

（2）边缘端。数据通过以太网将数据传入边缘端，边缘端利用原始数据进行在线预警、特征提取和数据清洗等工作，其不仅能够对工业机器人的异常碰撞事件进行快速检测并下发安全指令，也能清除冗余数据，定时上传有用数据信息至云端。

（3）云服务器。云服务器中部署有故障诊断模型、性能退化预测模型和健康评估模型等方法，利用服务器的高性能特点可以进行模型的推理和训练，从而实现精确的机器人故障诊断和健康评估。

上述机器人的边缘预警和诊断应用合理地运用了边缘计算的架构思想，为机器人的安全运维提供了软硬件保障，预计能实现 90% 的故障诊断准确率，这将在机器人的远程监测和健康维护领域发挥重要作用。

第三节 通信技术

考核知识点及能力要求：

- 了解数据交换技术和多路复用技术。
- 熟悉信号的差错控制。
- 掌握数据的编码和信号的同步。

工业网络中所用到的数据通信技术都来源于计算机网络通信技术。数据通信是指依据通信协议、利用数据传输技术在两个（或多个）功能单元之间传递数据信息的技术，一般不改变数据信息内容。数据通信技术主要涉及通信协议、信号编码、通信接口、时间同步、数据交换、通信控制与管理、安全等问题。

信息（information）是指已被处理成某种形式的数据，这种形式对接收信息具有意义，并在当前或未来的行动和决策中具有实际的和可觉察到的价值。数据（data）是指对客观事件进行记录并可以鉴别的符号，是对客观事物的性质、状态以及相互关系等进行记载的物理符号或这些物理符号的组合。它是可识别的、抽象的符号。它不仅指狭义上的数字，还可以是具有一定意义的文字、字母、数字符号的组合、图形、图像、视频、音频等，也是客观事物的属性、数量、位置及其相互关系的抽象表示。数据即信息的原始材料，其定义是许多非随机的符号组，它们代表数量、行动和客体等。数据与信息的关系就是原料与成品的关系。数据只有经过加工和解释，才能深化为信息。

数据是携带信息的实体，是信息的载体，是信息的表示形式，数据可以是数字、字符、符号等。单独的数据并没有实际含义，但如果把数据按一定规则、形式组织起来，就可以传达某种意义。数据和信息之间是相互联系的。数据经过加工处理之后，就成为信息；而信息需要经过数字化转变成数据才能存储和传输。

一、数据的编码

工程中的所有数据信号都可以归结为数字信号和模拟信号两种，通过一定的编码技术可以将两种信号相互转换，也可以将原有的数字信号转换成二进制编码。下面就如何将数字信号用二进制编码表示、将数字信号用模拟量表示、将模拟信号用数字信号表示分别进行讲解。

1. 将数字信号用二进制编码表示

将数字信号表示成二进制编码信号，目前常用的方法有归零编码、不归零编码、不归零反向编码、曼彻斯特编码及差分曼彻斯特编码等。

（1）归零（return zero，RZ）编码

归零编码是一种二进制信息的编码，如图 2-19 所示。在 RZ 编码中，信号线上会出现 3 种电平：正电平、负电平、零电平。正电平代表逻辑 1，负电平代表逻辑 0，每传输完一位数据，信号返回到零电平。归零码的特性就是在一个周期内，用二进制传输数据位，在数据位脉冲结束后，需要维持一段时间的低电平，这样就不再需要单独的时钟信号。在 RZ 编码中，大部分的数据带宽被用来传输"归零"而浪费了，这样的信号也叫作自同步（self-clocking）信号。归零编码可以划分为单极性码和双极性码。

当单极性归零码发"1"码时，发出正电流，但持续时间短于一个码元的时间宽度，即发出一个窄脉冲；当发"0"码时，不发送电流。单极性归零码含有丰富的低频分量，但由于它的高电平只持续一段时间，所以很容易从中提取定时信息。它的主要优点是可以直接提取同步信号，因此，单极性归零码常常用作其他码型提取同步信号时的过渡码型。也就是说，其他适合信道传输但不能直接提取同步信号的码型，可先变换为

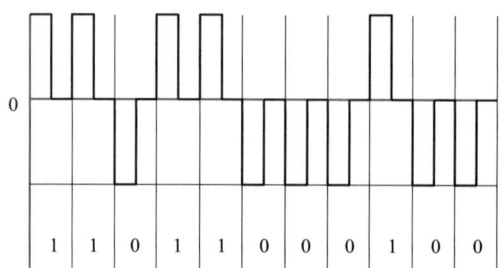

图 2-19　归零编码

单极性归零码，然后提取同步信号。

双极性归零码是一种三元码，"1"和"0"在传输线路上分别用正脉冲和负脉冲表示，且相邻脉冲间必有零电平区域存在。对于双极性归零码，在接收端根据接收波形归于零电平便可知道 1 bit 信息已接收完毕，以便准备下一比特信息的接收。所以，在发送端不必按一定的周期发送信息。可以认为正负脉冲前沿起了启动信号的作用，后沿起了终止信号的作用。

（2）不归零（non return zero，NRZ）编码

不归零编码用两种不同的电平分别表示"1"和"0"，不使用零电平，如图 2-20 所示。去掉这个归零步骤，浪费的带宽回来了，不过也丧失了自同步特性。不归零编码也可以划分为单极性码和双极性码。

单极性不归零编码是一种二元码且与单极性归零编码相似，并且单极性不归零编码脉冲之间无间隔。这是一种最常用的码型。单极性不归零编码的特点：因为有直流成分，所以很难在低频传输特性比较差的有线信道进行传输，并且接收单极性非归零码的判决

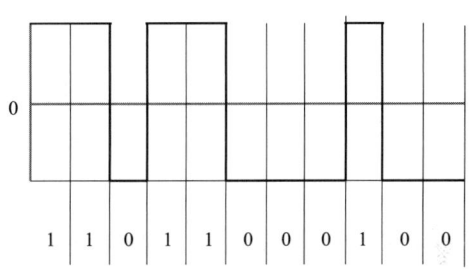

图 2-20 不归零编码

电平一般取为 1 码电平的一半，因此，在信道特性发生变化时，容易导致接收波形的振幅和宽度变化，使得判决电平不能稳定在最佳电平，从而引起噪声。此外，单极性不归零编码对传输线路有一定要求，不能直接提取同步信号，并且传输时必须将信道一端接地。由终端送来的单极性不归零编码要通过码型变换变成适合信道传输的码型。

双极性不归零编码是用正、负电平分别表示二进制码 1 和 0 的码型，与双极性归零编码类似，但不归零编码的波形在整个码元持续期间电平保持不变。双极性不归零编码的特点：由于该码型信号在 1 和 0 的数目相同时无直流分量，并且接收时判决电平为 0，容易设置并且稳定，因此抗干扰能力强。双极性不归零编码还可以在电缆等无接地的传输线上传输，因此，其应用极广。双极性不归零编码常用于低速数字通信。双极性不归零编码的主要缺点是：与单极性不归零编码一样，不能直接从双极性不归零编码中提取同步信号，并且 1 码和 0 码不相等时，会有直流成分。

（3）不归零反向（no return zero-inverse，NRZ-I）编码

不归零反向编码又称不归零交替编码，如图2-21所示。NRZ-I电平的一次翻转表示数据电平的逻辑0，与前一个NRZ-I电平相同的电平表示数据电平的逻辑1（翻转代表0，不变代表1）。简而言之，就是相邻电平有变化则为0，无变化则为1；或相邻电平有变化则为1，无变化则为0。

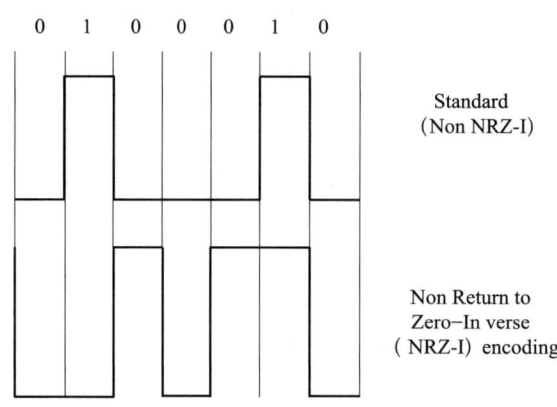

图2-21 不归零反向编码

（4）曼彻斯特编码（Manchester encoding）

曼彻斯特编码也叫作相位（phase encode，PE）编码，是一种同步时钟编码技术，被物理层用来编码一个同步位流的时钟和数据，如图2-22所示。它在以太网媒介系

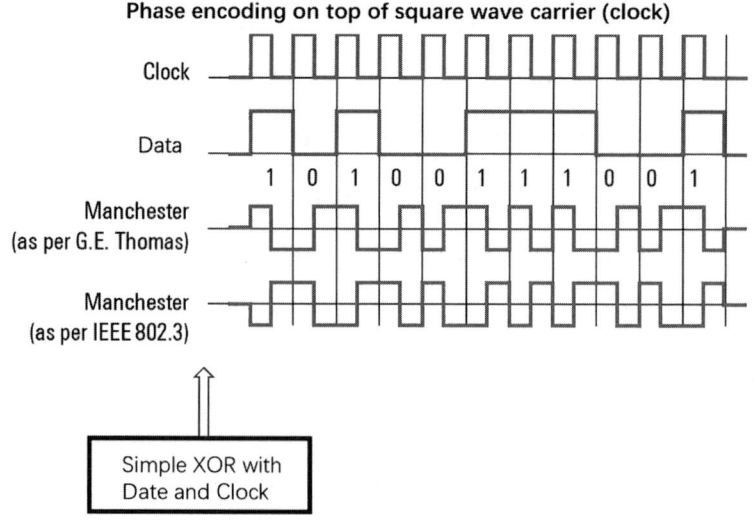

图2-22 曼彻斯特编码

统中的应用属于数据通信中的两种位同步方法里的自同步法（另一种是外同步法），即接收方利用包含有同步信号的特殊编码从信号自身提取同步信号来锁定自己的时钟脉冲频率达到同步目的。

在曼彻斯特编码中，每一位的中间有一次跳变，位中间的跳变既作时钟信号，又作数据信号；从低到高跳变表示"1"，从高到低跳变表示"0"。还有一种是差分曼彻斯特编码，每位中间的跳变仅提供时钟定时，每位开始时，有跳变为"0"，无跳变为"1"。

其中值得注意的是，在每一位的"中间"必有一次跳变，据此可以画出曼彻斯特编码波形图。例如，传输二进制信息0，若将0看作一位，就以0为中心，在两边用虚线界定这一位的范围，然后在这一位的中间画出一个电平由高到低的跳变。后面的每一位依此类推即可画出整个波形图。

（5）差分曼彻斯特编码（differential Manchester encoding）

差分曼彻斯特编码是在曼彻斯特编码基础上进行改进的一种编码方式。其特征是在传输的每一位信息中都带有位同步时钟，因此，一次传输可以允许有很长的数据位。它在每个时钟位的中间都有一次跳变，在每个时钟位的开始有无跳变可用来区分传输的是"1"还是"0"。

差分曼彻斯特编码比曼彻斯特编码的变化要少，因此，更适合于传输高速的信息，被广泛用于宽带高速网中。然而，由于每个时钟位都必须有一次变化，所以这两种编码的效率仅可达到50%左右。

2. 将数字信号用模拟量表示

将数字信号表示成模拟信号，目前常采用的方法有幅移键控（amplitude-shift keying，ASK）、频移键控（frequency-shift keying，FSK）和相移键控三种（phase-shift keying，PSK）。

（1）幅移键控

以基带数字信号控制载波的幅度变化的调制方式称为幅移键控，又称数字调幅、移幅键控、振幅键控等。在幅移键控方式中，当"1"出现时，接通振幅为 A 的载波；当"0"出现时，关断载波。这相当于将原基带信号（脉冲列）频谱搬到了载波的两侧。

幅移键控相当于模拟信号中的调幅，只不过与载频信号相乘的是二进制数码。移幅就是把频率、相位作为常量，而把振幅作为变量，信息比特是通过载波的幅度来传递的。二进制幅移键控（2ASK），由于调制信号只有 0 或 1 两个电平，相乘的结果相当于将载频关断或者接通。它的实际意义是当调制的数字信号为"1"时，传输载波；当调制的数字信号为"0"时，不传输载波。其原理如图 2-23 所示，其中 $s(t)$ 为基带矩形脉冲。一般载波信号用余弦信号，而调制信号是把数字序列转换成单极性的基带矩形脉冲序列，这个通断键控的作用是把输出与载波相乘，就可以把频谱搬移到载波频率附近，实现 2ASK。实现后的 2ASK 波形如图 2-24 所示。

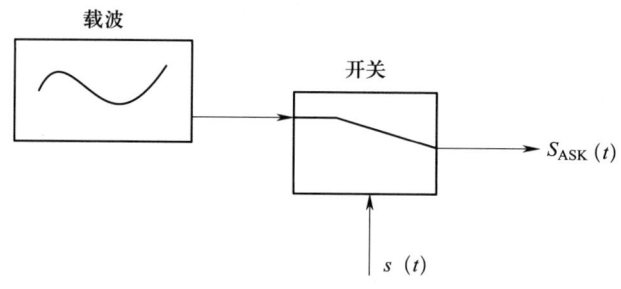

图 2-23　幅移键控原理

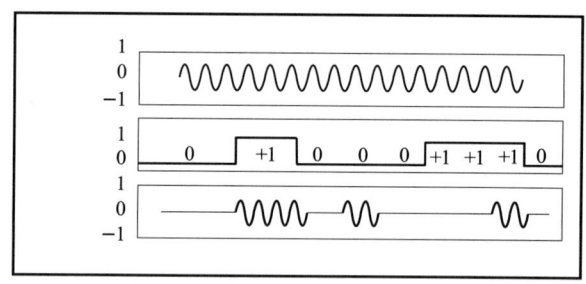

图 2-24　2ASK 波形

（2）频移键控

频移键控是指以数字信号控制载波频率变化的调制方式，又叫移频键控。根据已调波的相位连续与否，可分为相位不连续的频移键控和相位连续的频移键控两类。频移键控是信息传输中使用得较早的一种调制方式，它的主要优点是实现起来较容易，抗噪声与抗衰减的性能较好。因此，频移键控广泛应用于中低速数据传输中。频移键控波形输出原理如图 2-25 所示。

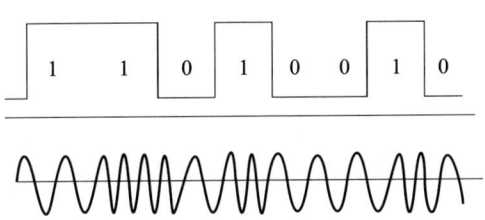

图 2-25 频移键控波形输出原理

（3）相移键控

相移键控是一种用载波相位表示输入信号信息的调制技术，又叫移相键控。相移键控分为绝对相移和相对相移两种。以未调载波的相位作为基准的相位调制叫作绝对相移。以二进制调相为例，取码元为"1"时，调制后载波与未调载波同相；取码元为"0"时，调制后载波与未调载波反相。取码元"1"和"0"时调制后载波相位差180°。图 2-26 为相移键控波形输出原理。

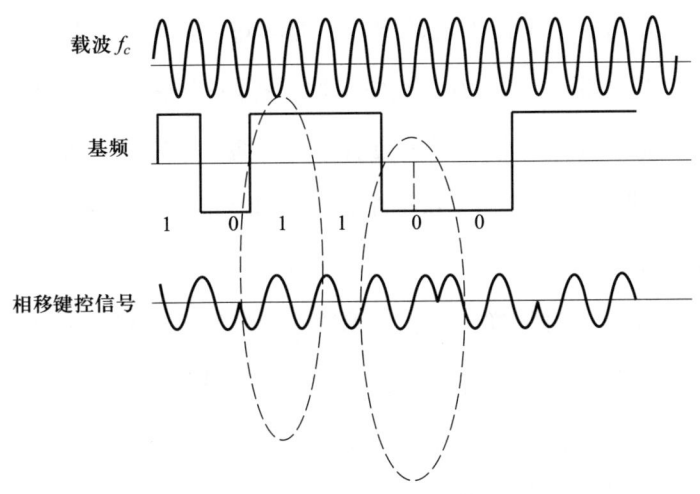

图 2-26 相移键控波形输出原理

幅移键控、频移键控和相移键控三种方式分别采用了改变载波信号的幅值、频率和相位的方式来表示数字信号的变化。图 2-27 是三种方式的输出波形比较。

3. 将模拟信号用数字信号表示

将模拟信号表示成数字信号，目前常常采用的方法有脉冲编码调制和增量调制两种。

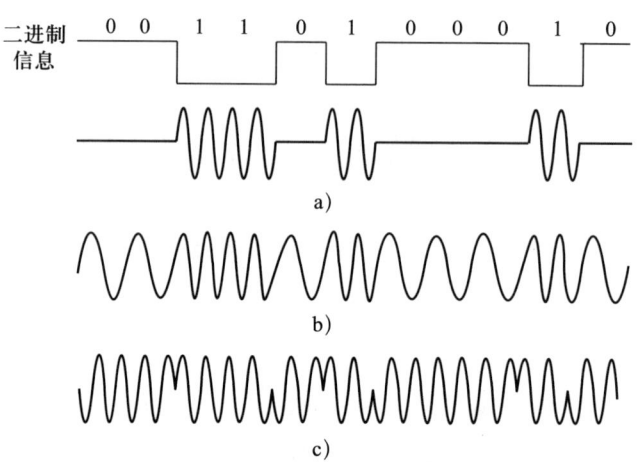

图 2-27 三种方式的输出波形比较
a) ASK　b) 2FSK　c) BPSK

（1）脉冲编码调制（pulse code modulation，PCM）

脉冲编码调制是由 A. 里弗斯于 1937 年提出的，这一概念为数字通信奠定了基础，20 世纪 60 年代它开始应用于市内电话网以扩充容量，使已有音频电缆的大部分芯线的传输容量扩大 24～48 倍。到 70 年代中末期，各国相继把脉冲编码调制成功地应用于同轴电缆通信、微波接力通信、卫星通信和光纤通信等中、大容量传输系统。20 世纪 80 年代初，脉冲编码调制已用于市话中继传输和大容量干线传输以及数字程控交换机，并在用户话机中采用。

脉冲编码调制主要经过抽样、量化和编码三个过程。抽样过程将连续时间模拟信号变为离散时间、连续幅度的抽样信号，量化过程将抽样信号变为离散时间、离散幅度的数字信号，编码过程将量化后的信号编码成为一个二进制码组输出。

抽样就是对模拟信号进行周期性扫描，把时间上连续的信号变成时间上离散的信号，抽样必须遵循奈奎斯特抽样定理。该模拟信号经过抽样后还应当包含原信号中所有信息，也就是说能无失真地恢复原模拟信号。它的抽样速率下限是由抽样定理确定的，抽样速率采用 8 kHz。

量化就是把经过抽样得到的瞬时值将其幅度离散，即用一组规定的电平，把瞬时抽样值用最接近的电平值来表示，通常用二进制表示。

编码就是用一组二进制码组来表示每一个有固定电平的量化值。然而，实际上量化是在编码过程中同时完成的，故编码过程也称为模/数变换，可记作 A/D。

（2）增量调制（DM）

增量调制又称增量脉冲编码调制，它是继 PCM 后出现的又一种模拟信号数字化的方法。1946 年由法国工程师 De Loraine 提出，目的在于简化模拟信号的数字化方法。主要在军事通信和卫星通信中广泛使用，有时也作为高速大规模集成电路中的 A/D 转换器使用。

增量调制是预测编码中最简单的一种。它将信号瞬时值与前一个抽样时刻的量化值之差进行量化，而且只对这个差值的符号进行编码，而不对差值的大小编码。因此，量化只限于正和负两个电平，只用一比特传输一个样值。如果差值为正就发"1"码，若差值为负就发"0"码。因此，数码"1"和"0"只是表示信号相对于前一时刻的增减，不代表信号的绝对值。同样，在接收端，每收到一个"1"码，译码器的输出相对于前一个时刻的值上升一个量阶。每收到一个"0"码就下降一个量阶。当收到连"1"码时，表示信号连续增长；当收到连"0"码时，表示信号连续下降。译码器的输出再经过低通滤波器滤去高频量化噪声，从而恢复原信号，只要抽样频率足够高，量化阶距大小适当，接收端恢复的信号与原信号非常接近，量化噪声可以很小。

二、信号的同步

"同步"是指接收端要按照发送端发送的每个数据的重复频率及起止时间来接收数据。因此，接收端不仅要知道一组二进制位的开始与结束，还要知道每位的持续时间，这样才能做到用合适的采样频率对所接收的数据进行采样。

同步传输与异步传输的引入是为了解决串行数据传输中通信双方的码组或字符的同步问题。由于串行传输是以二进制位为单位在一条信道上按时间顺序逐位传输的，这就要求发送端按位发送，接收端按时间顺序逐位接收，并且还要对所传输的数据加以区分和确认。因此，通信双方要采取同步措施，尤其对远距离的串行通信更为重要。

1. 位同步

位同步的数据传输是指接收端接收的每一位数据信息都要和发送端准确地保持同

步，中间没有间断时间。实现这种同步的方法又有外同步法和自同步法。

（1）外同步法

外同步法是指接收端的同步信号由发送端送来，而不是自己产生的，也不是从信号中提取出来的方法。发送端在发送数据前，向接收端先发出一个或多个同步时钟，接收端按照这个同步时钟来调整其内部时序，并把接收时序重复频率锁定在同步频率上，以便也能用同步频率接收数据，然后向发送端发送准备接收数据的确认信息，发送端收到确认信息后才开始发送数据。典型的外同步例子是不归零码，用正电压表示"1"，负电压表示"0"，在一个二进制位的宽度和电压保持不变，如图 2-28a 所示。不归零码容易实现，但缺点是接收方和发送方不能保持正确的定时关系，且当信号中包含连续的"1"和"0"时，存在直流分量。

（2）自同步法

自同步法是指从数据信息波形本身提取同步信号的方法，例如，曼彻斯特编码和差分曼彻斯特编码的每个码元中间均有跳变，利用这些跳变作为同步信号，如图 2-28b 所示。

在曼彻斯特编码中，用电压跳变的不同来区分"1"和"0"，即用正的电压跳变表示"0"，用负的电压跳变表示"1"，也就是说，从低到高跳变表示"0"，从高到低跳变表示"1"，如图 2-28c 所示。由于跳变都发生在每一个码元的中间，接收端可以方便地利用它提取位同步时钟，还可根据每位中间的跳变来区分"0"和"1"的取值。

差分曼彻斯特编码是在曼彻斯特编码的基础上进行修改而得到的编码，它们之间的不同之处在于每位中间的跳变只用做通信双方的同步时钟信号，取值是"0"还是"1"根据每一位起始处有无跳变来判断，若有跳变则为"0"，若无跳变则为"1"，如图 2-28d 所示。两种曼彻斯特编码将时钟和数据包含在数据流中，在传输代码信息的同时，也将时钟同步信号一起传输到对方，每位编码中都有一跳变，不存在直流分量，因此具有自同步能力和良好的抗干扰性能，但由于每一个码元都被调成两个电平，所以数据传输速率只有调制速率的一半。

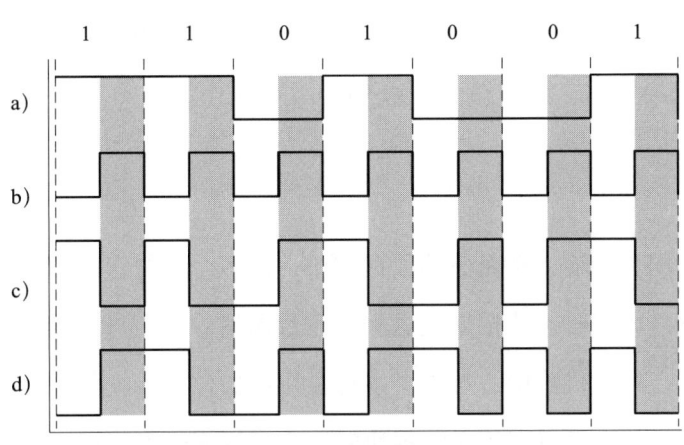

图 2-28　同步信号的编码方法
a）不归零编码　b）同步时钟　c）曼彻斯特编码　d）差分曼彻斯特编码

2. 字符同步

字符同步也称异步传输，在通信的数据流中，每次传送一个字符，且字符间异步，字符内部各位同步。即每个字符出现在数据流中的相对时间是随机的，接收端预先并不知道，而每个字符一经开始发送，收发双方则以预先固定的时钟速率来传送和接收二进制位。

异步传输过程如图 2-29 所示，开始传送前，线路处于空闲状态，送出连续"1"。传送开始时首先发一个"0"作为起始位，然后出现在通信线路上的是字符的二进制编码数据。每个字符的数据位长可以约定为 5 位、6 位、7 位或 8 位，一般采用 ASCII 编码。后面是奇偶校验位（也可以约定不要），最后是表示停止位的"1"信号，这个停止位可以约定持续 1 位或 2 位的时间宽度。至此，一个字符传送完毕，线路又进入空闲，持续送出"1"，经过一段时间后，下一个字符开始传送又发出起始位。

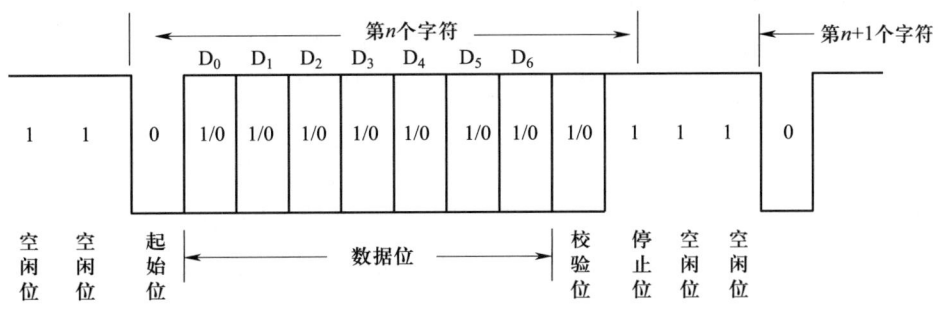

图 2-29　异步传输过程

异步传输对接收时钟的精度降低了要求,它最大的优点是设备简单、易于实现,但是它的效率很低,因为每个字符都要附加起始位和结束位,辅助开销比例较大。

3. 帧同步

帧同步也称同步传输,在通信的数据流中,以多个字符组成的字符块为单位进行传输,收发双方以固定时钟节拍来发送和接收数据信号,字符或码组之间以及位与位之间是同步的。在异步传输中,每一个字符要用起始位和停止位作为字符的开始和结束标志,占用了时间,所以在传送数据块时,为了提高速度,可以去掉这些标志而采用同步传输方式。同步传输时,在数据块开始处要用同步字符来指示,并在发送端和接收端之间要用时钟来实现同步,故硬件较为复杂,对线路要求较高。

同步传输通信控制规程可分为面向字符型和面向位(比特)型两类。

(1)面向字符型同步方式

面向字符型(character-oriented)通信控制规程的特点是规定一些字符作为传输控制用,信息长度为8位的整数倍,面向字符型的数据格式又有单同步、双同步和外同步之分,如图2-30所示。

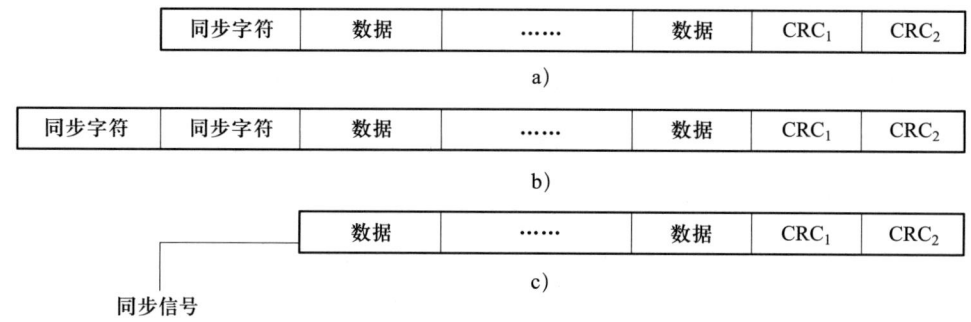

图2-30 面向字符型同步方式
a)单同步 b)双同步 c)外同步

单同步是指在传送数据块之前先传送一个同步字符,接收端检测到该同步字符后开始接收数据。双同步格式中有两个同步字符。外同步格式中数据之前不含同步字符,而是用一条专用控制线来传送同步信号,以实现收发双方的同步操作。任何一帧的信息都以两个字节的循环控制码(CRC)为结束。

(2)面向位(比特)型同步方式

面向位(比特)型通信控制规程的概念是由 IBM 公司在 1969 年提出的,它的特点是没有采用传输控制字符,而是采用某些位组合作为控制用,其信息长度可变,传输速率在 2 400 bit/s 以上。这一类型中最有代表性的规程是 IBM 的同步数据链路规程(synchronous data link control,SDLC)和国际标准化组织(ISO)的高级数据链路控制规程(high level data link control,HDLC)。在 SDLC/HDLC 方式中,所有信息传输必须以一个标志字符开始,以同个字符结束,这个标志字符为 011,如图 2-31 所示。开始标志到结束标志之间构成一个完整的信息单位,称为一帧(frame),所有的信息都是以帧的形式传输,而标志符提供了每一帧的边界,接收器利用每个标志字符建立帧同步。

图 2-31 HDLC 帧格式

工业控制网络中普遍采用单极性不归零码,但单极性不归零码中出现连续 0 或连续 1 时难以分辨一位的结束和另一位的开始,需要通过其他途径在发送端和接收端提供同步或定时。而且单极性不归零码会产生直流分量的积累问题,这将导致信号的失真与畸变,使传输的可靠性降低,并且由于直流分量的存在,无法满足过程控制领域对本质安全的要求。因此,某些工业控制网络中采用了曼彻斯特编码来解决相关问题,如 FF、PROFIBUS-PA 等。

三、信号的差错控制

在数据通信过程中,信宿接收到的数据可能与信息源发送的数据不一致,这一现象就是传输差错。差错的产生是不可避免的,差错控制就是要在数据通信过程中发现并纠正差错,将差错控制在尽可能小的范围内,保证数据通信的正常进行。

差错控制的主要目的是减少通信信道的传输差错,目前还不能做到检测和校正所有错误。差错控制的方法是对发送的信息进行控制编码，即对需要发送的信息位按照某种规则附加上一定的冗余位，构成一个码字后再发送；而在接收端要对接收到的码字检查信息位和附加冗余位之间的关系，以确定信息位是否存在传输差错。

差错控制编码可分为检错码和纠错码，检错码是能自动发现差错的编码，纠错码是不仅能自动发现差错，而且能自动纠正差错的编码。目前可用的差错编码方法有很多，其中最常见的有奇偶校验码、校验和、循环冗余校验码。

1. 奇偶校验码

奇偶校验在实际使用时可分为水平奇偶校验（普通奇偶校验）、垂直奇偶校验和水平垂直奇偶校验等几种。

在水平奇偶校验中，一个单一的校验位（奇偶校验位）被加在每个单位数据域（如字符）上，使得包括该校验位在内的各单位数据域中1的个数是偶数（偶校验）或者是奇数（奇校验）。在接收端采用同一种校验方式检查收到的数据和校验位，判断该传输过程是否出错。如果规定收发双方采用偶校验，在接收端收到的包括校验位在内的各单位数据域中，如果出现1的个数是偶数，就表明传输过程正确，数据可用；如果某个数据域中1的个数不是偶数，就表明出现了传输错误。

水平奇偶校验的方法简单，能够发现单位数据域中奇数个错误，不能发现单位数据域中偶数个错误。

垂直奇偶校验应用较少。水平垂直奇偶校验能够改善水平奇偶校验的不足之处，在少量数据块的传输中较为实用，其结构如图2-32所示，网格的每个交叉点为数据的一个码元（0、1），水平方向最后为水平奇偶校验码（实心点），垂直方向最下端为垂直奇偶校验码（实心点）。

水平垂直奇偶校验不仅可检错，还可用来纠正部分差错。例如，数据块中仅存在1位错时，便能确定错码的位置就在某行和某列的交叉处，从而可以纠正它。如果存在2个错误，能够发现，但不能纠正（不知错在哪儿），更多处错误则更

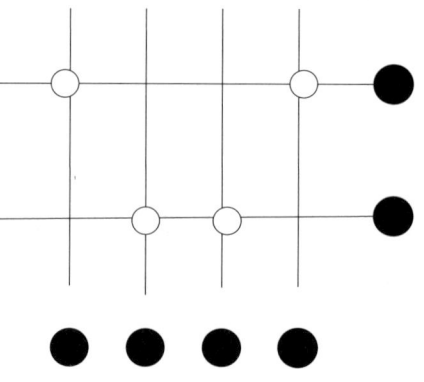

图2-32 水平垂直奇偶校验

无法识别出现错误的位置。

水平垂直奇偶校验"发现"的能力显著提高,只有呈"井"方位排列的错误才不能被发现,即在某个单位数据域内有两个数据位出现传输错误,而另一个单位数据域内相同位置碰巧也有两个数据位出现传输错误,水平垂直奇偶校验的结果会认为没有错误。

2. 校验和

校验和的计算过程中,先将数据以固定长度(一般是字节的整数倍)分段,然后每一段取反后根据反码运算规则进行累加,再将累加结果取反作为校验和。在接收端,重新将数据分段取反后,根据反码运算规则进行累加,并将累加结果与校验和相加,再将相加结果取反。如果取反后的结果为全0,表明数据在传输过程中没有出错,否则判定数据有错,这种方法既简单,又能检测出连续多位二进制数出错的情况。

校验和能够有效地检测出单段数据中的连续多位二制数错误,但对于分布在多段数据的二进制数错误有可能无法检测出,如某段数据由于出错其值增1,而另一段数据由于出错其值又减1,导致累加结果不变的情况。因此,校验和虽然简单、有效,常被用做检错技术,但有时为了提高传输网络的检错能力,需要和其他检错技术一起使用。

3. 循环冗余校验码

循环冗余校验(cyclic redundancy check,CRC)对传输序列进行一次规定的除法操作,双方约定生成一个多项式$G(x)$,对数据进行模2除法,将除法操作的余数附加在传输信息的后边。在接收端,也对收到的数据做相同的除法。如果接收端除法得到的结果其余数不是零,就表明发生了错误。

基于除法的循环冗余校验,其计算量大于奇偶与求和校验,其差错检测的有效性也较高,它能够检测出大约99.95%的错误。

CRC差错检测的原理比较简单,容易实现,已经得到了广泛应用。其中模2运算(异或运算)的规则如下:

1) 0+0=0,0−0=0,0+1=1,0−1=1,1+0=1,1−0=1,1+1=0,1−1=0;

2) 不考虑进位、借位的二进制加减。

【例2-1】

数据为110011,生成多项式为$G(x)=x4+x3+1$(11001),模2运算产生余数的过程如下（电源频率 f=50 Hz）：

$$\begin{array}{r} 100001 \\ 11001 \overline{\smash{)}1100110000} \\ \underline{11001} \\ 10000 \\ \underline{11001} \\ 1001 \end{array}$$

得到的余数 1001 附加在数据的后面，作为校验数据，最后传输的数据为 110011001。接收端校验处理过程可采用下列两种之一：

① 110011001 除以 11001，为 0 则表示传输正确，否则认为传输错误，请求重发。

② 提取信息码，重复发送端的操作，所得余数 $R'=R$（1001），则表示传输正确。

CRC 查错能力强，在计算机的很多领域都被广泛应用，包括文件、数据的完整性校验等。CRC 方法有数学方面的依据，是"发现"错误，不是"纠正"错误。

任何校验方法都不能百分之百发现、纠正错误，但检测可靠性在概率上是极高的，CRC 能够检测出所有奇数个错误，所有双比特错误，所有小于等于校验位长度的错。CRC 计算由可靠硬件来实现。

Modbus RTU 网络、CAN 总线中都采用 CRC。

四、多路复用技术

多路复用技术是把多个低速信道组合成一个高速信道的技术，它可以有效地提高数据链路的利用率，从而使得一条高速的主干链路同时为多条低速的接入链路提供服务，也就是使得网络干线可以同时运载大量的语音和数据进行传输。多路复用技术是为了充分利用传输媒介，而研究在一条物理线路上建立多个通信信道的技术。多路复用技术的实质是将一个区域的多个用户数据通过发送多路复用器进行汇集，然后将汇集后的数据通过一个物理线路进行传送，接收多路复用器再对数据进行分离，分发到多个用户。多路复用技术在生活中很常用，我们平时上网最常用的电话线就采取了多路复用技术，所以在上网时也可以打电话，同时传输多路信号，充分利用线路资源。多路复用技术通常分为频分多路复用技术、时分多路复用技术、波分多路复用技术、码分多址复用技术和空分多址复用技术。

1. 频分多路复用技术

频分多路复用（frequency division multiplexing，FDM）技术是一种将多路基带信号调制到不同频率载波上再进行叠加形成一个复合信号的多路复用技术。频分多路复用的基本原理：如果每路信号以不同的载波频率进行调制，而且各个载波频率是完全独立的，即各个信道所占用的频带不相互重叠，相邻信道之间用"警戒频带"隔离，那么每个信道就能独立地传输一路信号。

频分多路复用的主要特点：信号被划分成若干通道（频道、波段），每个通道互不重叠，独立进行数据传递。每个载波信号形成一个不重叠、相互隔离（不连续）的频带。接收端通过带通滤波器来分离信号。频分多路复用在无线电广播和电视领域中的应用较多。ADSL 也是典型的频分多路复用。ADSL 采用频分多路复用的方法在公用交换电话网（PSTN）使用的双绞线上划分出三个频段：0 ~ 4 kHz 用来传送传统的语音信号；20 ~ 50 kHz 用来传送计算机上载的数据信息；150 ~ 500 kHz 或 140 ~ 1 100 kHz 用来传送从服务器下载的数据信息。

2. 时分多路复用技术

时分多路复用（time division multiplexing，TDM）技术是同一物理连接以信道传输时间作为分割对象，通过为多个信道分配互不重叠的时间片段的方法来实现多路复用，可分为同步时分复用系统和异步时分复用系统。时分多路复用将用于传输的时间划分为若干个时间片段，每个用户分得一个时间片。时分多路复用通信是各路信号在同一信道上占有不同时间片进行的通信。由抽样理论可知，抽样的一个重要作用是将时间上连续的信号变成时间上离散的信号，其在信道上占用时间的有限性为多路信号沿同一信道传输提供了条件，具体地说，就是把时间分割成一些均匀的时间片，通过同步（固定分配）或统计（动态分配）的方式，将各路信号的传输时间分配在不同的时间片，以达到互相分开、互不干扰的目的。

截至目前，应用最广泛的时分多路复用技术是贝尔系统的 T1 载波。T1 载波是将 24 路音频信道复用在一条通信线路上，每路音频信号在送到多路复用器之前，要通过一个脉冲编码调制编码器，编码器每秒抽样 8 000 次。24 路信号的每一路轮流将一个字节插入帧中，每个字节的长度为 8 位，其中 7 位是数据位、1 位用于信道控制。每帧由 24×8=192（bit）组成，附加 1 bit 作为帧的开始标志位，所以每帧共有 193 bit。由于发送一帧需要 125 μs，1 s 可以发送 8 000 帧。因此，T1 载波数据传输速率为 193×8 000=1544 000（bit/s）=1 544（kbit/s）=1.544（Mbit/s）。

3. 波分多路复用技术

波分多路复用（wavelength division multiplexing，WDM）技术是将两种或多种不同波长的光载波信号在发送端经合波器汇合在一起，并耦合到光线路的同一根光纤中进行传输的技术。波分多路复用技术用同一根光纤传输多路不同波长的光信号，以提高单根光纤的传输能力。因为光通信的光源在光通信的"窗口"上只占用了很窄的一部分，还有很大的范围没有利用，也可以认为 WDM 是 FDM 应用于光纤信道的一个变例。如果让不同波长的光信号在同一根光纤上传输而互不干扰，利用多个波长适当错开的光源同时在一根光纤上传送各自携带的信息，就可以增加所传输的信息容量。由于是用不同的波长传送各自的信息，因此，即使在同一根光纤上也不会相互干扰。

如果将一系列载有信息的不同波长的光载波在光领域内以 1 至几百纳米的波长间隔合在一起沿单根光纤传输，在接收器再以一定的方法将各个不同波长的光载波分开，那么在光纤的工作窗口上安排 100 个波长不同的光源，同时在一根光纤上传送各自携带的信息，就能使光纤通信系统的容量提高 100 倍。

4. 码分多址复用技术

码分多址复用（code division multiple access，CDMA）技术是采用地址码和时间、频率共同区分信道的方式。CDMA 的特征是每个用户有特定的地址码，而地址码之间相互具有正交性，因此，各用户信息的发射信号在频率、时间和空间上都可能重叠，从而使有限的频率资源得到利用。

CDMA 是在扩频技术上发展起来的无线通信技术，即将需要传送的具有一定信号带宽的信息数据，从一个远大于信号带宽的高速伪随机码进行调制，使原数据信号的带宽被扩展，再经载波调制并发送出去。接收端也使用完全相同的伪随机码，对接收的带宽信号作相关处理，把宽带信号换成原信息数据的窄带信号即解扩，以实现信息通信。

不同的移动台（或手机）可以使用同一个频率，但是每个移动台（或手机）都被分配一个独特的地址码,各个码型互不重叠,因为是靠不同的地址码来区分不同的移动台(或手机),所以各个用户相互之间没有干扰,从而达到了多路复用的目的。

5. 空分多址复用技术

空分多址复用(space division multiple access,SDMA)技术是将空间分割构成不同的信道,从而实现频率的重复使用,达到信道增容的目的。例如,在一个卫星上使用多个天线,各个天线的波束射向地球表面的不同区域,它们在同一时间即使用相同的频率进行工作,它们之间也不会形成干扰。SDMA系统的处理程序如下:

1)系统将首先对来自所有天线中的信号进行快照或抽样,然后将其转换成数字形式,并存储在内存中。

2)计算机中的SDMA处理器将立即分析样本,对无线环境进行评估,确认用户、干扰源及所在的位置。

3)处理器对天线信号的组合方式进行计算,力争最佳地恢复用户的信号。借助这种策略,每位用户的信号接收质量将提高,而其他用户的信号或干扰信号则会遭到屏蔽。

4)系统进行模拟计算,使天线阵列可以有选择地向空间发送信号。在此基础上,每个用户的信号都可以通过单独的通信信道空间——空间信道实现高效的传输。

在上述处理的基础上,系统就能够在每条空间信道上发送和接收信号,因此这些信号称为双向信道。

利用上述流程,SDMA系统就能够在一条普通信道上创建大量的频分、时分或码分双向空间信道,每一条信道可以完全获得整个阵列的增益和抗干扰功能。从理论上而言,带 m 个单元的阵列能够在每条普通信道上支持 m 条空间信道。但在实际应用中支持的信道数量将略低于这个数目,具体情况则取决于环境。由此可见,SDMA系统可使系统容量成倍增加,使得系统在有限频谱内可以支持更多的用户,从而成倍提高频谱使用效率。近几十年来,无线通信经历了从模拟到数字、从固定到移动的重大变革。而就移动通信而言,为了更有效地利用有限的无线频率资源,时分多路复用技术、频分多路复用技术、码分多址复用技术得到了广泛应用,并在此基础上建立了GSM和CDMA两大主要移动通信网络。就技术而言,现有的这三种多址技术已经得到了充分应用，频谱的使用效率已经发挥到了极限。空分多址复用技术则突破了传统的三维思维模式，在传统的三维技术的基础上，在第四维空间上极大地拓宽了频谱的使用方式，使移动用户仅仅由于空间位置的不同而复用同一个传统的物理信道成为可能，并将移动通信技术引入了一个更为崭新的领域。

五、数据交换技术

在数据通信系统中，当终端与计算机之间，或者计算机与计算机之间不是直通专线连接而是要经过通信网的接续过程来建立连接的时，两端系统之间的传输通路是通过通信网络中若干节点转接而成的交换线路。在两个或多个数据终端设备之间建立数据通信的暂时互连通路的各种技术称为数据交换技术。数据交换技术主要有电路交换、报文交换和分组交换三种技术。

1. 电路交换

电路交换的原理与一般电话交换的原理相同。根据主叫数据终端设备（data terminal equipment，DTE）的拨号信号所指定的被叫 DTE 地址，在收、发 DTE 之间建立一条临时的物理电路，这条电路一直保持到通信结束才拆除。在通信过程中，不论进行什么样的数据传输，交换机完全不干预地提供透明传输，但通信双方必须采用相同的速率和字符代码，不能实现不兼容 DTE 间的通信。

由于电路交换在通信之前要在通信双方之间建立一条被双方独占的物理通路（由通信双方之间的交换设备和链路逐段连接而成），因而有以下特点：

（1）优点

1）由于通信线路为通信双方用户专用，数据直达，所以传输数据的时延非常小。

2）通信双方之间的物理通路一旦建立，双方可以随时通信，实时性强。

3）双方通信时按发送顺序传送数据，不存在失序问题。

4）电路交换既适用于传输模拟信号，也适用于传输数字信号。

5）电路交换的交换设备（交换机等）及控制均较简单。

（2）缺点

1）电路交换的平均连接建立时间对计算机通信来说较长。

2）电路交换连接建立后，物理通路被通信双方独占，即使通信线路空闲，也不能供其他用户使用，因而信道利用率低。

3）电路交换时，数据直达，不同类型、不同规格、不同速率的终端很难相互进行通信，也难以在通信过程中进行差错控制。

2. 报文交换

针对电路交换利用率低的缺点，产生了另一种利用计算机进行存储–转发的报文交换。它的基本原理是当 DTE 信息到达作为报文交换用的计算机时，先存放在外存储器中，然后中央处理器分析报头，确定转发路由，并选到与此路由相应的输出中继电路上进行排队，等待输出。一旦中继电路空闲，立即将报文从外存储器取出并发往下一交换机。由于输出中继电路上传送的是不同用户发来的报文，而不是专门传送某一用户的报文，因此提高了这条中继电路的利用率。

报文交换是以报文为数据交换的单位，报文携带有目的地址、源地址等信息，在交换节点采用存储–转发的传输方式，因而有以下特点：

（1）优点

1）报文交换不需要为通信双方预先建立一条专用的通信线路，不存在连接建立时延，用户可随时发送报文。

2）由于采用存储–转发的传输方式，使之具有下列优点：①在报文交换中便于设置代码检验和数据重发设施，加之交换节点还具有路径选择，就可以做到某条传输路径发生故障时，重新选择另一条路径传输数据，提高了传输的可靠性；②在存储转发中容易实现代码转换和速率匹配，甚至收、发双方可以不同时处于可用状态。这样就便于类型、规格和速度不同的计算机之间进行通信；③提供多目标服务，即一个报文可以同时发送到多个目的地址，这在电路交换中是很难实现的；④允许建立数据传输的优先级，优先级高的报文就可优先转换。

3）通信双方不是固定占有一条通信线路，而是在不同的时间一段一段地部分占有这条物理通路，因而大大提高了通信线路的利用率。

（2）缺点

1）由于数据进入交换节点后要经历存储、转发这一过程，从而引起转发时延（包括接收报文、检验正确性、排队、发送时间等），而且网络的通信量越大，造成的时延就越大，因此报文交换的实时性差，不适合传送实时或交互式业务的数据。

2）报文交换只适用于数字信号。

3）由于报文长度没有限制，而每个中间节点都要完整地接收传来的整个报文，当输出线路不空闲时，还可能要存储几个完整报文等待转发，要求网络中每个节点有较大的缓冲区。为了降低成本，减少节点的缓冲存储器的容量，有时要把等待转发的报文存在磁盘上，进一步增加了传输时延。

3. 分组交换

报文交换虽然提高了电路利用率，但报文经存储、转发后会产生较大的时延。报文越长，转接的次数越多，时延就越大。为了减小数据传输的时延，提高数据传输的实时性，分组交换就此产生了。分组交换也是一种存储－转发的交换方式，但它是将报文划分为一定长度的分组，以分组为单位进行存储、转发，这样既继承了报文交换方式电路利用率高的优点，又克服了其时延较大的缺点。分组交换利用统计时分复用原理，将一条数据链路复用成多个逻辑信道，在建立呼叫时，通过逐段选择逻辑信道，最终构成一条主叫、被叫用户之间的信息传送通路，即虚电路，从而实现数据分组传送。虚电路是分组交换提供的一种业务类型，它属于连接型业务，即通信双方在开始通信前必须首先建立起逻辑上的连接。由于存在这一连接，在源节点分组交换机与目的节点分组交换机之间发送与接收分组的次序将保持不变。分组交换提供的另一种业务类型是数据报。它属于无连接型业务，在这类业务中将每一分组作为一个独立的报文进行传送，通信双方在开始通信前无须建立虚电路连接，因而在一次通信过程中，源节点分组交换机与目的节点分组交换机之间发送与接收分组的次序不一定相同，接收方分组的重新排序将由终端来完成。同时，分组在网内传输过程中可能出现的丢失与重复差错，网络本身也不作处理，均由双方终端的协议来解决。一般来说，数据报业务对节点交换机要求处理开销小、传送时延短，但对终端的要求较高；而虚电路业务则相反。分组交换仍采用存储－转发的传输方式，但将一个长报文先分割为若干个较短的分组，然后把这些分组（携带源、目的地址和编号信息）逐个发送出去，因此，分组交换与报文交换相比还有以下特点。

（1）优点

1）加速了数据在网络中的传输。因为分组是逐个传输的，所以可以使后一个分组的存储操作与前一个分组的转发操作并行，这种流水线式传输方式减少了报文的传输时间。此外，传输一个分组所需的缓冲区比传输一份报文所需的缓冲区小得多，这样因缓冲区不足而等待发送的概率及等待的时间也必然少得多。

2）简化了存储管理。因为分组的长度固定，相应缓冲区的大小也固定，在交换节点中存储器的管理通常被简化为对缓冲区的管理，相对比较容易。

3）减小了出错概率和重发数据量。因为分组较短，其出错概率必然减小，每次重发的数据量也就大大减少，这样不仅提高了可靠性，也减小了传输时延。

4）由于分组短小，更适合采用优先级策略，便于及时传送一些紧急数据，因此对于计算机之间的突发式的数据通信，分组交换显然更为合适些。

（2）缺点

1）尽管分组交换比报文交换的传输时延小，但仍存在存储转发时延，而且其节点交换机必须具有更强的处理能力。

2）分组交换与报文交换一样，每个分组都要加上源地址、目的地址和分组编号等信息，使传送的信息量增大了5%～10%，一定程度上降低了通信效率，增加了处理的时间，使控制复杂、时延增加。

3）当分组交换采用数据报服务时，可能出现失序、丢失或重复分组，分组到达目的节点时，要对分组按编号进行排序等。若采用虚电路服务，虽无失序问题，但有呼叫建立、数据传输和虚电路释放三个过程。

总之，若要传送的数据量很大，且其传送时间远大于呼叫时间，则采用电路交换较为合适；当端到端的通路由很多段的链路组成时，采用分组交换传送数据较为合适。从提高整个网络的信道利用率上看，报文交换和分组交换优于电路交换，其中分组交换比报文交换的时延小，尤其适合于计算机之间突发式的数据通信。

第四节 案例：加工过程网络系统集成及通信

计算机技术和网络化与制造业不断深入融合，给制造业带来新的发展机遇。网络化加工作为一种先进的加工技术，正越来越多地用于现代加工过程中。网络化加工技术是指利用通信技术和计算机技术，结合企业实际需求，把分布在不同地点的计算机及各类电子终端设备互联起来，按照一定的网络协议相互通信，实现制造过程中的资源（如加工代码、数控机床、检测设备和监控设备等）共享，并在相关系统的支持下，开展涵盖整个或者部分产品周期的企业活动，支持企业用户远程资源访问与共享，高速、高效、低成本地为市场提供相关的产品和配套服务。

在加工过程中，数控机床、车间监控终端和企业云服务器可能分布在不同区域。在整个生产过程中，数控机床、车间监控终端和企业云服务器应用都需要通过现场Intranet/Internet相互连接。网络化技术的广泛应用对于推动企业迈向数字化工厂具有重要意义。通过网络化技术，企业可以合理规划自身资源，实现资源共享，并可根据市场需要及时调整加工计划，从而提高企业的生产率、降低加工成本；企业技术人员可以远程监控生产过程，甚至实现协同管理；通过采集加工过程中加工设备的相关状态参数，便于实现加工设备的远程故障诊断和远程维护。

一、数控技术网络化概念

网络化技术的关键在于数控技术网络化。数控技术网络化主要是指数控系统与外部的其他控制系统或者上位机通过工业总线网络、互联网等实现互联互通，以实现资源共享和网络化加工，进而为其他先进制造环境提供最为基础的技术基础，共同提高加工过程的效率和质量。

当前，数控系统的网络化可以分为内部现场总线的网络化和外部设备间的网络化。目前，数控系统内部硬件一般通过现场总线相互连接。现场总线（field bus）是一种工业数据总线，具有实时性好、抗干扰能力强、可靠性高、互换性好且易于集成等优点，完全可以满足数控系统内部的计算机、网络、伺服系统、I/O接口等硬件的需求。数控系统外部可以通过网络实现彼此互联互通，进而为数控系统、数控机床乃至整个加工过程的设备远程监控、加工工艺优化、远程故障诊断等智能化技术提供网络基础。日本著名机床厂马扎克（Mazak）公司的一项重要研究表明，在多品种小批量的加工需求下，连接企业的生产中心服务器后，数控机床的切削时间将从单机状态下的25%提高至65%，从而可以大幅度提高数控机床的生产率。

二、加工技术网络化的体系结构

网络化加工可以通过网络实现跨时空和跨地域的及时沟通，网络化加工体系的结构如图2-33所示。与传统的加工技术相比，网络化加工可以为企业用户实现网上设计、网上制造、网上监控、网上培训、网上营销和网上管理等功能，使企业更好地发

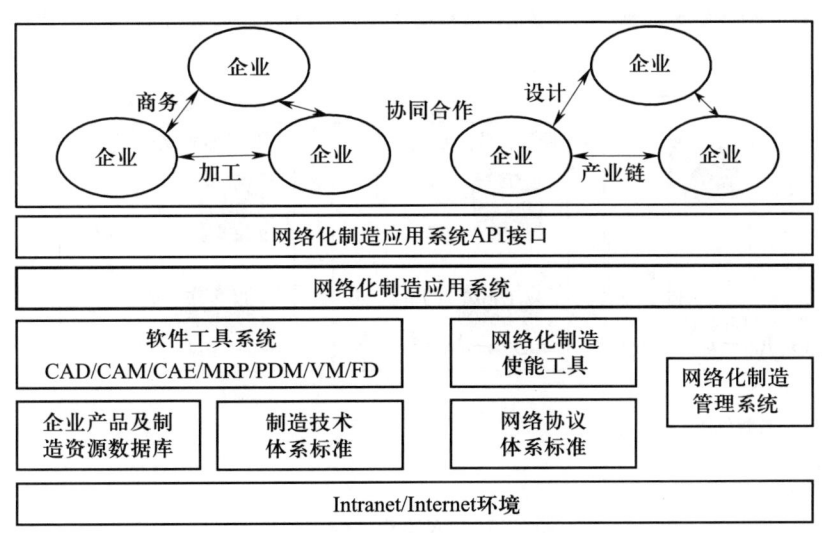

图2-33　网络化加工体系的结构

挥先进装备的优势性能，及时从市场的需求出发调整生产计划，从而提高产品的生产率，降低生产成本，同时也提高产品的竞争力。

网络加工在其整个加工过程中，可以分为计算机辅助制造（computer aided design，CAD）、计算机辅助管理（computer aided manufacturing，CAM）、计算机辅助工程（computer aided engineering，CAE）、物料管理计划（material requirement planning，MRP）、产品数据管理（product data management，PDM）、虚拟制造（virtual manufacturing，VM）和故障诊断（fault diagnosis，FD）七个功能模块。为了实现网络化加工，上述功能模块并不是孤立的，需要分别与其他模块网络和外部网络实现集成，建立先进制造的内联网（Intranet）和外联网（Internet）。

三、数控技术网络化通信分级

在现代加工过程中，工件可能需要在不同位置进行加工，各个加工设备之间通过网络相互连接，同时工作而且互不干扰，其网络连接如图 2-34 所示。为了实现这种

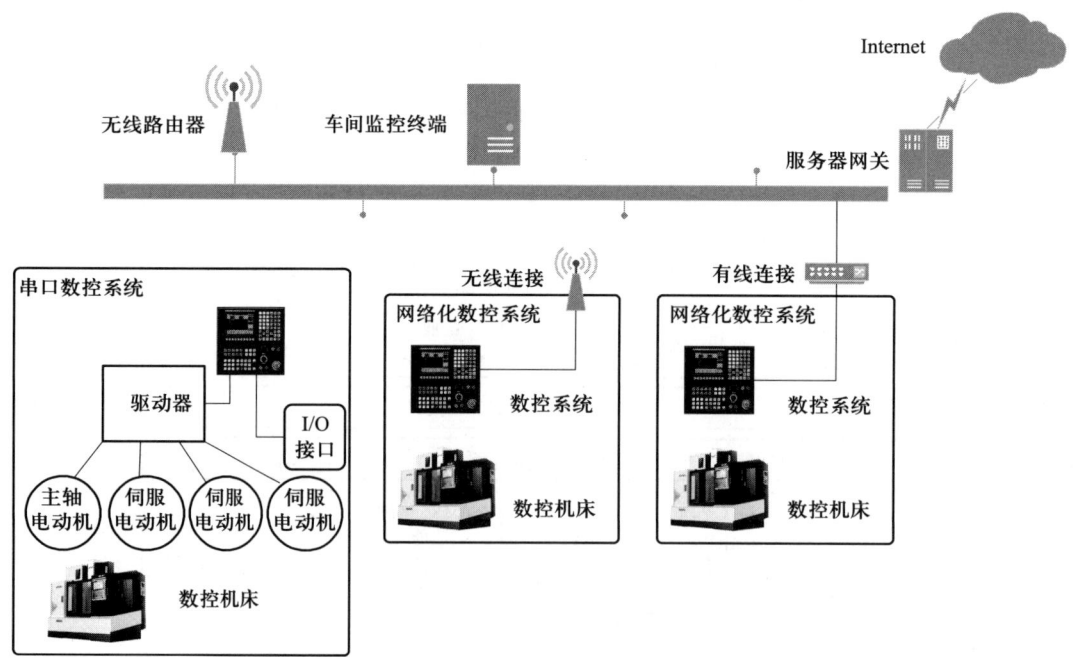

图 2-34 加工网络化各级网络连接

加工系统，我们需要对整个加工网络进行分级控制。这种通信可以分为企业级、工厂级、生产车间级和加工设备级。

1. 企业级通信

一般用于协调下属各个工厂间的加工，并且按照市场规律分配加工任务。该级别的通信一般需要通过互联网与外界联通。

2. 工厂级通信

一般用于工厂下面各个车间的任务调度。该级别的通信一般视情况采用互联网或者局域网相互沟通。

3. 生产车间级通信

一般用于加工程序上传和下载、PLC 数据传输、系统实时状态监测、加工设备的远程控制以及对 CAD/CAM/CAE/CAPP 等程序进行分级管理。生产车间级通信一般采用分布式控制（distributed numerical control，DNC）进行控制。DNC 的研究源于 20 世纪 60 年代，起初是用于向目标机床快速下发数据，随着网络技术和计算机数字控制（CNC）技术的发展，DNC 的内涵已经发生巨大的变化。尽管 DNC 的含义发生过变化，但是保障传输过程中数据安全性和及时性以及管理和存储数控程序这两个核心任务并没有改变。DNC 系统相比于传统方法，可以降低超过 90% 的生产费用。一个典型的 DNC 系统主要包括 DNC 硬件服务器和服务软件包、通信端口以及 CNC 机床，如图 2-35 所示。

4. 加工设备级通信

加工设备级通信负责底层设备与上级设备的联网，获取、存储加工状态参数与加工情况并上传到上层网络，同时与其他通信共同实现上层网络下达的相关命令。当前制造业中常用的现代集成制造系统（contemporary integrated manufacturing system，CIMS）、制造执行系统（manufacturing execution system，MES）、柔性制造系统（flexible manufacturing system，FMS）和工厂自动化（factory automation，FA）的基础就是加工设备级通信和生产车间级通信。

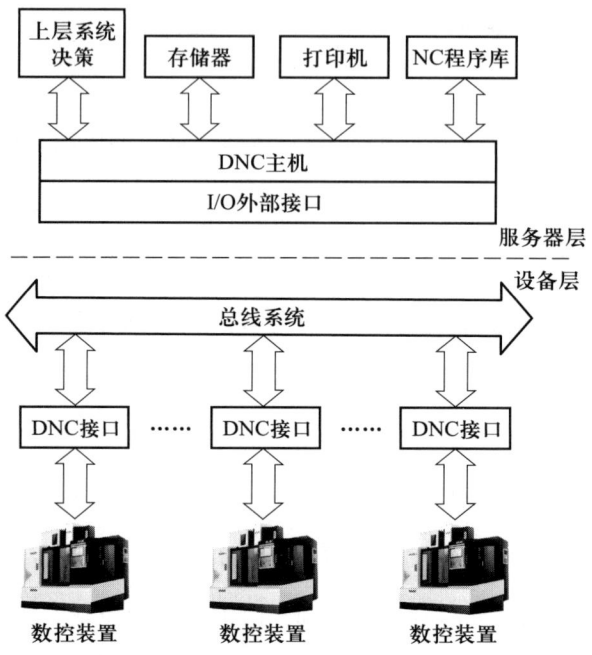

图 2-35 DNC 系统典型结构

传统的加工设备级通信主要是通过现场总线进行通信。当前，适用于数控加工领域的总线有很多，比如德国西门子（Simens）公司推出了 Profibus 总线，德国 SERCOS 协会提出的 SERCOS 总线及后续提出的 SERCOS Ⅲ 总线，德国倍福（Beckhoff）公司推出了 EtherCAT 总线，日本发那科（FANUC）公司推出了 FSSB 总线，日本三菱（Mitsubishi）电动机主导提出的 CC-Link 总线。2008 年 2 月，国内华中数控联合广州数控、沈阳高精、大连光洋和浙江中控五家企业合作成立"机床数控系统现场总线联盟"，并于 2010 年 6 月发布了国产首个具有自主知识产权的强实时性现场总线协议 NCUC-Bus（NC Union of China Field Bus，中国数控联盟总线）。NCUC 总线是一种环形拓扑结构总线，相比其他现场总线协议，NCUC 协议具有结构简单、符合数控系统总－分的特点、传输的延时确定且易于安装。

实验一：报文传输实验

（一）实验目的

1. 掌握 Cisco Packet Tracer 的基本操作。

2. 掌握网桥的工作过程。

3. 掌握单交换机 VLAN 划分和跨交换机 VLAN 划分。

（二）实验环境

笔记本计算机一台，安装有 Cisco Packet Tracer。

（三）实验内容及主要步骤

实验内容：

1. 简单报文传输。

2. 网桥工作过程。

3. 单交换机 VLAN 划分过程。

4. 跨交换机 VLAN 划分过程。

实验步骤：

1. 熟悉软件的操作使用。

2. 设计网络的拓扑结构图，连接计算机和交换机，完成 IP 配置，实现简单报文传输。

3. 设计网络的拓扑结构图，连接交换机和终端，完成各终端的 MAC 帧的转发。

4. 设计网络的拓扑结构图，连接单交换机和终端，把单交换机的端口划分 VLAN，通过实验验证划分 VLAN 以后的连通性。

5. 设计网络的拓扑结构图，连接 2 个交换机和终端，把 2 个交换机的端口划分 VLAN，通过实验验证划分 VLAN 以后的连通性。

实验二：智能工厂网络配置与安全防护

（一）实验目的

（1）熟悉 VLAN、直连路由、Turbo Ring、Turbo Chain 的应用场景。

（2）掌握 VLAN、直连路由、Turbo Ring、Turbo Chain 的技术原理。

（3）掌握基于 MOXA 设备的 VLAN、直连路由、Turbo Ring、Turbo Chain 的配置方法。

（二）实验环境

实验所需硬件见表 2-2。

表 2-2　　　　　　　　　　实验所需硬件

硬件	数量	单位
MOXA EDS-510A	3	台
MOXA EDS-810A	2	台
60 W 电源线	2	台
个人计算机	2	台

注：可使用 MOXA EDS-810A 作为二层交换机使用。

根据可靠性、安全性要求自主设计二期工厂网络拓扑，并进行相关网络及安全防护策略的配置，具体要求如下：

MES 工业网络用于承载 MES 系统与车间设备的数据通信，主要包含 MES 服务器、工业机器人、PLC、远程采集网关等现场设备。智能工厂分为两期建设，一期建设核心机房、一车间、二车间；二期建设三车间、四车间。MES 服务器部署在核心机房，一车间、二车间设备全部为 PLC 和工业机器人，三车间、四车间设备全部为远程采集网关。要求 MES 服务器和不同类型的现场设备之间进行隔离，并且设备能够与 MES 服务器进行通信。智能工厂一期网络拓扑结构如图 2-36 所示。

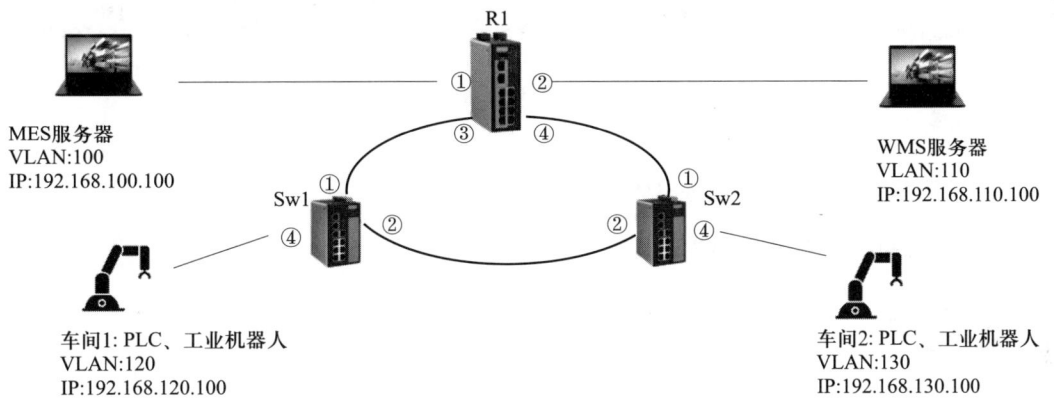

图 2-36　智能工厂一期网络拓扑结构

在该智能工厂中，不同类型设备之间需要进行 VLAN 隔离，同类型设备中 PLC、工业机器人、数据采集网关也需要进行 VLAN 隔离；一期网络具有容错能力，不会因单点故障造成大面积网络中断，且网络收敛时间小于 50 ms；二期网络在一期网络的基础上扩展，能实现在原有网络架构上直接挂载。

为确保采集数据的安全，在满足上述网络整体通信畅通的前提下，将 WMS 服务器与两台数据采集网关进行限制，仅允许 HTTP、Ping 数据通信，防止核心数据泄露。智能工厂二期网络拓扑结构如图 2-37 所示。

（三）实验内容及主要步骤

1. 设置 VLAN。
2. 开启 Turbo RingV2 解决环网问题。

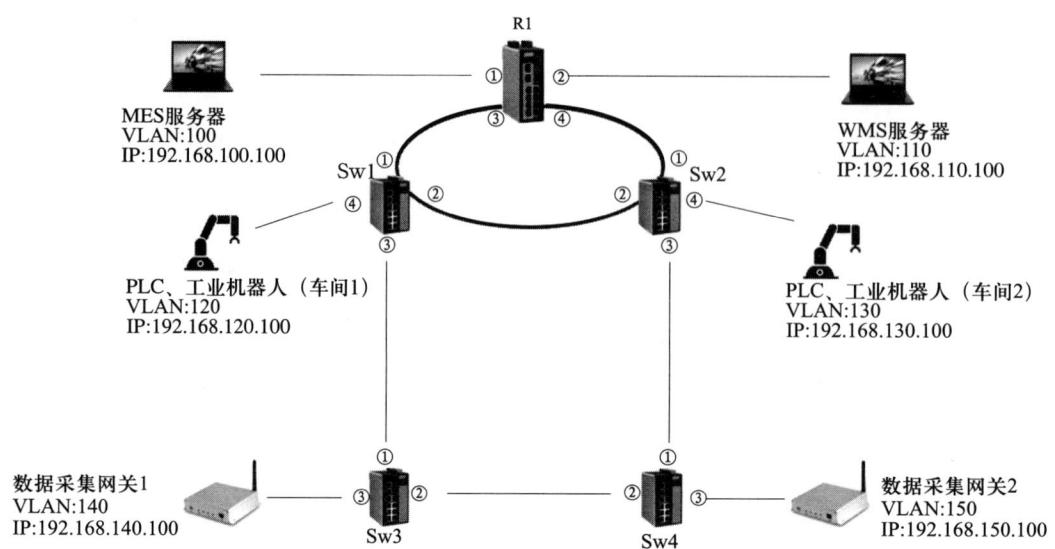

图 2-37 智能工厂二期网络拓扑结构

3. 开启 Turbo Chain 挂载 Sw3/4。

4. 设置路由器三层防火墙。

思考题

1. 简述通过哪些手段可以保障网络安全。

2. 简述边缘计算在运维中是如何发挥作用的。

3. 描述一下各种数据编码手段的差异。

4. 循环冗余校验码是如何实现差错控制的？

5. 谈谈各种数据交换技术的优缺点。

第三章
装备产线关键部件故障机理模型

装备产线关键部件的故障机理模型可以为装备与产线的智能运维提供系统支持。本章从装备产线关键部件故障机理入手,讲述了轴承转子系统和行星轮系故障特征动力学建模方法、故障动态响应分析技术、实验验证流程和数据分析方法。通过本章的学习,读者将深入了解装备产线关键部件故障的本质,掌握建立智能运维系统的核心技能,为提升装备与产线的整体运营效率奠定坚实基础。

- **职业功能:** 装备与产线智能运维。
- **工作内容:** 配置、集成装备与产线的智能运维系统。
- **专业能力要求:** 能建立故障预测模型和故障索引知识库。
- **相关知识要求:** 故障的机理模型、知识库架构。

轴承和齿轮传动是装备产线的核心部件。目前针对轴承故障的研究主要从两方面入手,一方面是故障机理(正问题)的研究,就是利用轴承几何尺寸、运行工况等参数建立动力学模型,然后引入故障模型,建立故障动力学模型,再对模型求解获得相应的振动响应,从而获知轴承故障和振动响应之间的联系,为后续的故障特征提取提供理论依据,并最终实现故障诊断;另一方面是故障诊断技术(反问题)的研究,基于前面故障机理的分析,通过现代信号处理方法,从复杂的背景噪声和干扰中提取轴承故障特征,实现故障的早期识别和诊断。可见故障机理分析是故障诊断技术的基础,对于故障的研究，最根本的就是要先进行故障机理的分析，而故障机理中的重要内容就是故障动力学研究。因此，本章针对圆柱滚子轴承表面损伤和磨损故障，从正问题出发，建立故障动力学模型，对轴承故障机理进行研究。

20世纪90年代开始，行星齿轮动力学逐渐在齿轮参数优化、结构设计和减振降噪等方面获得广泛应用。在齿轮故障建模方面，行星齿轮动力学用于研究齿轮故障动态激励下的齿轮系统动态响应特征，已在齿轮裂纹、点蚀、剥落、偏心与不对中等典型故障建模方面获得成功应用。行星齿轮动力学建模通过受力分析将齿轮故障对动态激励的影响建模到动力学模型中，建立故障激励与动态响应之间的联系。本章建立了包含齿轮磨损故障的啮合刚度和静态传递误差等动力学参数的行星轮系平移－扭转动力学模型，获得了行星轮系齿轮磨损故障的振动响应特征。

第一节　轴承转子系统故障特征动力学分析

考核知识点及能力要求：

- 了解轴承转子系统组成和工作特性。
- 熟悉轴承转子系统动力学建模过程。
- 掌握轴承转子系统故障特征动力学分析方法。

现代工业体系中，航空发动机、高速列车轮毂、高速主轴等旋转机械设备应用广泛，轴承-转子系统是旋转机械设备的关键部件之一。滚动轴承在轴承-转子系统中具有关键性作用，且由于大型旋转机械常处于高速、重载运行条件下，轴承往往成为其薄弱环节，容易发生点蚀、剥落、疲劳磨损等故障。针对此问题，若能对轴承故障及时进行识别判断，并开展相应维修工作，能极大提高设备运行的安全性。建立系统动力学模型是轴承-转子系统故障诊断的有效方法。通过求解动力学模型可以获得系统的动态特性，准确获知不同故障的表态特征，从而厘清设备的故障机理，便于进行故障的早期识别和诊断。滚动轴承作为轴承-转子系统中最关键的部分，其动力学特性对整个系统有着重要影响。

本节针对圆柱滚子轴承，采用拟静力学方法建立轴承模型，并采用有限元方法建立转子模型。在故障动力学方面，分别对轴承外圈、内圈损伤进行建模，结合转子不平衡问题，进行复合故障动力学分析，讨论轴承损伤与转子不平衡之间的相互影响，并开展试验研究对分析结果进行验证。

一、圆柱滚子轴承动力学建模

现有的圆柱滚子轴承模型主要分为拟静力学模型、拟动力学模型和动力学模型三种。拟静力学模型考虑了轴承元件运动过程中的离心力和陀螺力矩,可以分析滚动轴承惯性下的运动学和力学问题。相比于拟动力学和动力学模型,拟静力学模型虽然考虑的因素有限,但其易于建模、稳定性高,长期以来在诸多领域得到了广泛应用。本节以拟静力学建模方法为基础,建立圆柱滚子轴承的数学模型。

圆柱滚子轴承元件的几何位置关系如图 3-1 所示,其中 φ_k 为第 k 个滚动体的方位角,A—A 平面为滚动体中心所在径向平面,u 和 θ 分别表示滚动体在 A—A 平面内的平动自由度和转动自由度。

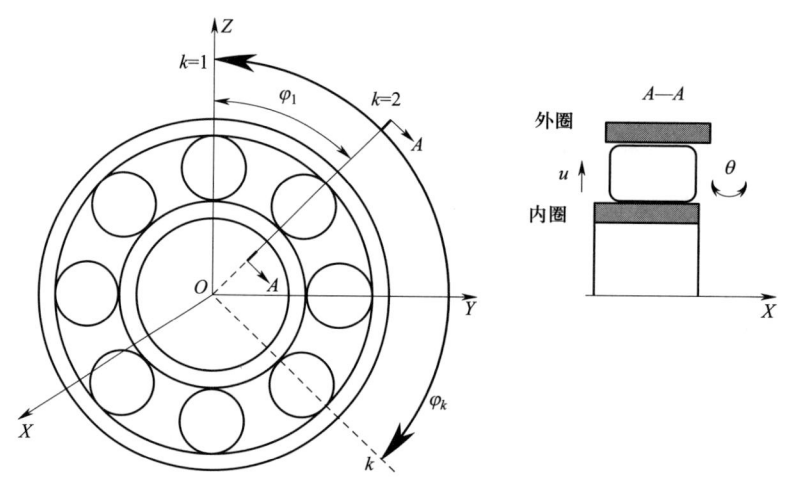

图 3-1 滚子轴承几何位置关系

轴承内、外圈具有 5 个自由度,δ_x^i、δ_y^i、δ_z^i 分别为内圈在 X 轴、Y 轴和 Z 轴方向的平动位移,γ_y^i、γ_z^i 分别代表内圈绕 Y 轴和 Z 轴的转动自由度,则内圈的自由度可以表示为 $\delta^i=(\delta_x^i,\ \delta_y^i,\ \delta_z^i,\ \gamma_y^i,\ \gamma_z^i)$,外圈自由度表示为 $\delta^o=(\delta_x^o,\ \delta_y^o,\ \delta_z^o,\ \gamma_y^o,\ \gamma_z^o)$。根据图 3-1 中几何位置关系,$A$—$A$ 平面内的内外圈平动和转动位移表达式为:

$$\begin{cases} u_{ik}=\delta_y^i\cos\varphi_k+\delta_z^i\sin\varphi_k-z_p\gamma_y^i\cos\varphi_k+z_p\gamma_z^i\sin\varphi_k \\ \theta_{ik}=-\gamma_y^i\sin\varphi_k+\gamma_z^i\cos\varphi_k \\ u_{ok}=\delta_y^o\cos\varphi_k+\delta_z^o\sin\varphi_k \\ \theta_{ok}=-\gamma_y^o\sin\varphi_k+\gamma_z^o\cos\varphi_k \end{cases} \quad (3-1)$$

式中 u_{ik}, θ_{ik}——方位角 φ_k 所在径向截面的内圈平动位移和转动位移，mm；

u_{ok}, θ_{ok}——方位角 φ_k 所在径向截面的外圈平动位移和转动位移，mm；

z_p——内外圈在 X 轴方向的平动位移之差，即 $z_p = \delta_x^o - \delta_x^i$。

鉴于滚子为圆柱体，采用"切片法"对其进行建模，如图 3-2 所示。将滚子受载区域划分为 n_s 个区域，其中 q_{ij} 为第 j 个切片处轴承内圈对滚子的作用力，q_{oj} 为第 j 个切片处轴承外圈对滚子的作用力。此外，滚子还受到来自内圈和外圈的力 Q_{ik} 和 Q_{ok}，以及力矩 M_{ik} 和 M_{ok}。除以上几项受力外，拟静力学模型还考虑了滚动体运动产生的陀螺力矩和离心力，分别记为 M_{gk} 和 F_{ck}。

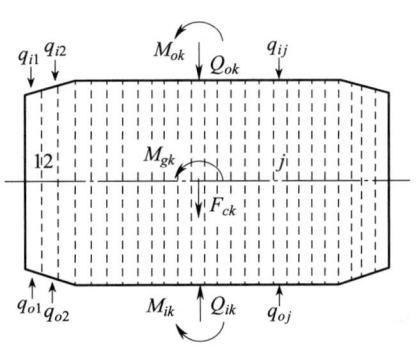

图 3-2 滚子切片模型

滚动体在运行过程中与内圈和外圈直接接触并相互作用，故可以通过内、外圈的 5 个自由度的位移计算出滚动体的接触变形。以滚子和内圈接触为例，设 v_k 和 γ_k 分别为方位角 φ_k 处径向平面内滚子的平动和转动位移量，ε 为轴承径向游隙，则滚子第 j 处切片的接触变形为：

$$\delta_{ij} = (u_{ik} - v_k - \varepsilon/4) + (\theta_{ik} - \gamma_k)j\Delta l - h_j \quad (3-2)$$

式中 h_j——滚子修缘修正量，mm；

Δl——切片宽度，mm。

滚子第 j 处切片的接触载荷为：

$$q_{ij} = c\delta_{ij}^{10/9} \quad (3-3)$$

式中 c——线接触理论常数。根据接触理论，滚子和套圈材料为钢时，线接触理论常数 $c = 1/1.24 \times 10^{-5}(n_s \times \Delta l)^{1/9}$。

根据以上推论，内圈对滚子的作用力和力矩为：

$$\begin{cases} Q_{ik} = \sum_{j=1}^{n_s} q_{ij} \\ M_{ik} = \sum_{j=1}^{n_s} j\Delta l q_{ij} \end{cases} \quad (3-4)$$

同理，可以计算得到轴承外圈对滚子的作用力 Q_{ok} 和力矩 M_{ok}，则滚子的受力平衡方程为：

$$\begin{cases} Q_{ik} - Q_{ok} + F_{ck} = 0 \\ M_{ik} - M_{ok} - M_{gk} = 0 \end{cases} \quad (3-5)$$

联合以上各式，采用牛顿-拉弗森法计算得到滚子的受力和位移。将所有滚子对内圈作用矢量进行合成，可以得到轴承内圈受力方程组为：

$$\begin{cases} F_{xi} = 0 \\ F_{yi} = \sum_{k=1}^{n} -Q_i \cos \varphi_k \\ F_{zi} = \sum_{k=1}^{n} -Q_i \sin \varphi_k \\ M_{yi} = \sum_{k=1}^{n} (z_p Q_i \sin \varphi_k + M_i \sin \varphi_k) \\ M_{zi} = -\sum_{k=1}^{n} (z_p Q_i \cos \varphi_k + M_i \cos \varphi_k) \end{cases} \quad (3-6)$$

将受力方程对位移方程求导，可以得到内圈的刚度矩阵：

$$K_i = \frac{\partial(F_{xi}, F_{yi}, F_{zi}, M_{yi}, M_{zi})}{\partial(\delta_x^i, \delta_y^i, \delta_z^i, \gamma_y^i, \gamma_z^i)} \quad (3-7)$$

轴承外圈刚度矩阵同理可计算。

二、圆柱滚子轴承故障动力学模型及分析

当轴承元件表面出现局部损伤（如磨损、断裂）时，会对轴承动态特性造成一定影响。具体而言，滚动体通过缺陷区域时，滚动体与内、外滚道的间隙会发生改变，从而导致轴承非线性接触力发生变化，且缺陷区域的元件相互撞击会产生周期变化的脉冲冲击力。基于此原理，本节进行故障轴承的动力学建模与研究。通过分析故障引起轴承元件几何位置的变化，推导由此引起的作用力变化关系。

1. 外圈故障动力学建模

对于轴承局部损伤在外圈的情况，当滚动体进入损伤区域时，轴承与滚道间隙会

突然增大，如图3-3所示。假设外圈损伤为凹槽状，其宽度为w_o，深度为h_o，滚动体半径为r_b。

根据图3-3中几何关系可知，轴承间隙变化量s_o近似为：

$$s_o = r_b - \sqrt{r_b^2 - (w_o/2)^2} \tag{3-8}$$

轴承运行过程中，滚动体与外圈损伤区域位置关系如图3-4所示，损伤区域对应圆心角的一半为β_o，外圈滚道半径为R_o。假设第k个滚动体的角度位置为φ_k，损伤所在角度位置为θ_o，则

$$\beta_o = \arcsin(w_o/2R_o) \tag{3-9}$$

$$\varphi_k = \omega_c t + 2\pi(k-1)/n \tag{3-10}$$

式中　ω_c——保持架转动角速度，rad/s；

　　　n——滚动体个数。

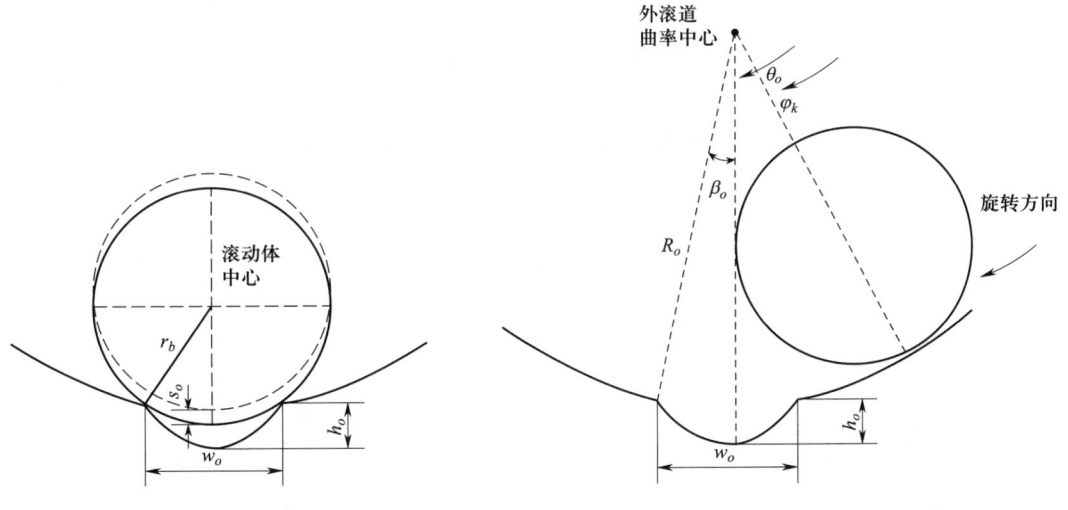

图3-3　外圈损伤　　　　　图3-4　滚动体与外圈损伤区域位置关系

只有当滚动体进入损伤区域后间隙才会发生变化，即滚动体与损伤位置之间的夹角小于β_o。间隙变化的条件为：

$$s_o = \begin{cases} r_b - \sqrt{r_b^2 - (w_o/2)^2}, & |\mathrm{mod}(\varphi_k, 2\pi) - \theta_o| < \beta_o \\ 0, & \text{other} \end{cases} \tag{3-11}$$

根据间隙变化可以求得滚动体与滚道间非线性接触力的变化。将此模型与轴承动

力学模型进行融合,可以得到故障轴承的动力学模型。计算过程中,通过判断轴承元件是否进入损伤区域,选择正常/故障轴承动力学模型求解轴承元件间的接触载荷,并进行后续的动力学计算与分析。

2. 内圈故障动力学建模

对于轴承局部损伤在内圈的情况,其推导方法与外圈损伤类似。当滚动体进入损伤区域时,轴承与滚道间隙会突然增大,如图 3-5 所示。假设内圈损伤为凹槽状,其宽度为 w_i,深度为 h_i,滚动体半径为 r_b。

根据图 3-5 中几何位置关系可知,轴承间隙变化量 s_i 近似为:

$$s_i = r_b - \sqrt{r_b^2 - (w_i/2)^2} \tag{3-12}$$

轴承运行过程中,滚动体与内圈损伤区域位置关系如图 3-6 所示,内圈滚道半径为 R_i,损伤区域对应圆心角的一半为 β_i。假设第 k 个滚动体的角度位置为 φ_k,损伤所在角度位置为 θ_i,则

$$\beta_o = \arcsin(w_o/2R_o) \tag{3-13}$$

只有当滚动体进入损伤区域后,间隙才会发生变化。间隙变化的条件为:

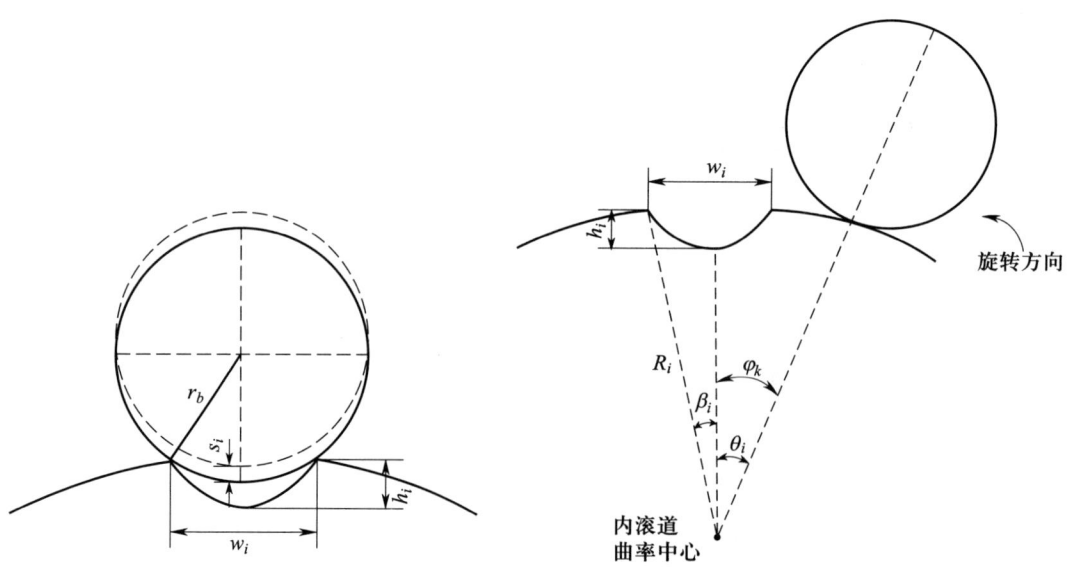

图 3-5 轴承内圈损伤　　图 3-6 滚动体与内圈损伤区域位置关系

$$s_i = \begin{cases} r_b - \sqrt{r_b^2 - (w_i/2)^2}, & |\mathrm{mod}(\varphi_k, 2\pi) - \theta_i| < \beta_i \\ 0, & \text{other} \end{cases} \quad (3\text{-}14)$$

模型计算过程与前述外圈故障部分类似,这里不再叙述。

第二节 行星轮系齿轮磨损故障动态响应特征

考核知识点及能力要求:
- 了解齿轮传动系统组成和工作特性。
- 熟悉齿轮传动系统动力学建模过程。
- 掌握齿轮传动系统故障动态响应分析方法。

一、行星齿轮磨损故障动力学建模

由于齿轮具有质量集中的特点,采用集中参数法建立行星齿轮动力学模型。如图3-7所示,以2K-H行星齿轮为研究对象,主要包含太阳轮、行星轮、行星架和齿圈等构件,除齿圈固定外,其余构件均可定轴转动,其中,行星轮包含公转和自转运动。本章建立包含齿轮磨损的时变啮合刚度、静态传递误差和啮合相位等因素的行星齿轮平移-扭转动力学模型。为简化动力学模型,对行星轮系作出以下假设:

1)由于齿轮均为直齿轮,将齿轮啮合等效为啮合刚度和啮合阻尼,且啮合力总是沿理想啮合线方向作用在啮合齿轮上。

2)齿轮的支承轴承等效为两个相互垂直方向的支承刚度和支承阻尼。

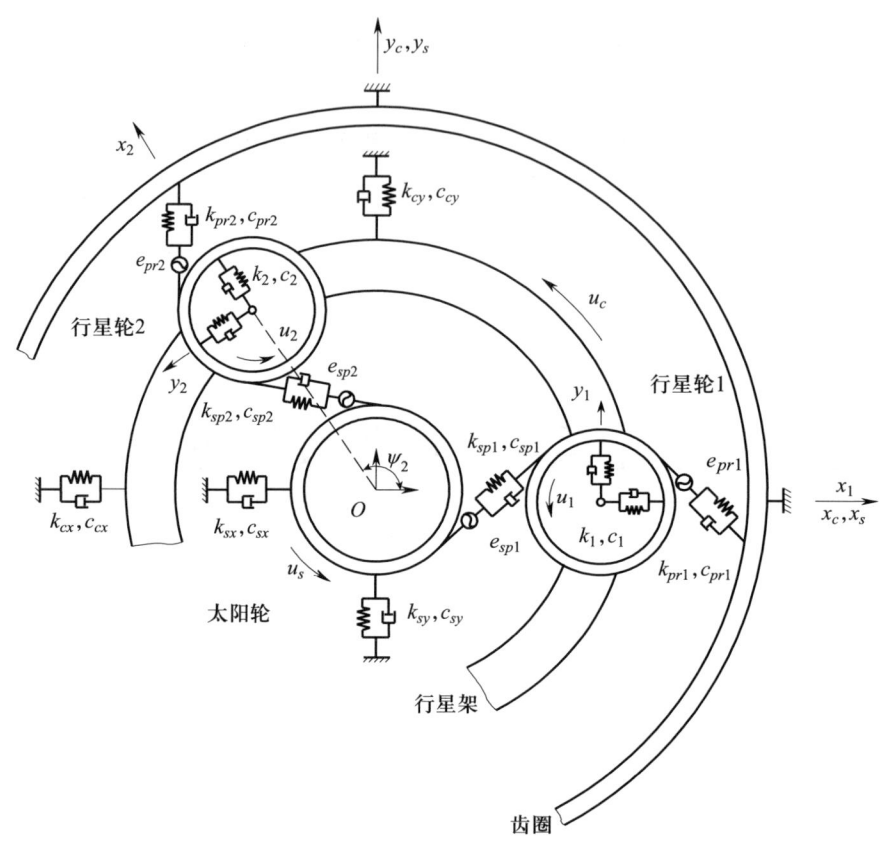

图 3-7 行星齿轮平移 – 扭转动力学模型

3）不考虑齿轮偏心、不对中等误差，忽略齿轮齿侧间隙的影响。

4）忽略行星轮的载荷分配不均匀的影响。

1. 平移 – 扭转动力学模型

图 3-7 所示为建立的行星齿轮平移 – 扭转动力学模型，主要包含太阳轮、N_p 个行星轮、行星架和齿圈构件。其中，每个齿轮包含 3 个自由度，太阳轮和行星架水平、垂直方向的平动自由度（x_j、y_j，$j=s$，c）和绕太阳轮中心旋转的转动自由度（u_j，$j=s$，c），行星轮径向、周向的平动自由度（x_i、y_i，$i=1$，…，N_p）和绕行星轮中心的转动自由度（u_i，$i=1$，…，N_p），齿圈固定在箱体上，总共有 $3\times(N_p+2)$ 个自由度。另外，行星轮的自由度固定在随行星架转动的局部坐标系上。以第 i 个行星轮与太阳轮、齿圈的啮合为例，图 3-8 所示为太阳轮 – 行星轮 – 齿圈啮合的受力分析示意图，其中，齿轮啮合等效为弹簧 – 阻尼系统，且啮合力的作用线沿理想啮合线方向，k_{spi}、c_{spi}

和 k_{pri}、c_{pri}，$i=1,\cdots,N_p$ 分别表示行星齿轮外、内啮合的啮合刚度和阻尼。轴承支承也被等效为弹簧-阻尼支承，k_{sx}、c_{sx} 和 k_{sy}、c_{sy} 表示太阳轮支承刚度和阻尼，k_{cx}、c_{cx} 和 k_{cy}、c_{cy} 表示行星架支承刚度和阻尼，k_i、c_i，$i=1,\cdots,N_p$ 表示第 i 个行星轮支承刚度和阻尼。e_{spi} 和 e_{pri}，$i=1,\cdots,N_p$ 分别表示行星齿轮外、内啮合的静态传递误差。

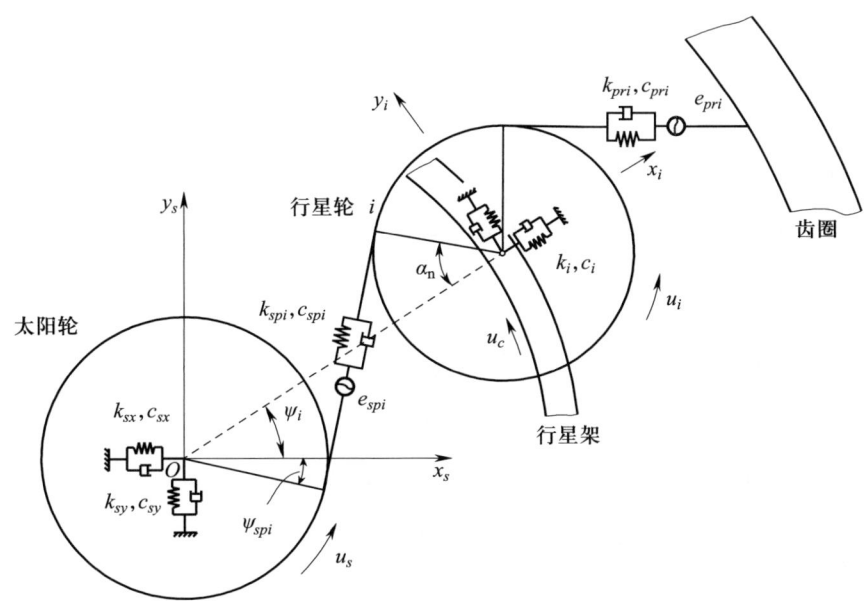

图3-8 行星轮-太阳轮-齿圈啮合

根据齿轮各部件的相对运动关系，推导的相对位移表示如下：

太阳轮与第 i 个行星轮啮合的相对位移 δ_{spi}，$i=1,\cdots,N_p$ 沿啮合线方向，可表示为：

$$\delta_{spi}=u_s+x_s\sin(\psi_{spi})+y_s\cos(\psi_{spi})+u_i-x_i\sin(\alpha_n)-y_i\cos(\alpha_n)+e_{spi}(t) \quad (3-15)$$

第 i 个行星轮与齿圈啮合的相对位移 δ_{pri}，$i=1,\cdots,N_p$ 沿啮合线方向，可表示为：

$$\delta_{pri}=-u_i+x_i\sin(\alpha_n)-y_i\cos(\alpha_n)+e_{pri}(t) \quad (3-16)$$

行星架与第 i 个行星轮的相对位移 δ_{cxi}、δ_{cyi}，$i=1,\cdots,N_p$ 沿径向和周向方向，表示为：

$$\delta_{cxi}=x_i-x_c\cos(\psi_i)-y_c\sin(\psi_i) \quad (3-17)$$

$$\delta_{cyi}=y_i+x_c\sin(\psi_i)-y_c\cos(\psi_i)-u_c \quad (3-18)$$

式中 α_n——齿轮分度圆压力角，rad；

ψ_{spi}, $i=1$, …, N_p——太阳轮-行星轮的相对啮合角，rad；

ψ_i, $i=1$, …, N_p——第 i 个行星轮相对太阳轮的位置角度，rad。

另外，当相对位移 δ_{spi}、δ_{pri}、δ_{cxi}、$\delta_{cyi}>0$ 时，弹簧处于被压缩的状态。

定义第 1 个行星轮的位置角度 $\psi_1=0$，推导第 i 个行星轮相对啮合角 ψ_{spi} 与位置角度 ψ_i 的关系：

$$\psi_{spi}=\alpha_n-\psi_i \tag{3-19}$$

$$\psi_i=2\pi(i-1)/N_p \tag{3-20}$$

根据行星齿轮的相对位移和啮合刚度与阻尼，推导行星齿轮外、内齿轮啮合的动态啮合力 F_{spi} 和 F_{pri}，$i=1$，…，N_p，可表示为：

$$F_{spi}=k_{spi}\delta_{spi}+c_{spi}\dot{\delta}_{spi} \tag{3-21}$$

$$F_{pri}=k_{pri}\delta_{pri}+c_{pri}\dot{\delta}_{pri} \tag{3-22}$$

式中　$\dot{\delta}_{spi}$、$\dot{\delta}_{pri}$——行星齿轮啮合的相对速度，m/s。

可以将行星齿轮动力学方程写成矩阵-向量的形式如下：

$$\boldsymbol{M}\ddot{\boldsymbol{X}}(t)+\boldsymbol{C}(t)\dot{\boldsymbol{X}}(t)+\boldsymbol{K}(t)\boldsymbol{X}(t)=\boldsymbol{T}(t)+\boldsymbol{F} \tag{3-23}$$

式中　$\boldsymbol{M}$——质量矩阵；

$\boldsymbol{K}(t)$ 和 $\boldsymbol{C}(t)$——表示刚度和阻尼矩阵；

$\boldsymbol{T}(t)$——静态传递误差引起的内部激励力向量；

$\boldsymbol{F}$——外部输入与负载激励向量；

$\boldsymbol{X}(t)$、$\dot{\boldsymbol{X}}(t)$ 和 $\ddot{\boldsymbol{X}}(t)$——位移、速度和加速度响应向量。

其中，位移响应表示为：

$$\boldsymbol{X}(t)=[u_s, x_s, y_s, u_c, x_c, y_c, u_1, x_1, y_1, \cdots, u_{N_p}, x_{N_p}, y_{N_p}]^T \tag{3-24}$$

2. 啮合相位关系

行星齿轮啮合包括太阳-行星啮合和行星-齿圈啮合，由于存在多对啮合齿轮，每对齿轮的啮合状态均不相同，因此，为了描述不同太阳-行星啮合和行星-齿圈啮合在同一时刻的不同啮合状态，采用行星齿轮啮合相位表示外、内啮合齿轮的相对啮合状态。

由于行星齿轮外、内啮合周期相同，设定齿轮啮合周期为 T_m。定义第 i 对太阳-

行星的啮合相位为 γ_{si}，$i=1,\cdots,N_p$，第 i 对行星 – 齿圈的啮合相位为 γ_{ri}，$i=1,\cdots,N_p$，定义第 i 对行星 – 齿圈啮合与第 i 对太阳 – 行星啮合的相位差为 $\gamma_{sr}^{(i)}$，$i=1,\cdots,N_p$，值得注意的是，啮合相位 γ_{si}，γ_{ri}，$\gamma_{sr}^{(i)} \in (-1, 1)$，表示啮合周期 T_m 为 1 时的滞后或超前量。

定义第 1 个行星轮的位置角度 $\psi_1=0$，同样地，第 1 对齿轮的啮合相位 γ_{s1}，$\gamma_{r1}=0$。根据行星轮自转处于顺时针方向和逆时针方向的不同状态，啮合相位可以分为以下两种情况。

（1）行星轮沿顺时针方向自转

$$\gamma_{si} = \frac{Z_s \psi_i}{2\pi} - \text{fix}\left(\frac{Z_s \psi_i}{2\pi}\right) \tag{3-25}$$

$$\gamma_{ri} = -\frac{Z_r \psi_i}{2\pi} - \text{fix}\left(\frac{Z_r \psi_i}{2\pi}\right) \tag{3-26}$$

（2）行星轮沿逆时针方向自转

$$\gamma_{si} = -\frac{Z_s \psi_i}{2\pi} - \text{fix}\left(-\frac{Z_s \psi_i}{2\pi}\right) \tag{3-27}$$

$$\gamma_{ri} = \frac{Z_r \psi_i}{2\pi} - \text{fix}\left(\frac{Z_r \psi_i}{2\pi}\right) \tag{3-28}$$

式中　Z_s 和 Z_r——太阳轮和齿圈的齿数；

　　　ψ_i——第 i 个行星轮的位置角度，$\psi_i=2\pi(i-1)/N_p$，rad；

　　　fix（）——向 0 取整。

行星齿轮外、内啮合的相对相位 $\gamma_{sr}^{(i)}$ 可表示为：

$$\gamma_{sr}^{(i)} = \gamma_{sr}^{(1)} - (Z_s+Z_r)\frac{\psi_i}{2\pi} \tag{3-29}$$

由于 2K-H 行星齿轮的安装条件满足太阳轮与齿圈齿数之和为行星轮个数的整数倍，即 $(Z_s+Z_r)/N_p$ 为整数，同时，$\gamma_{sr}^{(i)} \in (-1, 1)$，因此，推导得 $\gamma_{sr}^{(i)}=\gamma_{sr}^{(1)}$，后续用 γ_{sr} 表示行星齿轮外、内啮合的相对相位。

针对行星齿轮磨损故障对啮合相位的影响，现有研究表明，齿廓修形只会改变齿轮啮合函数的形状（如啮合刚度），而齿轮啮合相位不会发生变化。值得注意的是，齿轮磨损本质上与齿廓修形相同，均改变了渐开线齿轮齿廓的形状。因此可推断，齿轮磨损不会对行星齿轮的啮合相位产生影响，后续研究将使用正常齿轮的啮合相位关系进行推导与计算。

3. 时变啮合刚度与阻尼

依据外、内齿轮磨损故障的啮合刚度，推导得到行星齿轮啮合相位下外、内啮合各对齿轮的啮合刚度，表达式为：

$$k_{spi}(t) = k_{spi}(t - \gamma_{si}T_m) \tag{3-30}$$

$$k_{pri}(t) = k_{pri}(t - \gamma_{ri}T_m - \gamma_{sr}T_m) \tag{3-31}$$

齿轮啮合阻尼的计算采用经验公式为：

$$c_{sp} = 2\xi_g \sqrt{\frac{k_{sp}I_sI_p}{r_s^2I_s + r_p^2I_p}} \tag{3-32}$$

$$c_{pr} = 2\xi_g \sqrt{\frac{k_{pr}I_pI_r}{r_p^2I_p + r_r^2I_r}} \tag{3-33}$$

式中 ξ_g——齿轮啮合阻尼比，取值范围一般为 0.03 ~ 0.17；

I_j，$j=s$，p，r——太阳轮、行星轮和齿圈的转动惯量，kg·m²；

r_j，$j=s$，p，r——太阳轮、行星轮和齿圈的分度圆半径，mm。

4. 动态激励的数值分析

根据建立的行星齿轮动态激励解析模型，推导行星齿轮磨损的啮合相位、时变啮合刚度和静态传递误差仿真结果。行星齿轮动力学仿真参数见表3-1，由此计算的行星齿轮啮合相位关系见表3-2。

表3-1　　　　　行星齿轮几何参数与动力学参数

项目	太阳轮	行星轮	齿圈	行星架
齿数	20	29（3个）	79	—
模数 /mm	2.25	2.25	2.25	—
分度圆压力角 /°	20	20	20	—
齿宽 /mm	25	25	25	—
杨氏模量 /Pa	2.05×10^{11}	2.05×10^{11}	2.05×10^{11}	2.05×10^{11}
泊松比	0.3	0.3	0.3	0.3
基圆半径 /mm	21.14	30.66	83.52	—

续表

质量 /（kg）	0.24	0.49	—	2.46
转动惯量 /（kg·m²）	5.93×10^{-5}	2.62×10^{-4}	—	3.74×10^{-3}
支承刚度 /（N·m⁻¹）	1×10^9	1×10^9	—	1×10^9
支承阻尼 /（N·s·m⁻¹）	1.5×10^4	1.5×10^4	—	1.5×10^4
转矩 /（N·m）	8	—	—	30
转速 /Hz	15	5.22（自转）	—	3.03
转动方向	逆时针	顺时针（自转）	—	逆时针

表 3-2 行星齿轮啮合相位关系

啮合相位	γ_{s1}	γ_{s2}	γ_{s3}	γ_{r1}	γ_{r2}	γ_{r3}	γ_{sr}
数值	0	2/3	1/3	0	-1/3	-2/3	0

行星齿轮啮合相位下外、内啮合齿轮磨损的时变啮合刚度如图 3-9 和图 3-10 所示，图中包含 10 个啮合周期内不同齿轮磨损下啮合刚度的变化（统一采用太阳轮与单个行星齿轮的啮合次数 N_s 表示齿轮磨损随运行时间的变化）。行星齿轮啮合相位关系

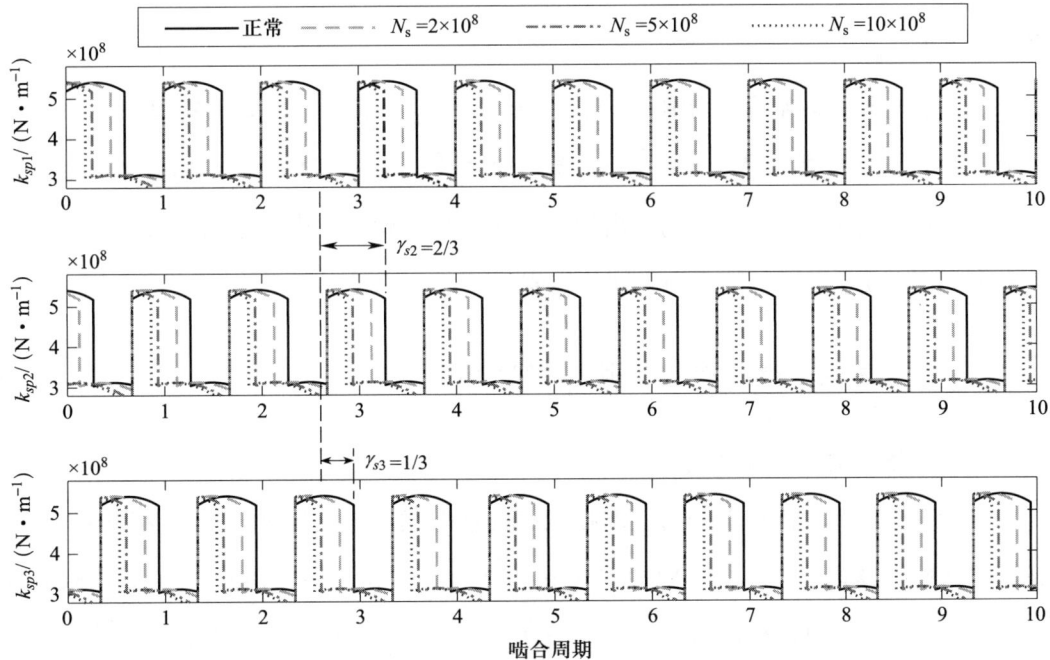

图 3-9 行星齿轮啮合相位下外啮合齿轮磨损的（太阳轮 - 行星齿轮啮合）时变啮合刚度

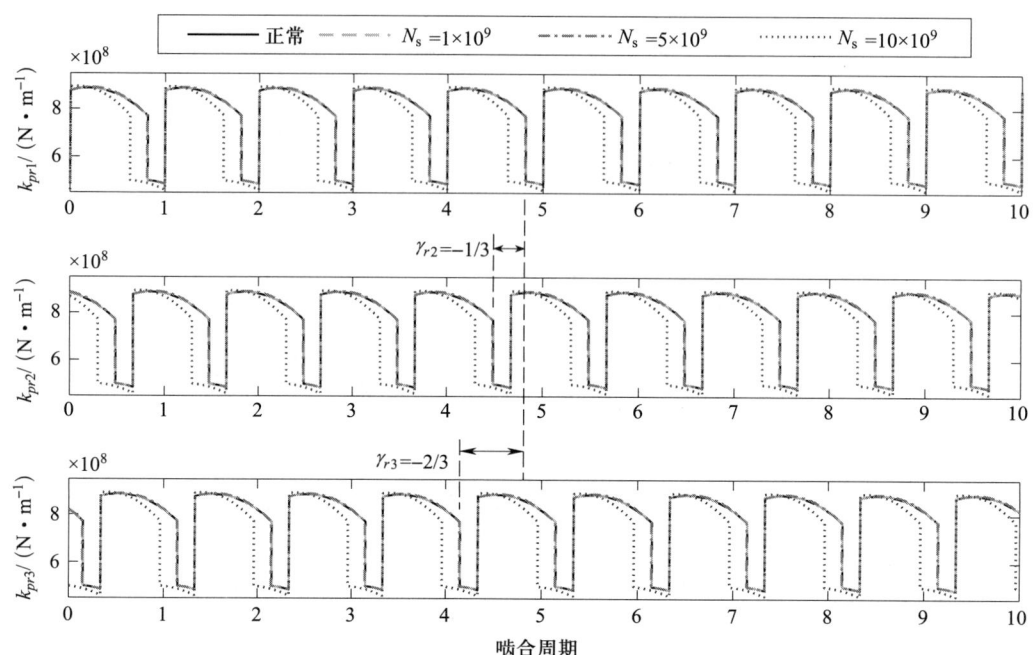

图3-10 行星齿轮啮合相位下内啮合齿轮磨损的（行星齿轮-齿圈啮合）时变啮合刚度

在图中已详细标注，当外啮合齿轮的啮合相位大于0时，表示超前相位；当内啮合齿轮的啮合相位小于0时，表示滞后相位，由于外、内啮合相位差γ_{sr}为0，因此，图中未标注该相位。

行星齿轮外、内啮合齿轮静态传递误差e_{sp}和e_{pr}如图3-11和图3-12所示，选定以下参数，长周期幅值A_1=10 μm，短周期幅值A_2=5 μm，随机误差幅值A_3=0.2 μm。从图3-11b和图3-12b可以看出，齿轮磨损对行星齿轮外、内啮合齿轮静态传递误差的影响主要体现在以啮合频率为周期的幅值上。

二、行星齿轮磨损故障动态响应特征分析

1. 齿轮磨损对相对位移的影响

为表现行星齿轮传动不同齿轮磨损状态的动态响应，共计生成了51组仿真数据，每组仿真数据设置不同的啮合次数N_s（×10^8）=0，2，4，…，100。本节采用求解动力学模型得到的行星齿轮中第一个外、内啮合相对位移的加速度响应$\ddot{\delta}_{sp1}$和$\ddot{\delta}_{pr1}$进行时域和频谱分析。

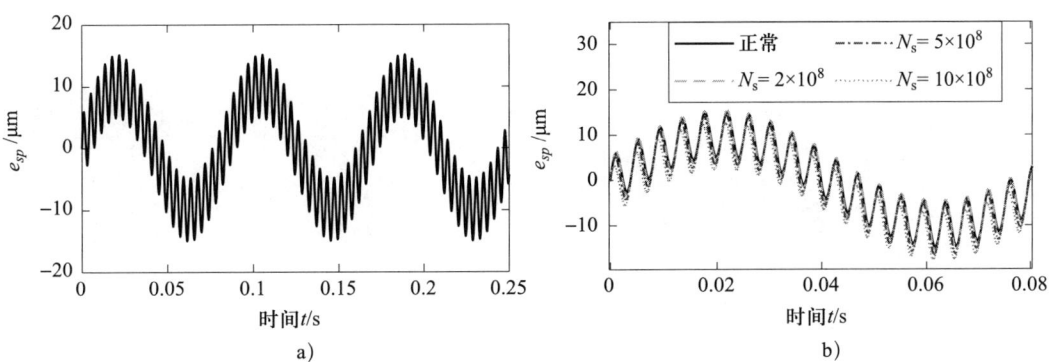

图 3-11 外啮合齿轮正常与磨损的静态传递误差
a）正常外啮合齿轮的静态传递误差　b）外啮合齿轮磨损的静态传递误差

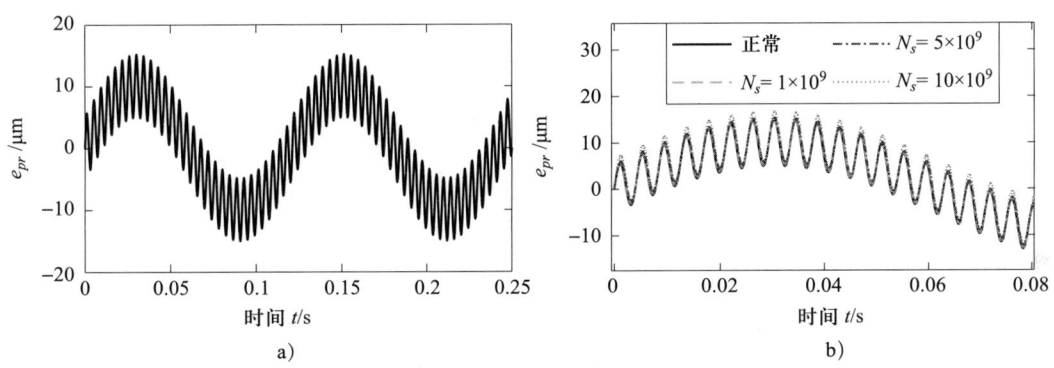

图 3-12 内啮合齿轮正常与磨损的静态传递误差
a）正常内啮合齿轮的静态传递误差　b）内啮合齿轮磨损的静态传递误差

图 3-13 所示为啮合次数为 $N_s=0$ 和 $N_s=50\times10^8$ 的外啮合齿轮相对位移的加速度响应时域信号。随着齿轮磨损增加，时域信号冲击幅值明显增加。图 3-14 和图 3-15 所示分别为啮合次数为 $N_s=0$ 和 $N_s=50\times10^8$ 的外啮合齿轮相对位移的加速度响应频谱。可以看出，频谱中主要成分为齿轮啮合频率及其倍频 kf_m，$k=1,2,3,4$，同时，各阶啮合频率边带的主要成分包括太阳轮和行星轮的相对旋转频率 $kf_m\pm lf_s^{(r)}$ 和 $kf_m\pm lf_p^{(r)}$ 以及行星架的转频 $kf_m\pm lf_c$，$l=1,2,3$。随着齿轮磨损增加，频谱结构未发生明显变化，但啮合频率及其谐波幅值增加明显。另外，低阶转频成分幅值较小且变化不明显。

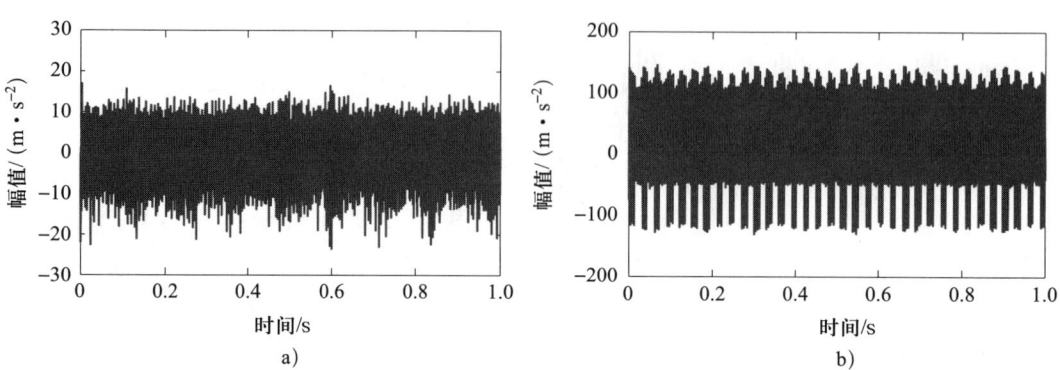

图 3-13 外啮合齿轮相对位移的加速度响应
a) 外啮合齿轮加速度响应（$N_s=0$） b) 外啮合齿轮加速度响应（$N_s=50\times10^8$）

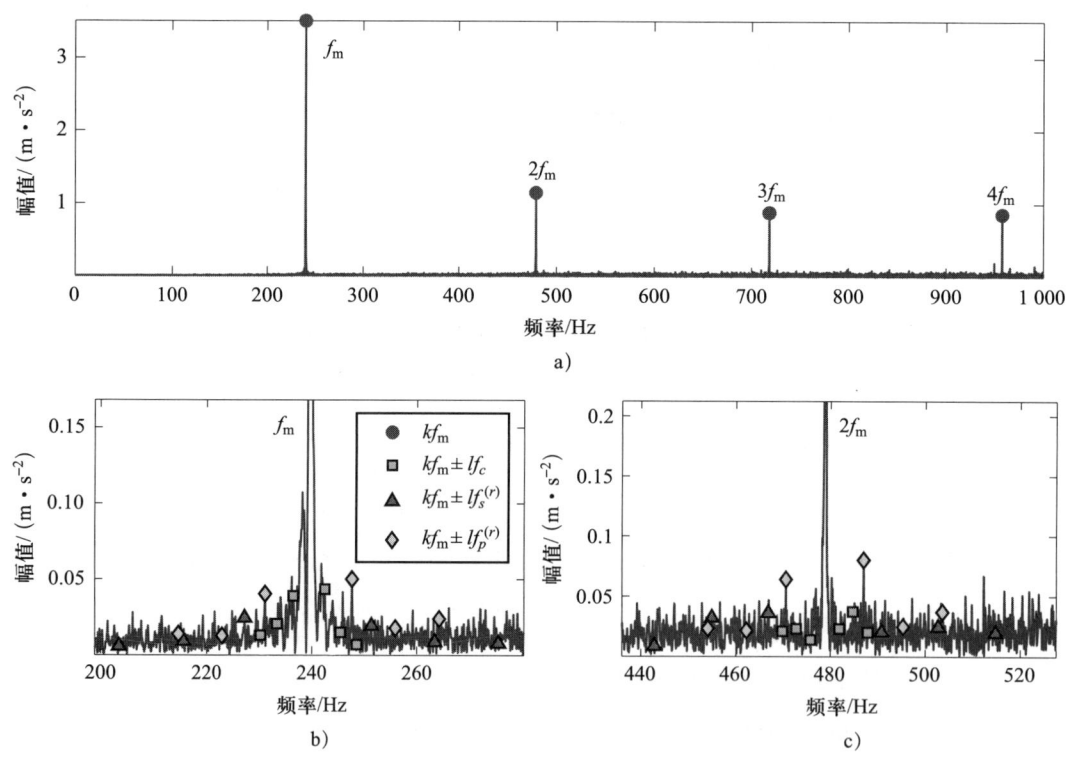

图 3-14 外啮合齿轮相对位移的加速度响应频谱（$N_s=0$）
a) 加速度响应频谱全局图 b) 加速度响应频谱一阶啮频局部图
c) 加速度响应频谱二阶啮频局部图

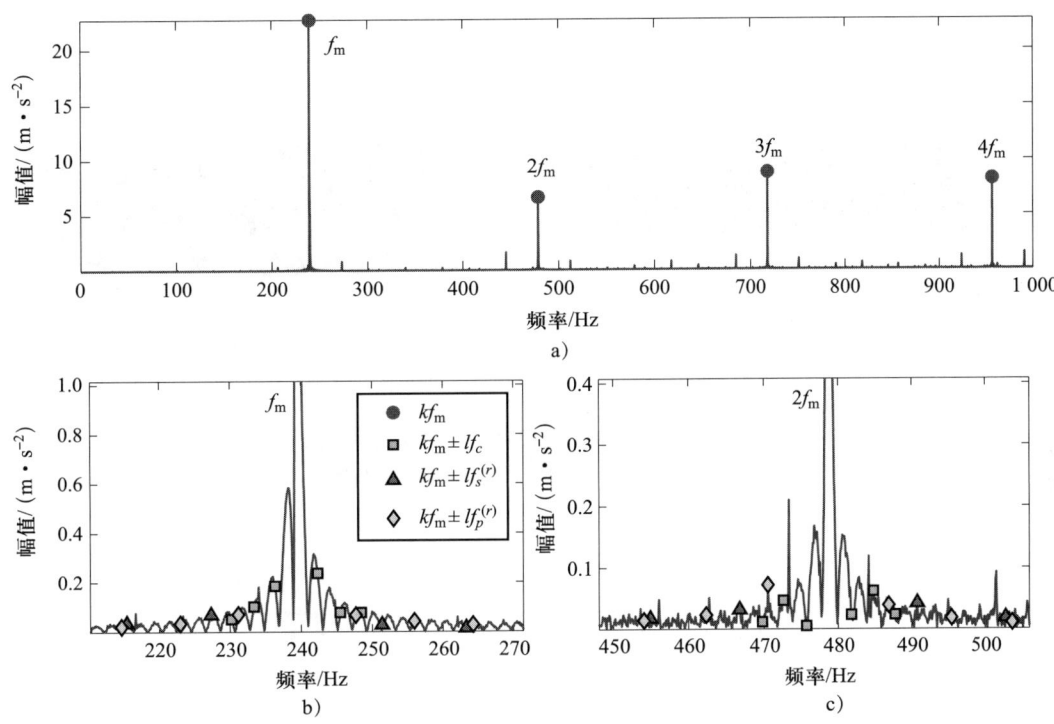

图 3-15　外啮合齿轮相对位移的加速度响应频谱（$N_s=50\times10^8$）
a) 加速度响应频谱全局图　b) 加速度响应频谱一阶啮频局部图
c) 加速度响应频谱二阶啮频局部图

图 3-16 所示为啮合次数为 $N_s=0$ 和 $N_s=50\times10^8$ 的内啮合齿轮相对位移的加速度响应时域信号。与外啮合类似，随着齿轮磨损增加，时域信号冲击幅值增加，但增幅远小于外啮合齿轮响应，这是由于在相同的啮合次数 N_s 下，内啮合齿轮磨损深度远小于外啮合齿轮，由此造成的内啮合齿轮内源激励变化（包括啮合刚度和静态传递误差）远小于外啮合齿轮。图 3-17 和图 3-18 所示分别为啮合次数为 $N_s=0$ 和 $N_s=50\times10^8$ 的内啮合齿轮相对位移的加速度响应频谱。与外啮合响应频谱结构类似，频谱主要成分为齿轮啮合频率及其倍频 kf_m（$k=1$，2，3，4），同时，各阶啮合频率边带的主要成分包括太阳轮和行星轮的相对旋转频率 $kf_m\pm lf_s^{(r)}$ 和 $kf_m\pm lf_p^{(r)}$ 以及行星架的转频 $kf_m\pm lf_c$（$l=1$，2，3）。随着齿轮磨损增加，频谱结构未发生明显变化，但啮合频率及其谐波幅值略有增加。

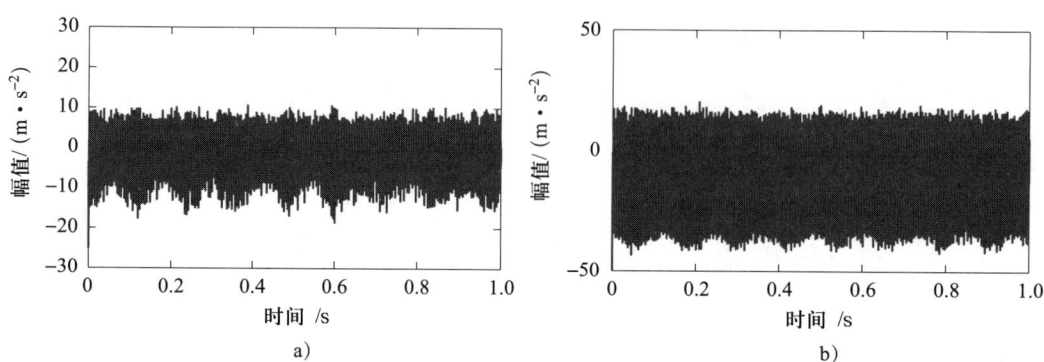

图 3-16 内啮合齿轮相对位移的加速度响应

a）内啮合齿轮加速度响应（$N_s=0$） b）内啮合齿轮加速度响应（$N_s=50\times 10^8$）

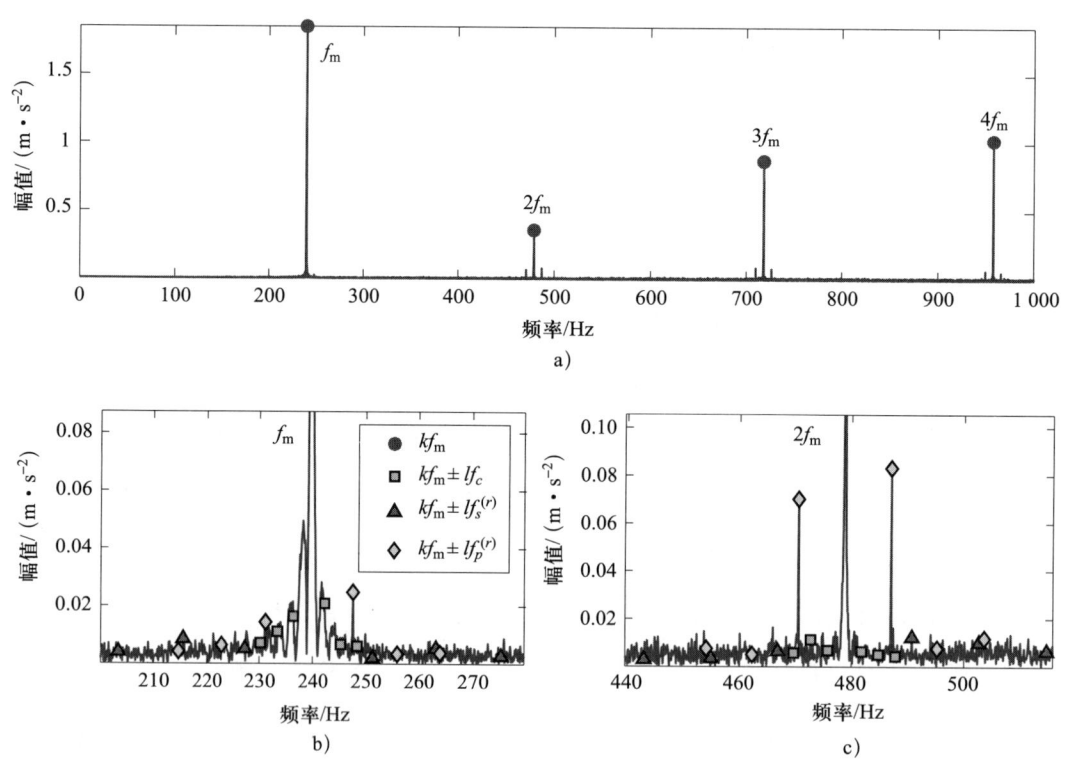

图 3-17 内啮合齿轮相对位移的加速度响应频谱（$N_s=0$）

a）加速度响应频谱全局图 b）加速度响应频谱一阶啮频局部图
c）加速度响应频谱二阶啮频局部图

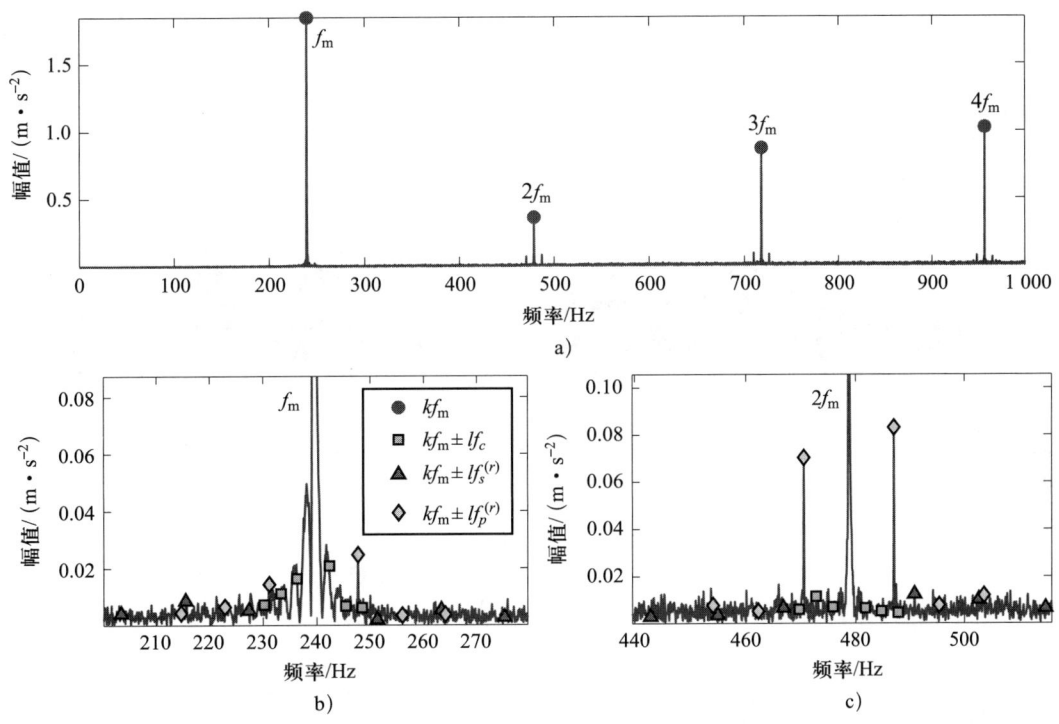

图 3-18 内啮合齿轮相对位移的加速度响应频谱（$N_s=50\times10^8$）

a）加速度响应频谱全局图　b）加速度响应频谱一阶啮频局部图　c）加速度响应频谱二阶啮频局部图

2. 齿轮磨损对箱体振动的影响

依据行星齿轮磨损故障动力学模型求解得到的不同磨损程度下外、内啮合齿轮加速度响应，利用振动传递路径分析获得箱体振动加速度响应 $y(t)$，研究行星齿轮磨损对箱体振动的影响规律。本节研究中，三条传递路径的振幅衰减系数 S_{s1}、S_{s2} 和 S_r 分别设置为 0.8、0.2 和 1.0，窗函数系数 a 和 b 分别设置为 0.6 和 0.4。

图 3-19 表示啮合次数为 $N_s=0$ 和 $N_s=50\times10^8$ 的箱体振动加速度响应的时域信号。随着齿轮磨损增加，时域信号冲击幅值明显增加。图 3-20 和图 3-21 分别表示啮合次数为 $N_s=0$ 和 $N_s=50\times10^8$ 的箱体振动加速度响应频谱。频谱主要成分为齿轮各阶啮合频率及其边带 kf_m（$k=1$，2，3，4），其中，各阶啮合频率边带的主要成分包括太阳轮和行星轮的相对旋转频率 $kf_m \pm lf_s^{(r)}$ 和 $kf_m \pm lf_p^{(r)}$ 以及行星架的转频 $kf_m \pm lf_c$（$l=1$，2，3）。与相对位移的加速度响应不同，箱体振动响应的频谱中除各阶啮合频率 kf_m 外，行星架转频 $kf_m \pm lf_c$ 的幅值也是主要频率成分，其幅值不低于各阶啮合频率幅值，这是由箱

体振动响应建模过程中行星架产生的通过效应造成的。与相对位移的响应类似，随着齿轮磨损深度的增加，箱体振动响应的频谱结构未发生明显变化，但各阶啮合频率及其边带幅值明显增加。同时，低阶转频成分幅值较小且变化不明显。

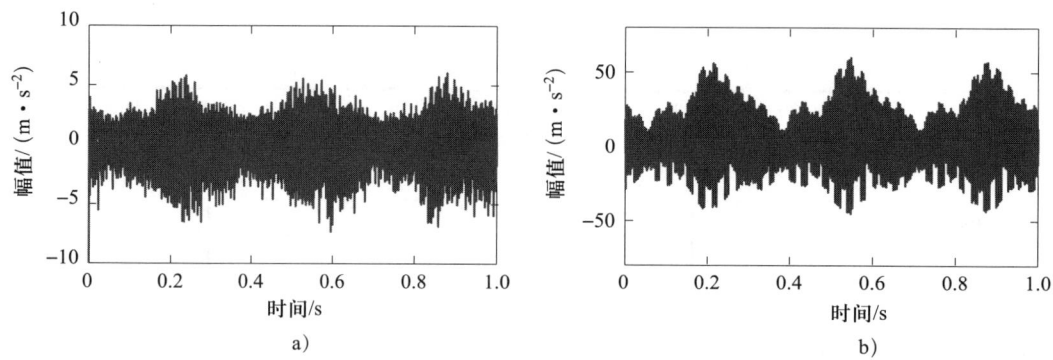

图 3-19　齿轮箱体振动加速度响应

a）齿轮箱体振动响应（$N_s=0$）　b）齿轮箱体振动响应（$N_s=50\times10^8$）

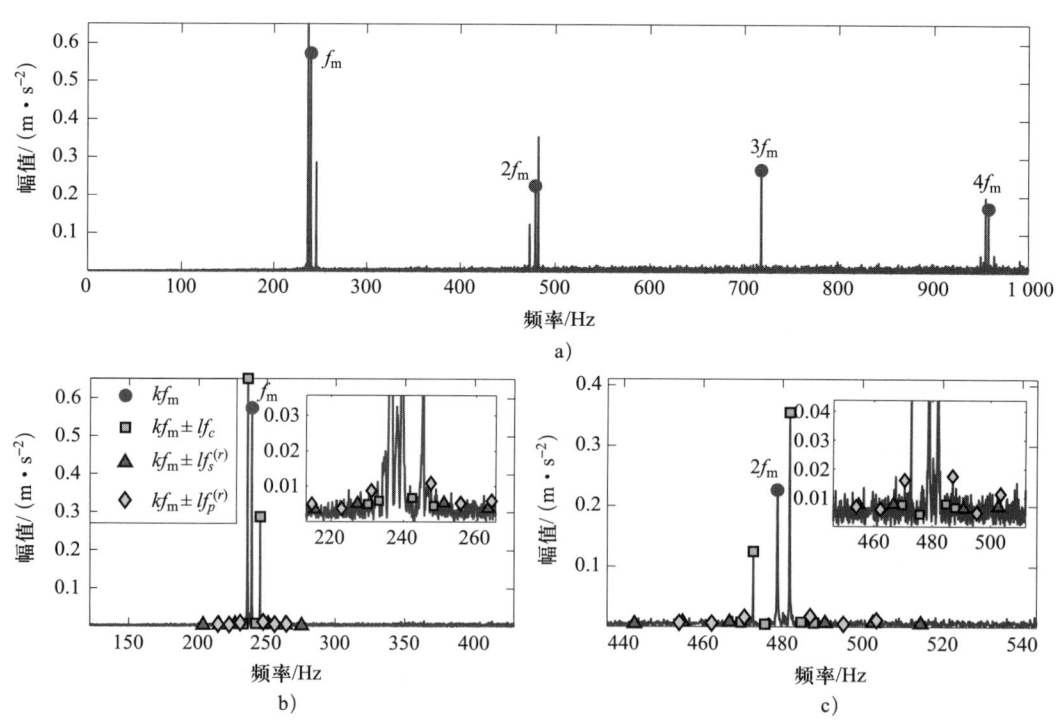

图 3-20　齿轮箱体振动加速度响应频谱（$N_s=0$）

a）加速度响应频谱全局图　b）加速度响应频谱一阶啮频局部图
c）加速度响应频谱二阶啮频局部图

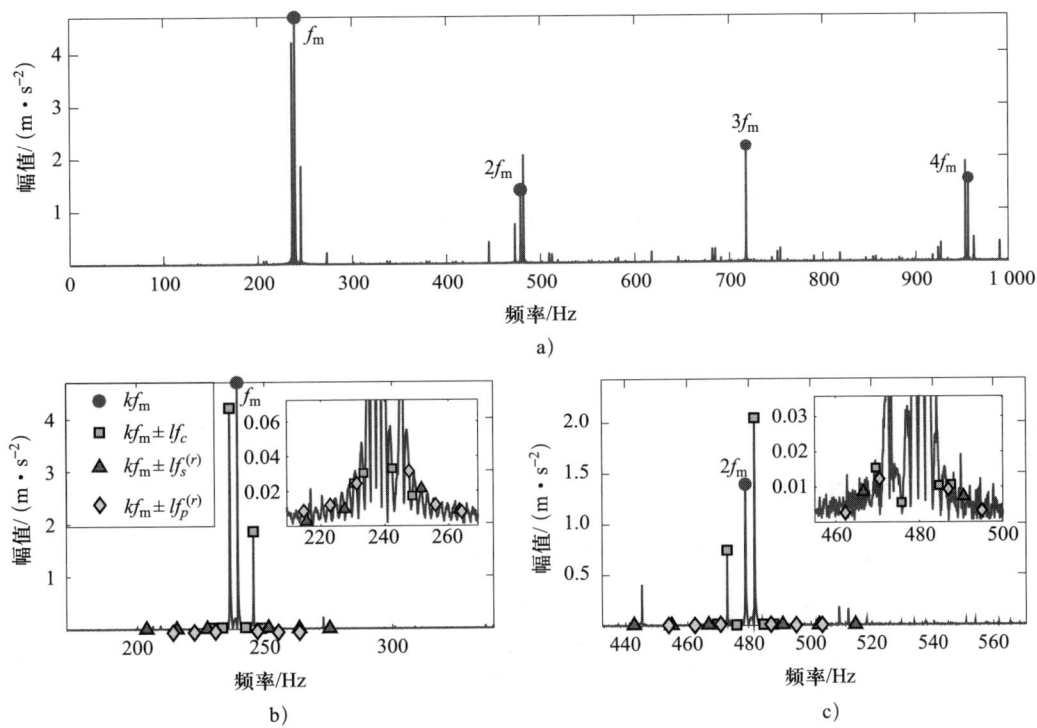

图 3-21 齿轮箱体振动加速度响应频谱（$N_s=50\times10^8$）
a）加速度响应频谱全局图　b）加速度响应频谱一阶啮频局部图
c）加速度响应频谱二阶啮频局部图

从行星齿轮磨损故障动力学建模的角度来说，齿轮磨损对动态响应的影响主要通过刚度激励和误差激励实现。在刚度激励中，齿轮磨损会使以啮合频率为周期的齿轮时变啮合刚度单、双齿啮合区域发生变化；在误差激励中，齿轮磨损会改变以啮合频率和特征转频成分为主的静态传递误差幅值。因此，在动态响应中，齿轮磨损的影响会表现在齿轮各阶啮合频率幅值及其调制信号的特征转频幅值上。

第三节 实验验证

考核知识点及能力要求:

- 了解装备产线关键部件实验台结构和组成。
- 熟悉装备产线关键部件实验台使用方法。
- 掌握装备产线关键部件实验流程和验证方法。

一、轴承模型实验验证

为了确保圆柱滚子轴承动力学模型的正确性,进行相应的实验测试,并将实验结果与模型仿真结果进行对比,来验证模型。相比于简化模型,基于 Gupta 建模方法的复杂动力学模型考虑了滚动体打滑和保持架碰撞等问题,可以模拟保持架的瞬态运动,因而这里通过测量保持架转速来实现模型验证。实验系统的构成如图 3-22 所示,主要包括转轴、轴承座、转速控制器、数据采集仪、计算机等。其中,所设计的转轴结构如图 3-23 所示。中间加粗是为了实现转子的增重,并方便加工平衡孔。转子重量约为 3.6 kg,两侧加工有两个旋向相反的螺纹,用于安装两个反向螺母以实现轴承的可拆卸,实验前,利用现场动平衡仪已经对转子进行了动平衡校正,平衡精度为 G1.0。轴两端用两个内径 15 mm 的圆柱滚子轴承作为支承,并分别安装在轴承座 1 和轴承座 2 内。

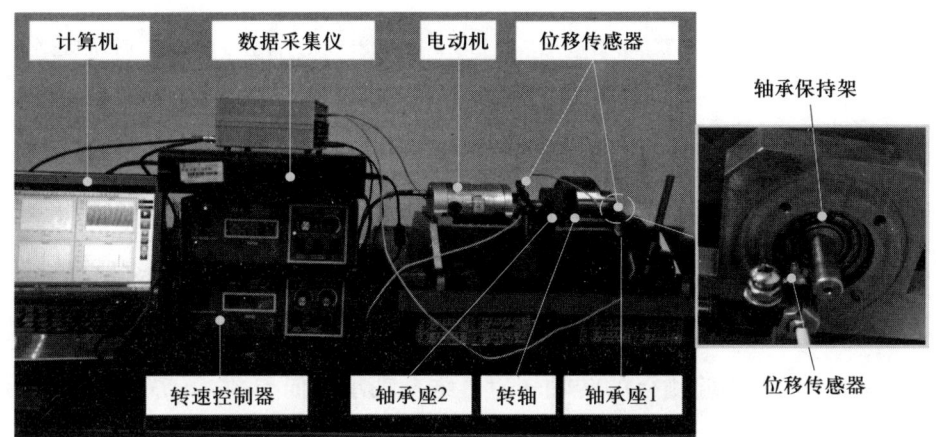

图 3-22 保持架和轴转速测量系统

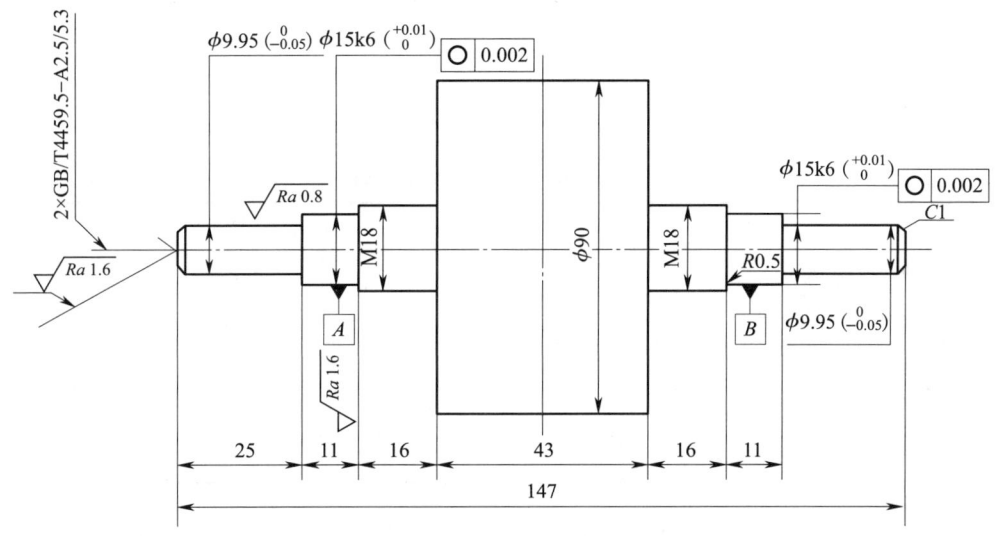

图 3-23 转轴结构

在轴承端面保持架处以及转子编码盘处安装灵敏度为 7 870 mV/mm 的电涡流位移传感器，用于测量保持架和轴的实际转速。以保持架转速测量为例，其瞬时转速的测量流程如图 3-24 所示。当保持架旋转一周，利用位移传感器采集到一系列脉冲序列，然后对其做快速傅里叶变换（FFT），频谱中最突出的频率成分即为保持架平均转频与滚动体个数的乘积，用带通滤波器从原始信号中将该频率成分滤出，之后对滤出成分做 Hilbert 变换求得瞬时相位，对瞬时相位进一步求导即可得到保持架的瞬时转速，按同样的方法可以获得轴的瞬时转速。

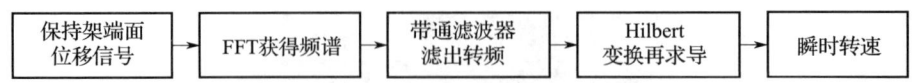

图 3-24 保持架瞬时转速测量流程图

获得保持架和转轴的瞬时转速后，对其求平均值即可得到保持架和轴的实际转速 ω'_c 和 ω_i。根据轴承运动学关系可知，基于纯滚动假设推导得到的保持架理论转速 ω_c 的计算公式如式（3-34）所示。所用圆柱滚子轴承为 HRB 的 NJ202EM 轴承，其几何参数见表 3-3。根据实验测得的转轴转速再结合轴承几何参数，代入式（3-34），即可获得保持架理论转速。

$$\omega_c = \frac{1}{2} \times \omega_i \times \left(1 - \frac{d}{D}\right) \quad (3\text{-}34)$$

式中　d——滚动体直径，mm；

　　　D——轴承节径，mm。

表 3-3　　　　　　　　HRB NJ202EM 轴承几何参数

项目	值
内滚道半径 /mm	9.63
外滚道半径 /mm	15.13
滚子个数 / 个	10
滚子直径 /mm	5.5
滚动节径 /mm	24.76

开启电动机，设置转轴转速从 600 r/min 一直到 4 200 r/min，每间隔 600 r/min 进行一组实验，对保持架和转轴位移信号进行采集，采样频率为 20 480 Hz。完成实验后，按图 3-24 对信号进行处理，得到实验结果如下。图 3-25 为转轴转速 600 r/min 和 4 200 r/min 下保持架瞬时转速的实验结果。根据图 3-25a 可知，在低速 600 r/min 时，保持架实际转速与理论转速非常接近，但由于滚动体与保持架的碰撞以及保持架与引导套圈的摩擦等因素，保持架转速始终处于波动状态。相比图 3-25a，图 3-25b 在高速 4 200 r/min 情况下保持架实际转速明显要低于理论转速，这是由于高速下轴承发生打滑导致保持架转速下降，并且还看到高速下保持架转速波动范围更大，这是因为转速越高，滚动体与保持架碰撞越剧烈。图 3-26 为转轴转速 4 200 r/min 时保持架转速

的仿真结果，从图中可以看到，稳定后的保持架转速也是明显低于理论转速，并且同样由于滚动体与保持架碰撞以及保持架和引导套圈的摩擦，仿真得到的保持架转速也是处于波动状态。

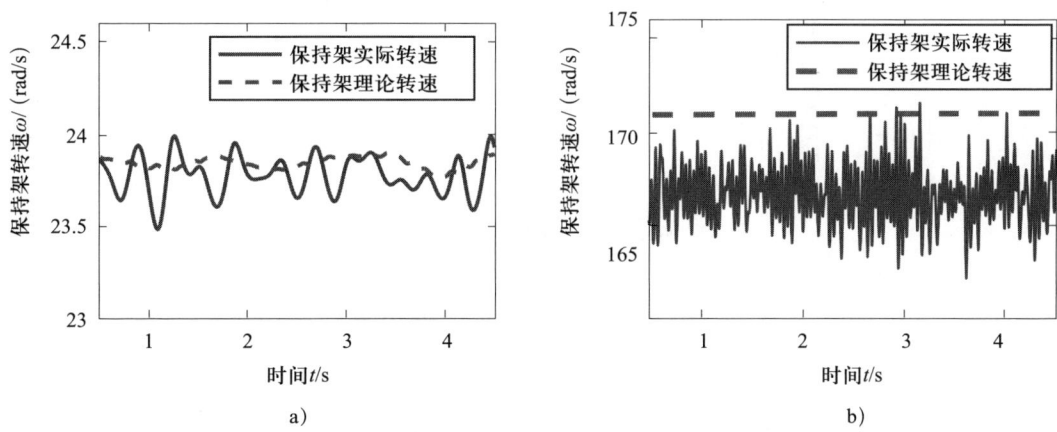

图 3-25 不同转速下保持架的实际转速和理论转速
a）转轴转速 600 r/min　b）转轴转速 4 200 r/min

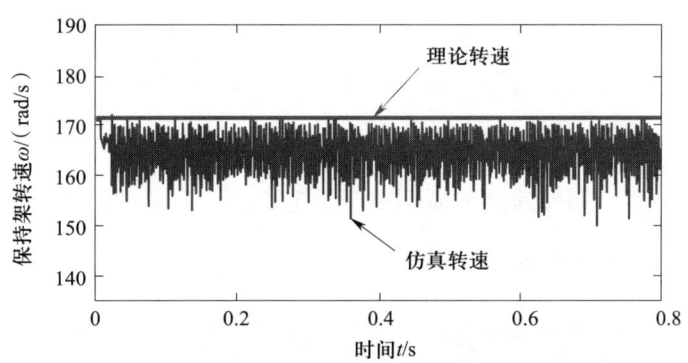

图 3-26 转轴转速 4 200 r/min 时保持架转速仿真结果

对 7 组不同转速下实验得到的保持架瞬时转速与仿真得到的稳定阶段转速取平均值，再与转轴平均转速相比获得无量纲保持架转速（保持架转速与转轴转速比值），绘于图 3-27 中。从图 3-27 中可以看到，仿真结果与实验结果总体上比较接近，趋势也基本一致，个别地方偏差较大，出现偏差的原因主要是动力学模型参数与实际参数存在偏差，并且保持架转速实际测量过程也存在误差，但整体上还是证明了圆柱滚子轴承动力学模型的正确性。

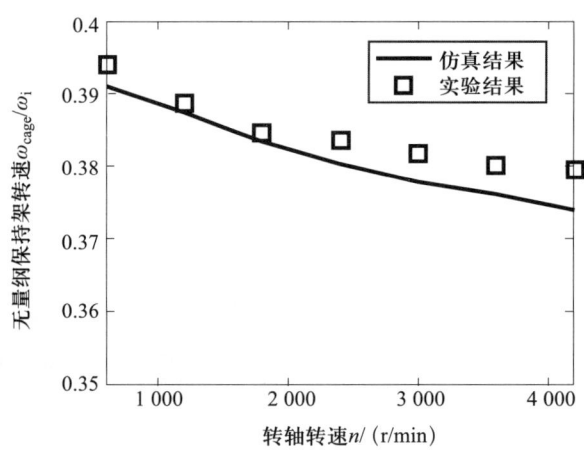

图 3-27　不同转速下无量纲保持架转速的仿真和实验结果

二、圆柱滚子轴承单点损伤故障振动响应分析与实验验证

为了保证圆柱滚子轴承故障动力学模型的可靠性,针对外圈、内圈和滚动体局部损伤三种实际中容易出现的故障,基于搭建的故障模拟实验台进行实验,并将测量结果与模型仿真结果进行对比验证。轴承故障模拟实验台如图 3-28 所示,将故障轴承安装在轴承座 1 内,并在轴承座竖直方向安装一个加速度传感器,灵敏度为 0.102 6 V/g。实验时,安装好轴承,用转速调节器调节至设定转速,当电动机旋转达到设定转速后,利用数据采集仪对加速度信号进行采集。

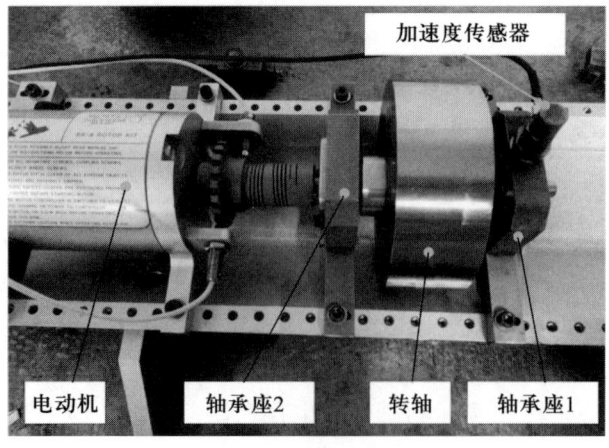

图 3-28　轴承故障模拟实验台

1. 外滚道单点损伤

实验轴承为 TMB N202EM 圆柱滚子轴承,其几何参数见表 3-4。利用线切割方法在外滚道加工宽 0.5 mm、深 0.5 mm 的贯穿式损伤,如图 3-29 所示,损伤位置固定在轴承座约 220°的位置,如图 3-30 所示。

表 3-4　　　　　　　　　　TMB N202EM 轴承几何参数

项目	值
保持架内径 /mm	22.24
保持架外径 /mm	27.06
滚子数量 / 个	11
滚子直径 /mm	5.0
轴承节径 /mm	24.5

图 3-29　外滚道单点损伤示意图

图 3-30　损伤安装位置

实验过程中,采样频率设定为 20 480 Hz,设定了多组不同转速,这里以 4 200 r/min 转速为例,得到轴承座外圈竖直方向加速度振动响应时域图和包络谱,如图 3-31 和图 3-32 所示。从时域图可以清晰看到,实验结果与仿真结果基本一致。时域图中有振动幅值基本一致的周期性冲击,这是由于外圈固定,损伤位置不变,每个滚动体与损伤产生的振动幅值基本一致,另外图中仿真和实验结果的时间间隔也基本一致,并且刚好对应故障特征频率。从实验结果包络谱中可以看到,外圈故障特征频率 304.4 Hz 及其倍频 608.8 Hz,代入理论故障特征频率计算公式计算得 306.4 Hz。对于图 3-32b 仿真结果而言,从包络谱中同样可以看到故障特征频率 305.4 Hz 及其倍频 610.6 Hz,相比于纯滚动的理论计算值更接近于实验结果。

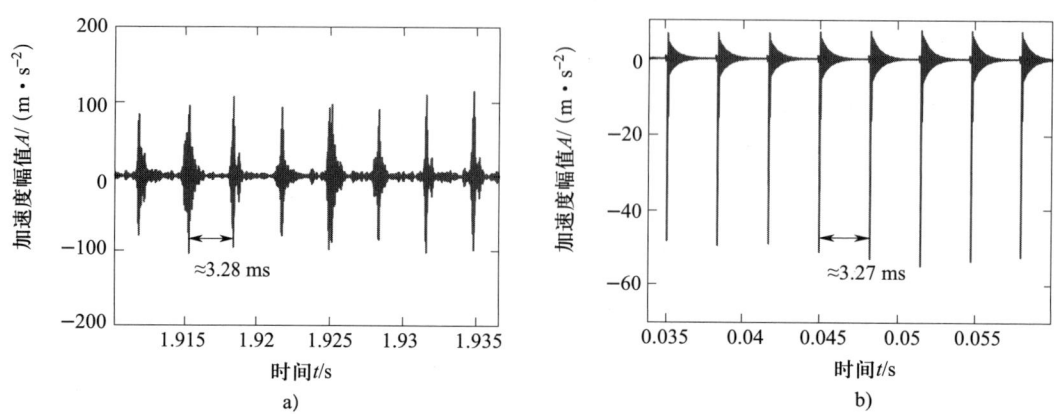

图 3-31 外圈单点损伤加速度响应时域图
a）实验结果　b）仿真结果

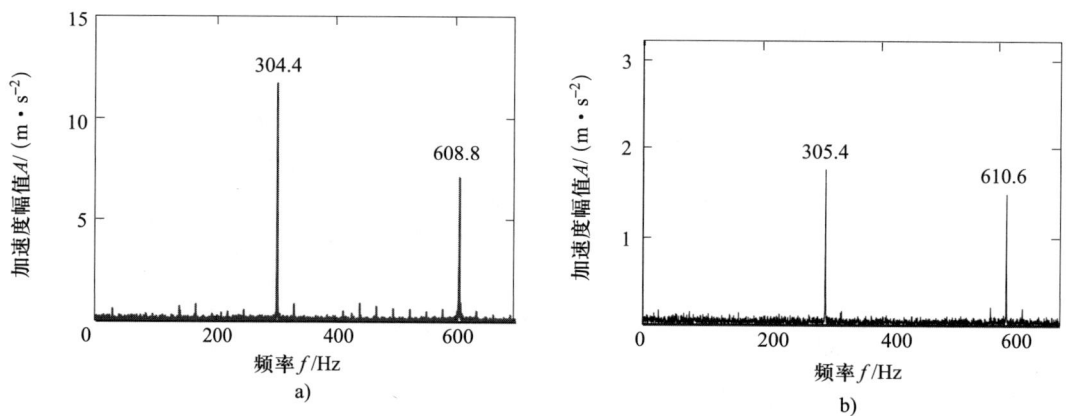

图 3-32 外圈单点损伤加速度响应包络谱
a）实验结果　b）仿真结果

然后对所有转速实验结果和仿真结果进行汇总，将实验得到的故障特征频率与采用故障动力学模型仿真得到的特征频率列于表 3-5 中，并与理论公式计算值进行对比。从表中可以看到，实验得到的故障特征频率值始终小于理论公式计算值，并且随着转频的增大，实验结果相对于理论值的差值越来越大。相比于理论公式，通过动力学模型仿真得到的故障特征频率值整体上更接近于实验结果，说明了模型的有效性。

表 3-5　　不同转速下外圈故障特征频率实验与仿真结果对比　　单位：Hz

转频	实验特征频率	动力学模型值	理论公式计算值	实验与动力学模型差值	实验与理论公式差值
4	17.4	17.4	17.5	0	−0.1
16	69.8	69.8	70.0	0	−0.2
20	87	87.4	87.6	−0.4	−0.6
30	130.2	131	131.3	−0.8	−1.1
40	173.4	174.6	175.1	−1.2	−1.7
50	216.4	218	218.9	−1.6	−2.5
60	259.6	261.8	262.7	−2.2	−3.1
65	281.4	283.4	284.5	−2.0	−3.1
70	304.4	305.4	306.4	−1.0	−2.0

2. 内滚道单点损伤

利用图 3-28 实验台对内滚道损伤进行了实验，所用轴承为 HRB NJ202EM 圆柱滚子轴承，利用线切割技术在轴承内滚道加工宽 0.5 mm、深 0.5 mm 贯穿式损伤，如图 3-33 所示。实验过程共完成多组转速测试，这里以 3 000 r/min 转速为例，得到振动加速度响应实验和仿真的时域图和包络谱，如图 3-34 和图 3-35 所示。可以看到，仿真和实验结果时域图故障特征具有一致性：都有明显的周期性冲击成分，有明显的承载区与非承载区的区分，相邻两个冲击时间间隔基本一致，并且对应的也是内圈故障特征频率，包络谱故障特征也基本一致，都可以找到转频 f_i（50 Hz）以及二倍频 100 Hz，均能看到明显的故障特征频率及其倍频，在特征频率两侧也都有以转频 f_i（50 Hz）为间隔的边频带。其中，实验得到的故障特征频率为 313 Hz，仿真结果为 310.4 Hz，相比于理论公式计算值 305.5 Hz 更接近于实验结果。

图 3-33　内滚道单点损伤示意图

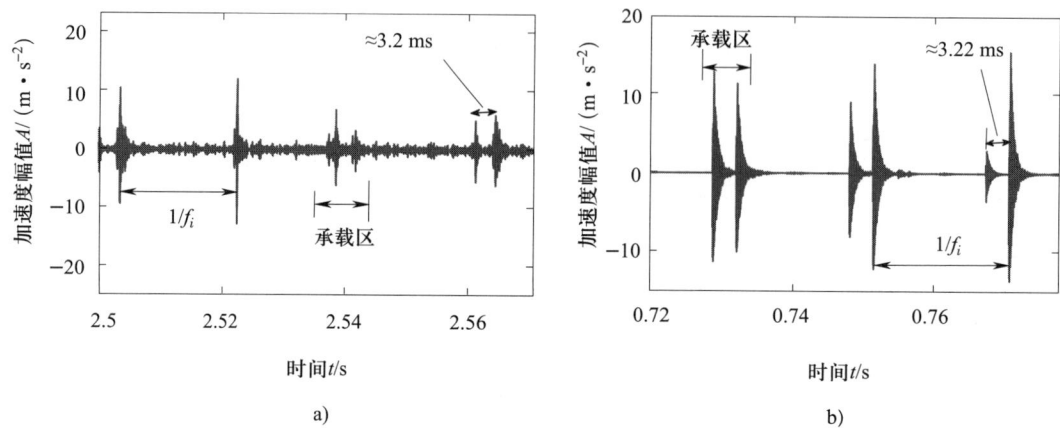

图 3-34 内圈单点损伤加速度响应时域图
a）实验结果　b）仿真结果

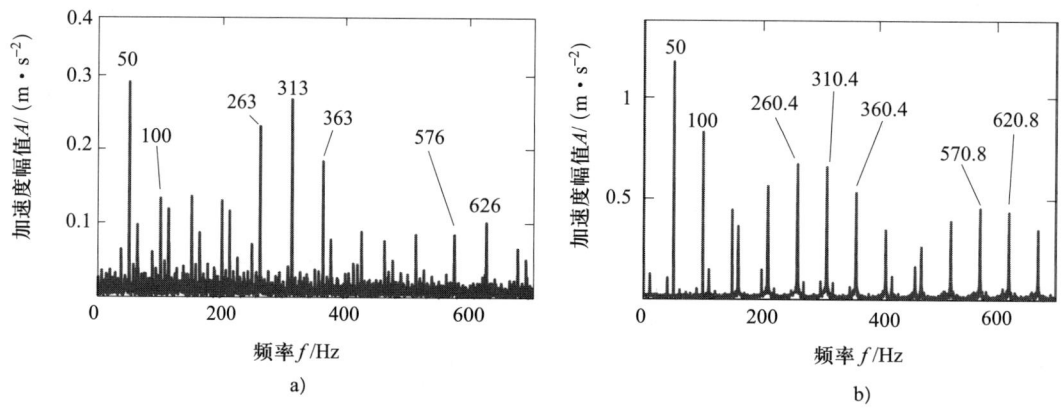

图 3-35 内圈单点损伤加速度响应包络谱
a）实验结果　b）仿真结果

同样对所有转速下的实验和仿真结果进行汇总，得到表 3-6。从表中可以发现，随着转速的增大，实验测得的故障特征频率值与纯滚动理论计算值的差值越来越大，但与外圈故障不同的是，内圈实际故障特征频率要大于理论计算值。另外可以清晰看到，相比于理论公式计算值，动力学模型仿真得到的故障特征频率更接近于实验结果，这是由于模型考虑了滚动体打滑、保持架碰撞等轴承复杂动力学问题，所以更接近于实际情况。

表 3-6　　不同转速下内圈故障特征频率实验与仿真结果对比　　单位：Hz

转频	实验特征频率	动力学模型值	理论公式计算值	实验与动力学模型差值	实验与理论公式差值
10	61	61	61.1	0	-0.1
20	122.6	122.4	122.2	0.2	0.4
30	184.8	184	183.3	0.8	1.5
40	248.6	247	244.4	1.6	4.2
50	313	310.4	305.5	2.6	7.5

3. 单个滚动体损伤

滚动体损伤所用轴承参数同样为 HRB NJ202EM 圆柱滚子轴承，对单个滚动体利用线切割加工了宽度 0.5 mm、深度 0.5 mm 的贯穿式损伤，如图 3-36 所示。

对故障轴承进行了多组不同转速实验，这里以 300 r/min 转速为例，得到故障轴承竖直方向加速度振动响应实验和仿真结果时域图和包络谱如图 3-37 和图 3-38 所示。

图 3-36　滚动体损伤示意图

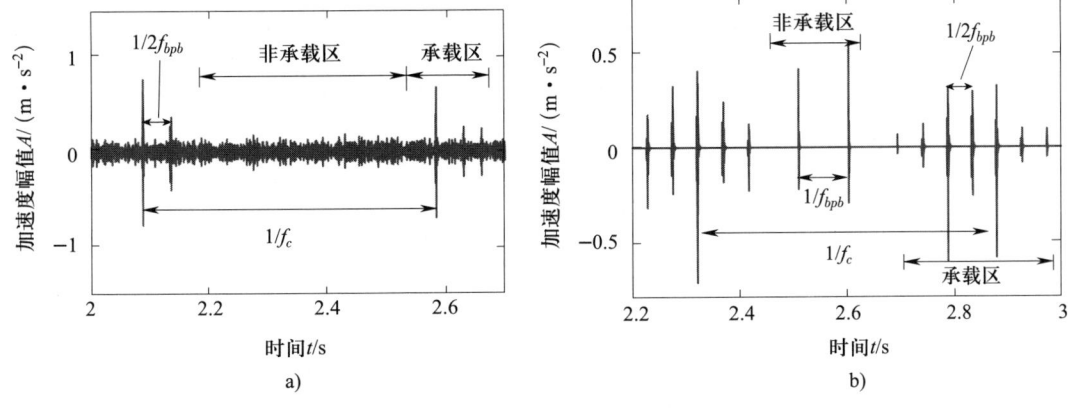

图 3-37　单个滚动体损伤加速度响应时域图
a）实验结果　b）仿真结果

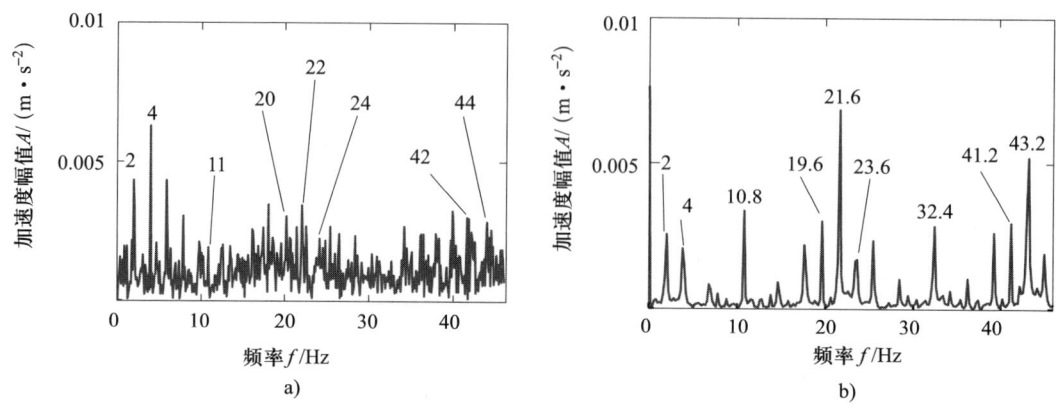

图 3-38 单个滚动体损伤加速度响应包络谱
a）实验结果　b）仿真结果

从时域图中可以看到，仿真与实验结果一致，都可以看到明显的承载区和非承载区，都可以在承载区中看到损伤冲击，并且还可以发现相邻两个冲击对应时间间隔为滚动体故障特征频率二倍频 $2f_{bpb}$，包络谱中实验和仿真结果也都可以看到保持架转频 f_c（2 Hz）及其倍频，以及以保持架转频 f_c（2 Hz）为间隔的边频带。另外可以发现仿真和实验结果包络谱中，都是故障特征频率二倍频占优，而故障特征频率一倍频幅值很小，利用实验结果很难解释这个现象，但通过仿真时域图可以很好地描述。

从图 3-37b 中可以看到，承载区中相邻两个冲击间隔为故障特征频率二倍频，而非承载区中对应的两个冲击间隔刚好为故障特征频率一倍频。这是由于受离心力作用，滚动体在非承载区中主要和轴承外圈接触，产生的冲击间隔自然对应的就是滚动体自转转频，也就是故障特征频率一倍频；而承载区中轴承内部间隙较小，滚动体在自转一周的过程中，和轴承内外滚道都发生碰撞，相当于一圈碰撞两次。那么这两个冲击间隔自然对应的是故障特征频率二倍频，再加上轴承振动能量主要集中在承载区，自然包络谱中对应故障特征频率二倍频占优。

通过上述解释，说明利用故障动力学模型可以解释一些实验现象，为轴承故障机理的研究提供帮助。另外，对比仿真得到的故障特征频率和实验结果，可以看到图 3-38b 仿真得到的故障特征频率二倍频 $2f_{bpb}$（21.6 Hz）与实验得到的故障特征频率 22 Hz 基本一致，考虑到两个包络谱频率分辨率均为 0.2 Hz，不可避免地存在误差，因此整体上说明了模型的正确性。

三、圆柱滚子轴承多点损伤故障振动响应分析与实验验证

实际中，圆柱滚子轴承故障也时常以多点损伤的形式出现，也就是轴承元件上出现多个损伤。相比于单点损伤，多点损伤所带来的危害更大，对轴承振动特性和动力学行为的影响也更加复杂，为了更好地理解多点损伤故障下轴承的振动特性，同时更好地验证模型，本节针对内、外滚道多点损伤两种故障，从实验和仿真角度进行分析，但考虑到所建立的圆柱滚子轴承故障动力学模型主要针对单点损伤故障，因此，首先需要对损伤判断条件进行修改，以扩展模型的适用范围。

假设轴承滚道上有 N 个损伤，轴承共 Z 个滚动体，第 $i(1 \leqslant i \leqslant Z)$ 个滚动体与第 $k(1 \leqslant k \leqslant N)$ 个损伤分别计算滚动体质心与对应损伤之间圆心角为 $\theta_{b_i d_k}$，第 k 个损伤其损伤宽度的一半所对应圆心角为 θ_{e_k}，那么滚动体是否进入损伤区域的判断条件为：

$$|\theta_{b_i d_k}| < \theta_{e_k}, \ 1 \leqslant i \leqslant Z, \ 1 \leqslant k \leqslant N \tag{3-35}$$

若满足，说明滚动体进入损伤区域，按照故障动力学模型的流程进行计算，若不满足条件，则按正常轴承动力学模型进行计算。下面以外滚道三点损伤和内滚道六点损伤为例，从实验和仿真两个角度对轴承外圈的振动响应进行分析。

1. 外滚道多点损伤

在 N202 轴承外滚道表面用线切割加工了三个宽度为 0.5 mm、深度为 0.5 mm 贯穿式损伤，如图 3-39 所示。将外圈固定在轴承座内，损伤在外滚道上的分布如图 3-40 所示，损伤 2 与承载区载荷最大位置也就是 Z 轴所在方向夹角为 5°，相邻两个损伤之间夹角为 45°。转速设定为 2 100 r/min 进行实验，得到轴承外圈 Z 方向振动响应时域图和包络谱如图 3-41 和图 3-42 所示。

从仿真和实验的时域图中都可以找到 3 个损伤所对应的振动冲击，并且各个冲击幅值大小不一，损伤 2 对应产生的振动幅值最大，损伤 3 次之，损伤 1 幅值最小。这是由于损伤 2 位于承载区且距离承载区最大载荷位置 Z 轴所在方向最近，滚动体在损伤 2 位置处与滚道接触载荷较大；损伤 3 与 Z 轴夹角为 40°，相比于损伤 1 与滚子的作用力更大，所以损伤 1 与滚动体接触载荷最小，自然产生的振动响应幅值也最小。

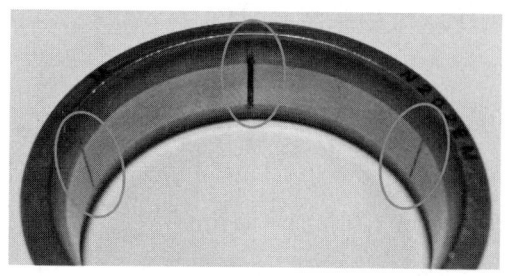

图 3-39 外滚道三点损伤示意图

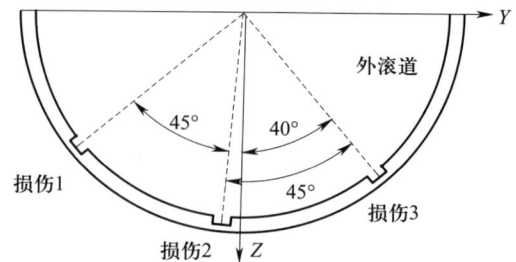

图 3-40 外滚道三点损伤分布示意图

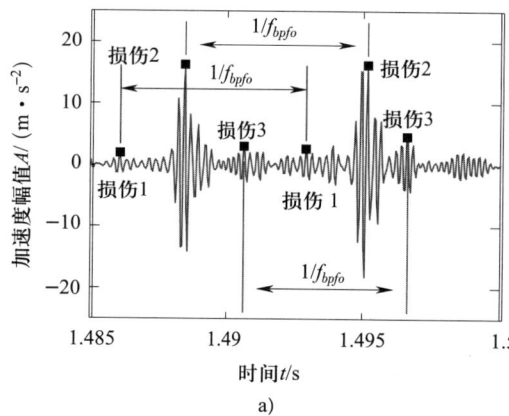

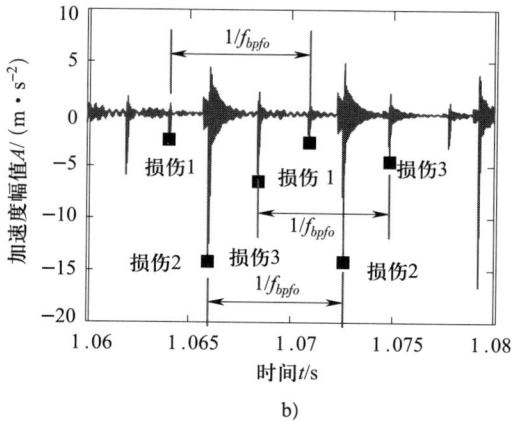

图 3-41 外圈三点损伤加速度响应时域图
a）实验结果 b）仿真结果

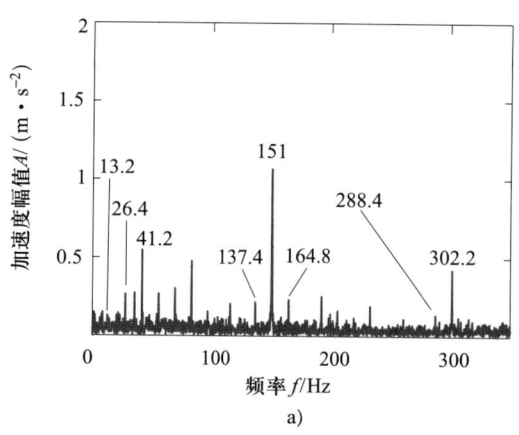

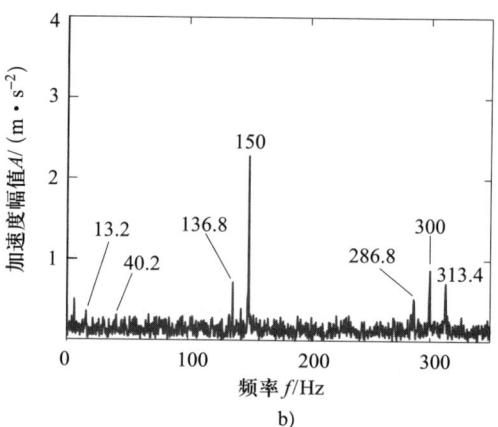

图 3-42 外圈三点损伤加速度响应包络谱
a）实验结果 b）仿真结果

从仿真和实验的包络谱中都可以看到外圈故障特征频率 f_{bpfo}，并且仿真和实验包络谱低频处都有保持架转频 13.2 Hz，同时该频率作为边频带出现在故障特征频率两侧。这是因为外圈固定，所以损伤位置固定不变，损伤 2 始终位于承载区，因此，对单个滚动体振动冲击的最大位置也只能在承载区损伤 2 处，那么对该滚子而言，冲击载荷变化周期刚好对应滚子公转周期也就是保持架转频。另外，仿真得到的故障特征频率值 150 Hz 也与实验得到的故障特征频率 151 Hz 非常接近，整体上证明了模型的正确。

2. 内滚道多点损伤

在 NJ202EM 圆柱滚子轴承内滚道表面通过线切割加工了 6 个间隔为 6°，宽 0.5 mm、深 0.5 mm 的贯穿式损伤，如图 3-43 所示。同样用轴承故障模拟实验台进行实验，转速设定为 600 r/min，得到轴承外圈竖直方向加速度振动响应时域图和包络谱如图 3-44 和图 3-45 所示。

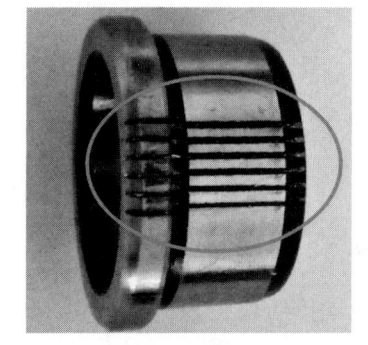

从实验和仿真时域图中可以找到一个滚动体依次通过 A、B、C、D、E 和 F 六个损伤所产生的冲击，由于六个损伤间隔相等，从时域图中看到相邻两个损伤和滚动体碰撞产生的冲击所对应时间间隔也基本一致。从包络谱中看到，转频 f_i（10 Hz）很明显，

图 3-43 内圈六点损伤分布示意图

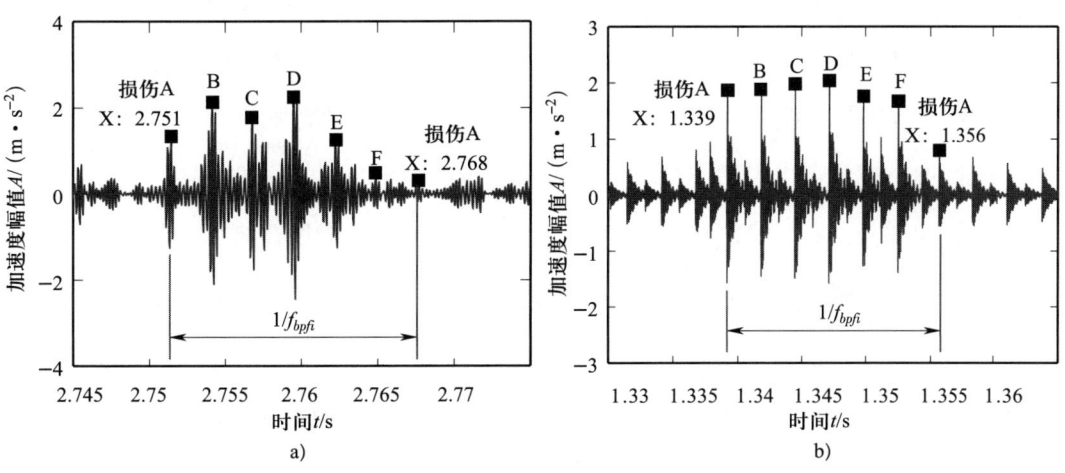

图 3-44 内圈六点损伤加速度响应时域图

a）实验结果　b）仿真结果

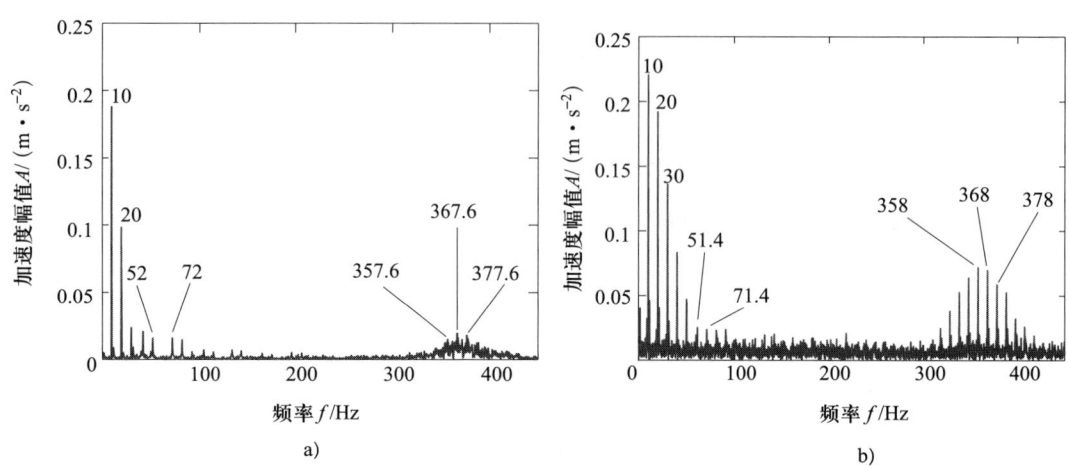

图3-45 内圈六点损伤加速度响应包络谱
a）实验结果 b）仿真结果

内圈故障特征频率一倍频消失，只能找到边频带52 Hz和72 Hz，并且其他倍频也不明显，只有故障特征频率六倍频非常明显，这个现象是由特殊的损伤分布所造成。

结合图3-34内圈单点损伤时域图可知，单个损伤与相邻两个滚动体产生的损伤冲击时间间隔与内圈故障特征频率f_{bpfi}相对应，也就是说，故障特征频率与相邻两个滚动体所处轨道位置夹角相对应。NJ202EM轴承相邻两个滚动体夹角为36°，刚好为相邻两个损伤夹角的6倍，根据图3-44可以看到，相邻两个滚动体通过损伤A所对应的时间间隔为内圈故障特征频率f_{bpfi}的倒数，相邻两个损伤（如A和B）之间时间间隔为内圈故障特征频率六倍频$6f_{bpfi}$的倒数，并且周期性更强，因此进行包络解调时，自然是故障特征频率六倍频突出，而其他倍频成分近乎消失。

通过这个现象可以说明，损伤分布对于轴承故障特征具有重要影响，而实际中若只关注低频部分，有时可能出现误诊。以本节实验为例，内圈出现六个损伤，时域上有振动冲击，但幅值不大，并且工程中噪声严重时可能被淹没，而包络谱中，若只关注故障特征频率一倍频，或者前三倍频，则很难找到故障特征，只能观察到有较大幅值转频，会误以为只是出现转子不平衡等故障，未能找到病根。因此实际故障诊断时，要扩大频带范围，不光要寻找故障特征频率的低倍频，也要结合故障特征观察高频部分是否有故障特征频率的高倍频。

四、行星齿轮疲劳寿命实验验证

通过行星齿轮疲劳寿命实验台开展行星齿轮磨损故障的实验研究，验证行星齿轮磨损故障的振动响应特征。实验台主要包括驱动电动机、高精度扭矩转速传感器、实验齿轮箱、行星减速机和负载电动机，可以采集输入、输出轴的扭矩信号和编码脉冲信号，如图 3-46 所示。其中，实验齿轮箱为单级行星齿轮传动，太阳轮输入，行星架输出，其传动结构和振动加速度传感器位置如图 3-47 所示。单级行星齿轮传动的结构参数和运行参数与仿真一致。另外，在行星齿轮磨损的振动特征验证中，采用②号振动传感器采集的垂直方向信号进行振动响应分析。

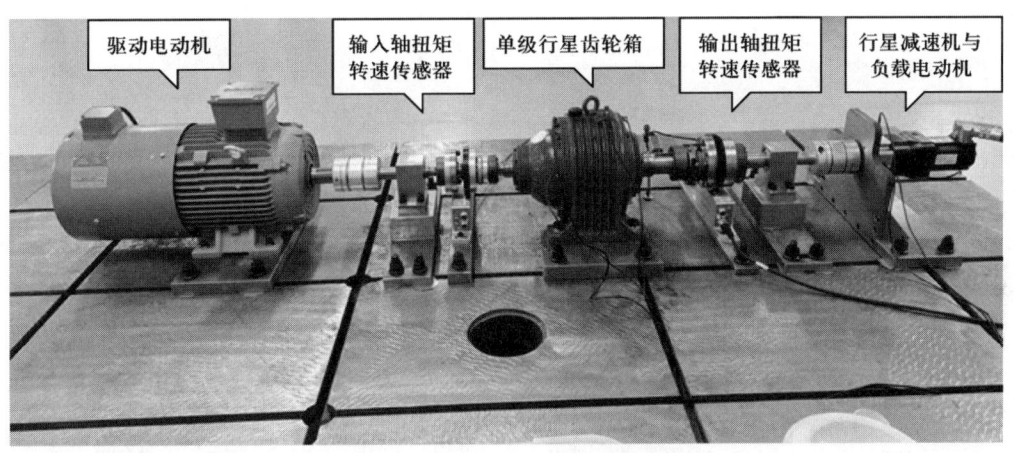

图 3-46 行星齿轮疲劳寿命实验台

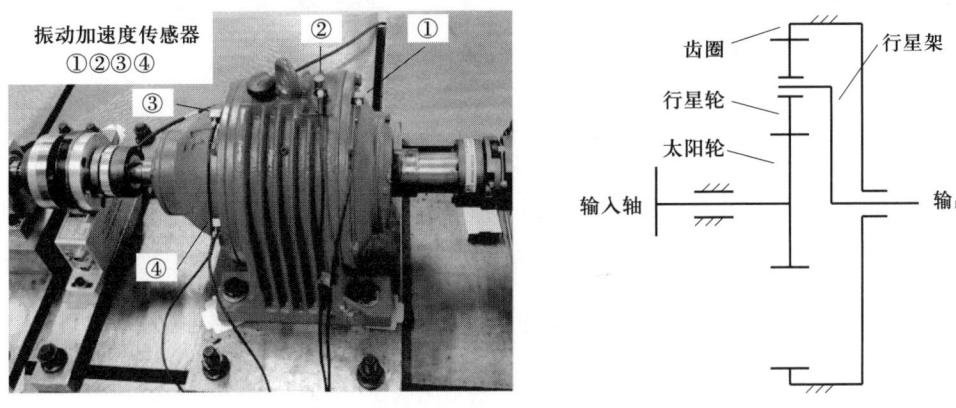

图 3-47 单级行星齿轮振动传感器位置与传动结构示意图

在疲劳寿命实验过程中，为加速齿轮磨损过程，实验齿轮箱的所有轮齿均采用软齿面，同时，齿轮运行过程中仅加入少量的润滑油以增大齿面接触摩擦，加剧齿轮磨损。在实验数据采集上，每间隔 10 min 采集一组时长为 2 min 的数据，共计约 1 000 组数据。在采样参数设置上，振动加速度传感器的采样频率为 10 240 Hz，扭矩转速传感器每圈采集的脉冲数为 8 192 个。经过对实验数据的初步分析，发现实验齿轮箱前期运行工况良好，振动水平没有明显变化，因此，仅对最后 400 组数据进行振动特征分析，数据组号定义为 Data_num=1，2，…，400。图 3-48 为太阳轮与行星轮在实验初期与经历上百小时运行后的轮齿对比，结果表明实验齿轮箱的各轮齿在疲劳寿命实验后均出现了一定程度的磨损。

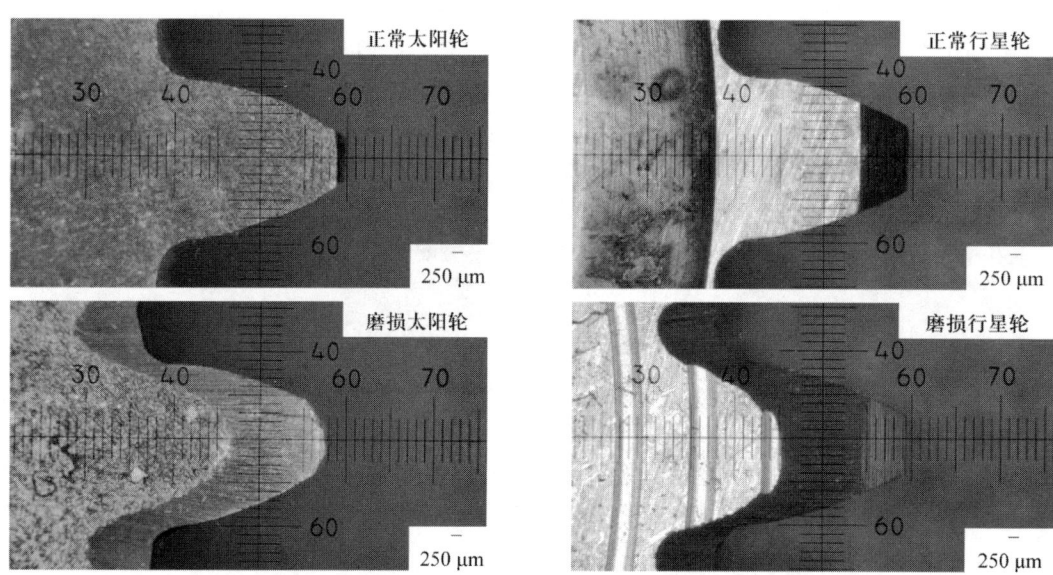

图 3-48　太阳轮与行星轮的正常及磨损轮齿

行星齿轮疲劳寿命实验的最后 400 组实验数据中，本节选取第 1 组和第 300 组数据（Data_num=1，300）进行振动信号特征分析。图 3-49 为原始振动信号和经过 TSA 处理后的振动信号的时域图对比。图 3-49a 所示的原始振动信号中，第 300 组数据的振动幅值明显超过第 1 组数据，同时，图 3-49b 所示的经过 TSA 处理的振动信号幅值没有明显变化。图 3-50 为振动信号的全局频谱与前两阶啮合频率的局部放大图。可以看出，前两阶啮合频率的主要特征边带成分为 $kf_m \pm lf_c$，$k=1$，2 且 $l=1$，2，…，6，

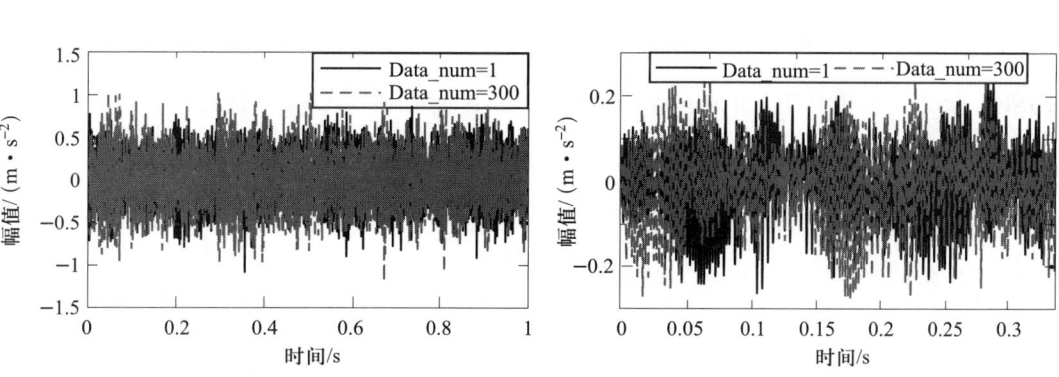

图 3-49 不同磨损状态的原始振动信号与经过 TSA 处理后的振动信号时域图对比

a）原始振动信号时域图　b）TSA 后的振动信号时域图

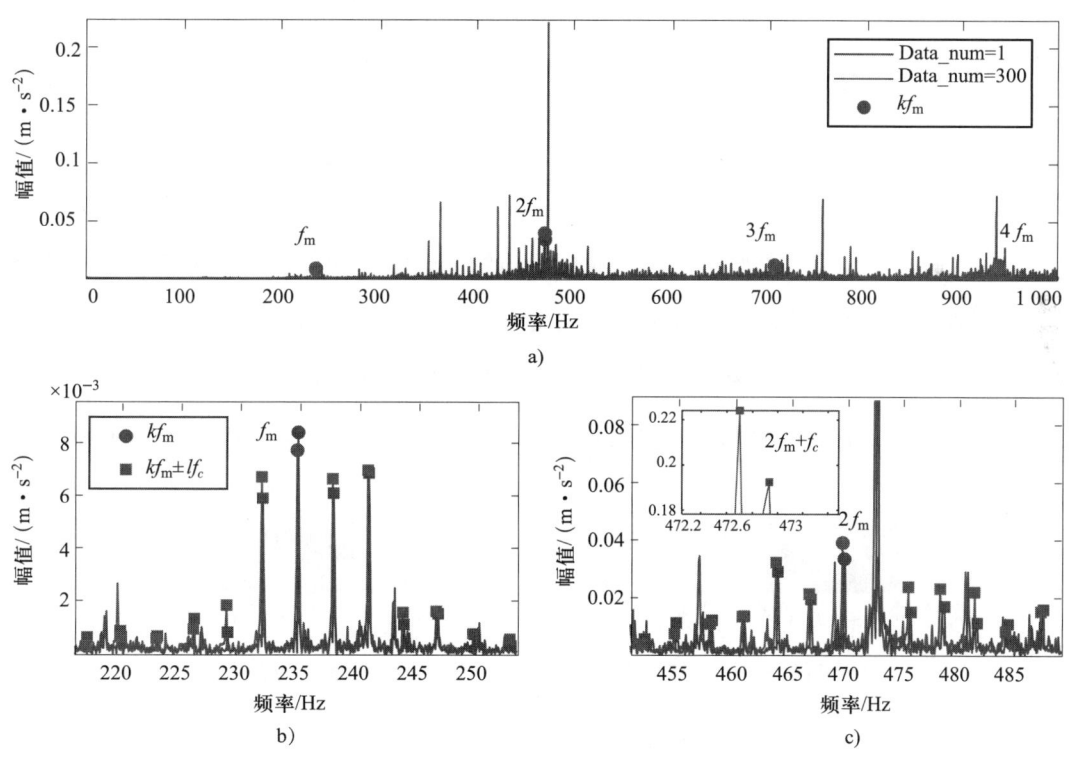

图 3-50 不同磨损状态的振动信号频谱图对比

a）振动信号频谱全局图　b）振动信号频谱一阶啮频局部图　c）振动信号频谱二阶啮频局部图

且第二阶啮合频率边带中啮频幅值远小于边带 $2f_m+f_c$ 的幅值，与通过振动传递路径分析产生的仿真信号结论一致。对比第 300 组数据和第 1 组数据频谱图可以看出，振动信号的频谱结构未发生明显变化，且前两阶齿轮啮合频率的幅值没有明显增加，但以

131

lf_c,$l=1$,2,…,6为特征频率的边带幅值增加明显,可作为构建诊断指标的重要依据。另外,振动信号频谱中,低阶转频成分幅值较小且变化不明显,与仿真信号结果相似。图3-51表示经过TSA处理后的振动信号频谱图,频谱成分以啮合频率为主,同时,对比第300组和第1组数据的频谱图,信号频谱结构未发生明显变化,啮合频率幅值没有明显增加。

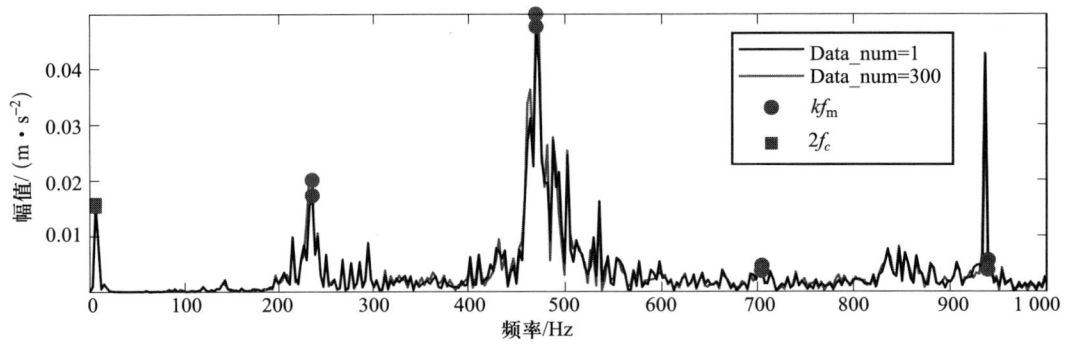

图3-51 不同磨损状态的经过TSA处理后的振动信号频谱图对比

总的来说,行星齿轮疲劳寿命实验中,齿轮磨损对振动信号的影响主要体现在各阶啮合频率的特征频率边带幅值上,不会对频谱结构产生显著影响,实验分析结论与仿真基本一致,验证了行星齿轮磨损故障动力学建模与振动传递路径分析的正确性。同时,TSA可以有效消除振动信号中的干扰成分,保留各阶啮合频率及特征频率边带。

思考题

1. 简述轴承转子系统组成和工作特性。
2. 在轴承转子系统动力学建模过程中,如何对各类故障进行建模考虑?
3. 如何对轴承转子系统故障特征进行动力学分析?
4. 简述齿轮传动系统组成和工作特性。
5. 如何对齿轮传动系统故障动态响应进行分析?
6. 在齿轮传动系统动力学建模过程中如何处理行星齿轮磨损问题?
7. 简述装备产线关键部件实验流程和操作方法。

第四章
装备建模与维修作业仿真技术

装备建模与维修作业仿真是实现装备与产线健康状态监测和智能运维的基础。本章从装备与产线运行保养和维修的实际需求出发，讲述了基于数字孪生的装备建模方法、AR 与数字孪生增强的维修作业仿真与决策方法，设置了产线装备数字孪生建模实验和基于 AR 的产线巡检系统配置实验，并给出了实验所需的基础条件和实验流程。

- **职业功能：** 装备与产线智能运维。
- **工作内容：** 远程监测装备与产线、分析装备健康状态、制定预测性维护策略，并进行维护作业。
- **专业能力要求：** 能进行装备与产线的工作环境预警和实时运行状态监测，对装备智能分析、健康状态评估并制定最优预防性维护策略。
- **相关知识要求：** 装备建模与维修作业仿真技术；AR/VR 在运维作业中的应用。

第一节　基于数字孪生的装备建模方法

考核知识点及能力要求：
- 了解数字孪生的基本概念。
- 熟悉数字孪生驱动的装备维修体系架构。
- 掌握多系统、多领域耦合的装备数字孪生建模方法。

一、数字孪生概述

智能制造的提出与发展伴随着多学科、多领域的交叉与融合，包含生产信息的感知和分析、历史经验数据和知识的表征多方面的集成，其核心任务是借助信息物理系统（cyber physical system，CPS）构建物理与虚拟世界的交互与共融，并在此基础上实现对生产过程的优态运行控制。数字孪生（digital twin，DT）能够建立物理世界与虚拟世界的双向动态连接，是实现制造信息物理融合、推进智能制造落地应用的关键使能技术。作为 CPS 的重要组成部分，智能装备孪生模型可以通过虚拟模型监视和控制物理实体，而物理实体也可以发送数据以更新其虚拟模型，从而实现虚实共融，为智能制造的自组织、自适应、自决策等功能要求打下基础。

数字孪生概念最初由密歇根大学的 Michael Grieves 在讲授产品生命周期管理（PLM）课程上提出，此时的数字孪生模型已经初具雏形。随后在 2015 年的数字孪生白皮书中，数字孪生的定义及概念模型得到了完整详细的阐述。图 4-1 所示为数字孪生模型的概念结构，包含三部分内容：实际空间的物理实体、虚拟空间的虚拟模型（数字孪生体）以及连接物理实体和数字孪生体的数据与信息交互接口。

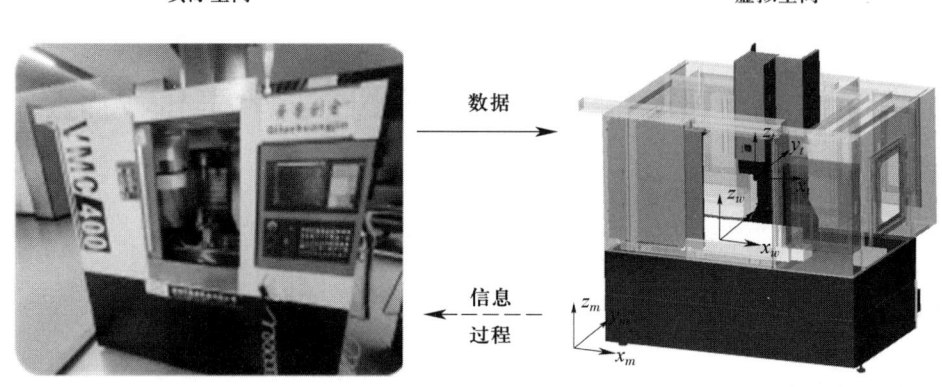

图 4-1　数字孪生概念模型

数字孪生是指用数字化技术和方法来描述和建模物理对象的特性、行为、形成过程和性能的方法。其核心是位于虚拟空间的数字孪生体，即与物理实体完全一致的虚拟模型，利用该模型可全面、实时反映物理实体在现实环境中的行为和性能。数字孪生体是一个高度集成的多物理场耦合、多尺度以及多概率的仿真模型，能够利用物理模型、传感器数据和历史数据等反映与该模型对应实体的功能、实时状态及演变趋势。数字孪生是多种技术与模型融合的新一代信息技术，如 CAD 模型、力学模型、控制模型等。因此，可以利用 UG、Modelica、Ansys、Adams 等建模工具以及神经网络、机器学习等人工智能方法，建立物理实体的形状、尺寸、位置、运行状态、物理参数等多学科、多物理量和概率化的几何、物理虚拟仿真模型以及反映物理实体运行规律的数据模型，然后将各模型进行多领域耦合进而得到数字孪生模型。

数字孪生建模是智能制造中数字孪生应用的一个基本但关键的步骤。目前，已有一些研究对数字孪生建模方法和工具进行了探索，尽管取得了部分进展，但是仍然存在下述问题：从宏观层面看，学者们已经提出了面向智能制造的通用数字孪生概念架构，但没有具体的方法和工具，导致在现实的制造场景中难以实施；从微观层面看，学者们构建数字孪生模型时，通常仅考虑了物理对象的单一或部分因素，忽略了多系统、多领域的耦合现象。因此，本节将数字孪生概念与装备建模结合，总结归纳出数字孪生驱动的装备维修体系架构，详细阐述了多系统、多领域耦合的装备数字孪生建模方法。

二、数字孪生驱动的装备维修体系架构

在推动智能制造落地的过程中，工程装备、制造装备和医疗装备等各类装备逐步进行数字化升级，给装备在全生命周期的智能化提出了新需求。基于数字孪生可以提供的虚实映射、动态更新、场景复现、自主思考和决策、指导等能力，近年来不少国内外学者在装备设计、制造、调试、运行和维护等方面进行了数字孪生赋能的探索（见表4-1）。

表 4-1　　　　　数字孪生赋能装备全生命周期的探索

生命周期	需要解决的问题	相关研究
设计阶段	设计与制造缺乏联动	再设计过程的数字孪生架构（陶飞等，2019） 验证船舶结构设计的 AR 平台（Han 等，2019）
制造阶段	加工过程数据采集、存储、分析和挖掘	机床加工状态在线监测环境（赵罡等，2019） 智能机床数字孪生系统（Tong 等，2020）
调试阶段	调试周期长、调试过程安全性难以保证	机床虚拟调试平台（王春晓，2018） 多机器人制造单元调试方法（Luis 等，2020）
运行阶段	运行过程动态变化、难以保证高质量的生产	加工参数自适应调整方法（Zhao 等，2020） 数控机床时变误差预测和补偿（Liu 等，2022）
维护阶段	事后维修方式即时性差、故障诊断与预测精度低	模型 – 数据融合驱动预测维护（骆伟超等，2020） 热压罐的健康管控系统（陶飞等，2021）

在装备的整个生命周期中，数字孪生通过赋能设计阶段，使用装备数字孪生体映射制造过程或模拟制造过程，改进设计方案，从而实现设计与制造的联动；数字孪生通过赋能制造阶段，建立智能加工监控数字孪生架构，对制造过程中的机床状态进行在线监控，从而对制造过程动态变化给出及时反馈；数字孪生通过赋能调试阶段，构建装备虚拟调试平台，仿真装备运行过程，完成不同运行参数下的虚拟调试；数字孪生通过赋能运行阶段，根据装备运行过程中的动态变化，调整运行参数，更新装备数

字孪生体，从而指导装备智能运行决策；数字孪生通过赋能维护阶段，通过装备历史运行数据，借助智能算法，提取故障特征并建立关键零部件的寿命预测模型，实现装备的故障诊断和寿命预测。

运维与管控作为装备在全生命周期中提升运行寿命的重要环节，构建面向装备维修的数字孪生系统是必要的，该系统要求装备的运行状态可感知、运行过程可优化、运行功能可拓展。基于此，提出了数字孪生驱动的装备维修体系架构（见图4-2），为装备数字孪生建模提供参考。

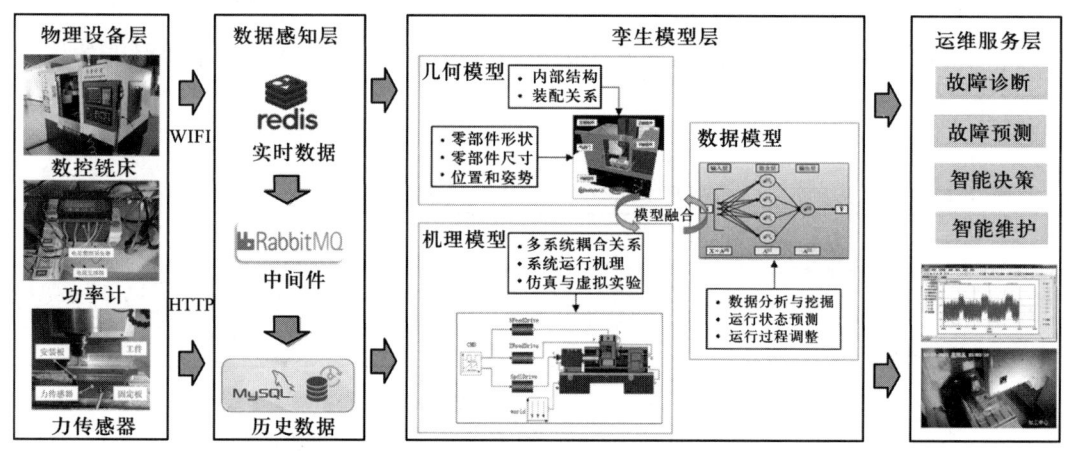

图4-2 数字孪生驱动的装备维修体系架构

1. 物理设备层

物理设备层是智能装备孪生模型的实现载体，包括装备使用过程涉及的诸多物理实体。在数字孪生驱动的装备维修体系架构中，物理设备层首先以各类装备为主体完成各种生产任务，其次作为数据载体产生大量的实时和历史数据并提供给装备数字孪生体进行仿真、预测、诊断、优化等活动。物理设备层包含的物理实体主要涉及装备本体、辅助工具、产品以及各类传感器等。以数控机床为例，装备本体通过接收来自CNC控制器的控制指令，并与刀具、工件等零部件以及子系统配合完成加工任务。传感器则可包括加速度传感器、功率计以及力传感器等。一般情况下，智能装备本身通常已经附带了大量的传感器，通过设备接口可以读取相应的传感器数据。对于较传统的装备或者不提供开放接口的装备则需要附加各种传感器以及数据采集设备。

2. 数据感知层

数据感知层是建立智能装备数字孪生模型的基础。作为生产任务的主要执行载体，智能装备在生产过程中往往会产生海量的实时数据。如何对数据进行实时感知与高效传输和存储是构建数字孪生装备的关键问题。数据感知层作为连接物理设备层与孪生模型层的桥梁，需要通过软件、硬件或者软硬件混合的方式实现对智能装备的数据感知与传输存储。此外，各类装备一般采用不同的控制系统，由此也引发了数据异构的问题，甚至即使一台装备的不同传感器也拥有不同的数据表达格式。因此，数据感知层应该有足够的泛化能力，能够以规范的、统一化的方式处理海量的异构数据并提供给孪生模型层以及运维服务层使用。所以，数据感知层集成了数据的采集、数据的标准化以及数据的存储和传输等功能，为物理设备层、孪生模型层以及运维服务层提供数据支持。

数据感知层的核心任务是建立一个具有完整性、一致性、可扩展性的信息模型，实现装备间的互联互通，进而消灭"信息孤岛"。OPC UA 是目前广泛用于制造业信息建模的方法之一，作为一种面向对象的信息建模方法，可以为各类装备提供统一的信息模型，使得数据的交互以及互操作有了可能性，为实现智能装备数字孪生模型的数据感知层提供了基础。在数据存储过程中，选择非关系型数据库 Redis 来存储标准化后的实时数据，服务于装备运动虚实同步、装备运行状态实时监控和装备智能决策。同时，在不影响实时数据存储和应用的情况下，使用消息队列 RabbitMQ 作为中间件，保存装备运行历史数据，服务于装备故障诊断和预测，从而实现智能运维。

3. 孪生模型层

孪生模型层即智能装备在信息空间的数字孪生体，是智能装备数字孪生模型的核心。作为物理设备层实体在信息空间的真实映射，孪生模型层应能够反映物理实体的几何、物理、行为、规则等多维要素。在数字孪生驱动的装备维修体系架构中，在孪生模型层需要构建装备的几何模型、机理模型以及数据模型，然后完成模型融合与接口设计。其中几何模型精确复刻了装备的零部件形状、零部件尺寸、位置和姿势、内部结构及装配关系，使得孪生模型不仅可以实现视觉和几何结构上的孪生，同时可以实现几何运动学上的孪生。机理模型用于描述物理实体的多系统耦合关系和系统运行机理，通常由运动学模型、动力学模型、控制系统模型等构成，可以完成装备运行仿真与虚拟实验。机理模型构成了物理实体在信息空间的一对一的全要素虚拟重建，能够全面、高保真地模拟物理实体的真实运行情况，从而为运维服务层的决策提供参考。数据模型对装备运行过程中的历史数据进行分析与挖掘，使用支持向量机、神经网络和强化学习等机器学习方法，完成对装备运行状态的预测和运行过程的优化调整。

4. 运维服务层

运维服务层是数字孪生模型的上层应用部分。运维服务层基于物理设备层、数据感知层以及孪生模型层的模型与数据，为用户提供一系列人机交互接口，如故障诊断、故障预测、智能决策和智能维护等功能。运维服务层的核心功能是数字孪生驱动的装备维修作业仿真，基于数字孪生的运维服务有助于解决以下两个问题：装备何时会出问题，即装备剩余寿命预测，基于孪生模型层，建立关键零部件的寿命预测模型，在使用过程中，判断剩余寿命，实现预测性维护；装备哪个部件出现问题，即装备故障诊断，基于历史数据，通过机器学习方法，提取故障特征，判断并定位故障，实现故障的历史复现。

数字孪生驱动的装备维修作业仿真，首先对装备关键部件性能退化、维护规则、故障产生规律等进行分析，得到大量有效且能够反映装备故障特征的仿真数据，为装备故障诊断与预测提供支持；然后通过对实际数据和仿真数据进行筛选、清洗、归一化等预处理操作，并对预处理后的数据进行关联与演化分析，基于神经网络等机器学习方法，训练装备故障诊断与预测模型；最后，通过监测装备的运行状态，由装备故障诊断与预测模型，完成装备的运维服务。

三、多系统、多领域耦合的装备数字孪生建模

装备数字孪生模型的研究目标是：通过虚实空间的数据、信息交互及各空间的联动运作，按照感知→仿真→理解→预测→优化→控制→执行的逻辑，主动实现自适应调整和设备控制优化。从与孪生模型架构对应的角度出发，其建模技术主要包括几何建模、机理建模、数据建模、模型融合与可视化四部分。

1. 几何建模

几何模型作为物理制造设备、工艺或系统的可视化表示，有以下功能：代表物理对象的几何尺寸、材料属性、形状和颜色的视觉孪生体；反映了物理对象的结构和装配信息；作为一种视觉工具，可以整合机理模型和数据模型，以直观地感知、理解、预测、优化和控制物理对象的实时性能。

几何建模的目的是建立一个物理对象在孪生模型层的视觉映射。如图4-3所示，数字孪生几何建模包括以下四个步骤：

1）组件分析。作为一个预处理步骤，通过将物理对象的零部件划分为各独立运动的模块，并分析各零部件之间的装配关系和约束关系，以确认物理对象的构成。

2）三维建模。在此基础上，对各部件测绘得到其几何尺寸信息、装配关系和约束关系，同时使用三维激光扫描仪测量到的点云数据，重建物理对象的三维CAD模型，最后选用SolidWorks、NX UG、Pro/E等CAD软件对物理对象进行三维建模。

3）运动学分析。进行运动学分析以获得物理对象的运动学链和运动学特征，同时对于包括多个部件的设备进行坐标转换，构建一个通用坐标系来表示物理对象的位置关系。

4）轻量化处理。用来降低三维CAD模型的复杂性，在保持保真性的同时使得模型大大减小，可以更好地支持数字孪生的可视化和仿真的实时性能。

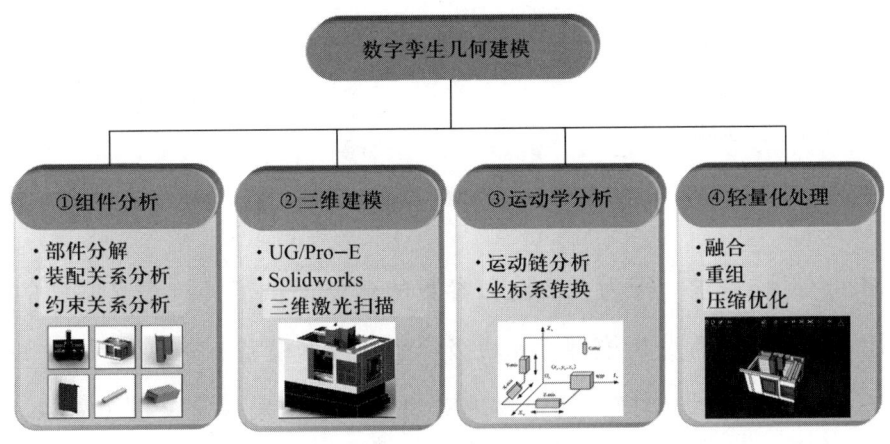

图4-3 数字孪生几何建模流程

2. 机理建模

机理模型是数字孪生的核心，它赋予了数字孪生在多种物理特性方面多尺度、高保真的仿真能力。数字孪生机理模型旨在从系统级和块级构建一个多尺度、多物理的仿真模型。系统级通过语义模型定义了物理制造设备、工艺或系统的详细要求、结构、行为和参数。块级为每个语义模型增加了基于方程的定义，使机理模型具备了多尺度和多物理的仿真能力。

（1）基于 SysML 的系统级建模

系统建模语言 SysML 是一种通用的图形建模语言，用于指定、分析、设计和验证一个复杂的设备、过程或系统。SysML 作为统一建模语言（unified modeling language，UML）的扩展，在 UML 基础上增加需求图以及参数图，并修改活动图等模块。因此，SysML 包含了系统建模所需的所有形式的图表。如图 4-4 所示为 SysML 的架构示意图，图中包括 9 种基本图例，共分为行为图、需求图以及结构图三大类，分别描述系统动态行为、系统需求以及系统的拓扑结构。

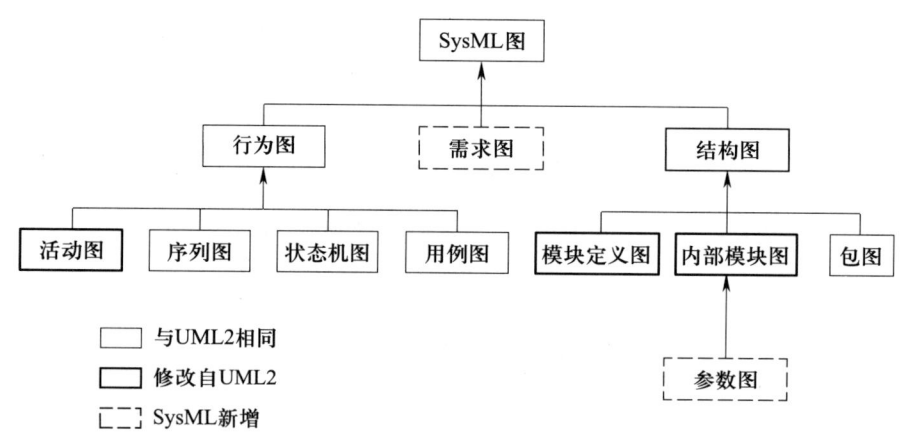

图 4-4　SysML 结构示意图

SysML 为系统需求、行为、结构和参数的建模提供了具有语义基础的图形表示，可用于与其他工程分析模型（如块级模型和数据模型）集成。因此，SysML 可用于机理模型的系统级建模，其中物理对象的元素由模块定义图（block definition diagram，BDD）以及内部模块图（internal block diagram，IBD）表示。BDD 描述了一个设备、过程或系统的层次和分类关系。IBD 以部件、端口和连接器的形式描述系统的内部结构。图 4-5 所示说明了机床的系统级建模方法，图 4-5a 用 BDD 表示机床的需求和层次关系，图 4-5b 用 IBD 定义了机床传动系统的内部行为。

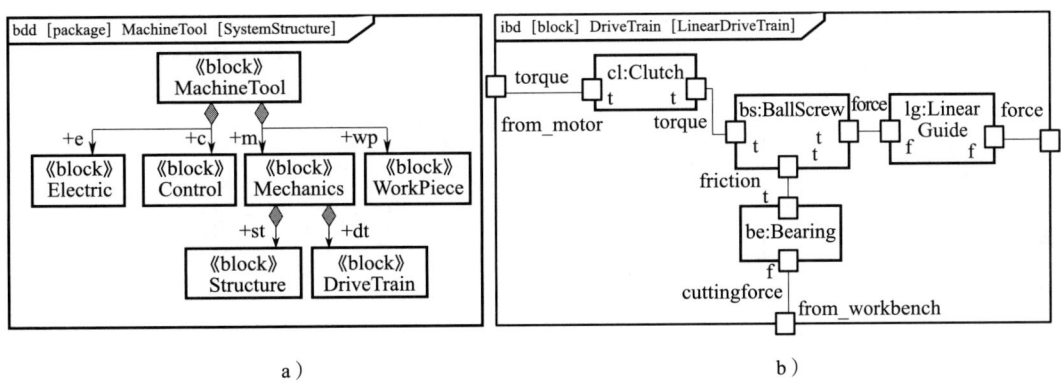

图 4-5　系统级建模方法
a）机床需求模型　b）机床行为模型

（2）基于 Modelica 的块级建模

Modelica 语言是欧洲仿真协会于 1997 年提出的一种用于描述多领域复杂耦合物理系统的统一建模语言。Modelica 基于方程的陈述式语言特性非常适用于描述事物的数学与物理特性，可以比较方便地描述不同类型工程组件（如弹簧、电阻、离合器等）的工作特征。由于其面向对象的特性，这些组件可以进行继承与复用，从而方便地组合成子系统、系统，甚至架构模型。具体特点如下：

1）面向对象建模。Modelica 语言拥有完整的面向对象特性，支持类、泛型、接口编程，使得模型的复用和迭代可以非常方便地进行。此外，Modelica 还将模块化建模的思想引入其语言特性中。在对物理实体进行建模抽象时，首先对建模对象进行领域和模块划分，然后分别对各领域模块进行建模描述，而模块之间可通过连接器（connector）进行信息交换。

图 4-6 为一个简单的弹簧阻尼 Modelica 模型，可用于模拟工程中常见的弹性阻尼系统。该模型明显地体现了 Modelica 面向对象和模块化建模的思想。整个系统由质量块 m、阻尼器 d、弹簧 s 以及固定支点 f 构成。这些模型描述了一维直线运动状态下的

弹性阻尼行为。每个模型都封装了描述其物理特性的数学方程，用户只需要实例化各个部件并通过连接器（图中为机械法兰 flange_a 和 flange_b）进行连接便可得到系统的完整描述。整个建模过程面向对象以及模块化的方式，各模块都直接复用 Modelica 库中的一维线性运动组件。

a)

```
model Damper "damper model."
  extends Modelica.Icons.Example;
  Mass m(L = 1, s(start = 3, fixed = true),
      v(start = 10, fixed = true), m = 1) »;
  Damper d(d = 25) »;
  Fixed f(s0 = 4.5) »;
  Spring s(s_rel0 = 1, c = 1) »;
equation
  connect(m.flange_b, d.flange_a) »;
  connect(d.flange_b, s.flange_b) »;
  connect(d.flange_a, s.flange_a) »;
  connect(d.flange_b, f.flange) »;
  »;
end Damper;
```

b)

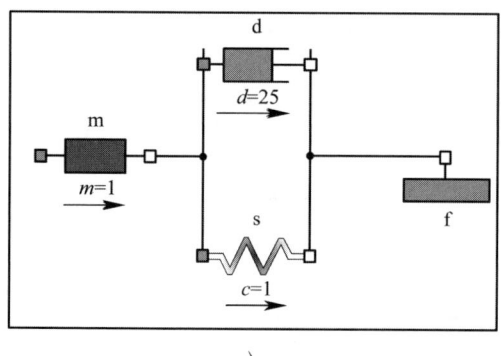

图 4–6　弹簧阻尼系统 Modelica 模型

a）Modelica 可视化模型　b）Modelica 内部模型

2）陈述式的非因果建模。Modelica 的建模过程基于方程定义，采用非因果的思想。即 Modelica 只通过方程的形式描述问题，模型的求解完全由求解器完成而不需要建模者说明求解过程。图 4–7 为图 4–6 中阻尼器的 Modelica 内部模型，可以看出模型由数学方程描述。求解变量由求解器针对具体的模型进行推导。这种建模方式关注系统本身的物理规律而不关注因果关系，因此，系统建模的难度大为降低，对于智能装备这类复杂系统，Modelica 的这个优势体现得尤其明显。

```
model Damper "Linear 1D translational damper"
  extends PartialCompliantWithRelativeStates;
  // 阻尼系数
  parameter TranslationalDampingConstant d(final min = 0,
      start = 0) "Damping constant";
  extends PartialElementaryConditionalHeatPortWithoutT;
equation
  // 方程描述
  f = d * v_rel;
  lossPower = f * v_rel;
  »;
end Damper;
```

图 4–7　阻尼器 Modelica 模型

Modelica 提供了大量标准化、可复用的领域组件库，使得用户只需编写少量的代码便能建立大型、复杂的物理系统。目前 Modelica 标准库（modelica standard library，MSL）已经包含了大量的各领域部件，表 4-2 列出了常用的零部件模型库。

表 4-2　　　　　　　　　　Modelica 标准库常用零部件模型

名称	内容
Modelica.Blocks	基本的输入输出库（连续、离散、逻辑等）
Modelica.ComplexBlocks	复变量输入输出库
Modelica.Electrical	电气模型库（模拟、数字）
Modelica.Machanics.Translation	机械库（一维平移）
Modelica.Machanics.Rotation	机械库（一维旋转）
Modelica.Machanics.MultiBody	机械库（多体）
Modelica.Math	数学函数库
Modelica.Thermal	热力学库

基于以上特点，将 Modelica 用于块级建模，获得物理对象的数学和物理特性，可与系统级模型相结合。也就是说，Modelica 可以为系统级模型的每个块增加基于方程的定义，以支持多尺度和多物理的模拟。图 4-8 说明了用 Modelica 对机床进行块级建模的例子，其中包括滚珠丝杠、直线导轨、离合器和带传动，对应于图 4-5b 中机床行为模型的每个块。

3. 数据建模

在装备孪生模型体系架构中，数据模型与机理模型一样位于数字孪生模型体系架构中的孪生模型层。其中，机理模型是物理实体虚拟化表示，其建模对象是物理实体，能够清晰地描述物理对象的物理结构和运行机理。而数据模型则不同，其建模对象是物理实体或者机理模型运行产生的孪生数据，通过统计学方法挖掘数据背后隐藏的规律，从而为实现对物理实体的状态预测、分析优化等功能提供理论基础。

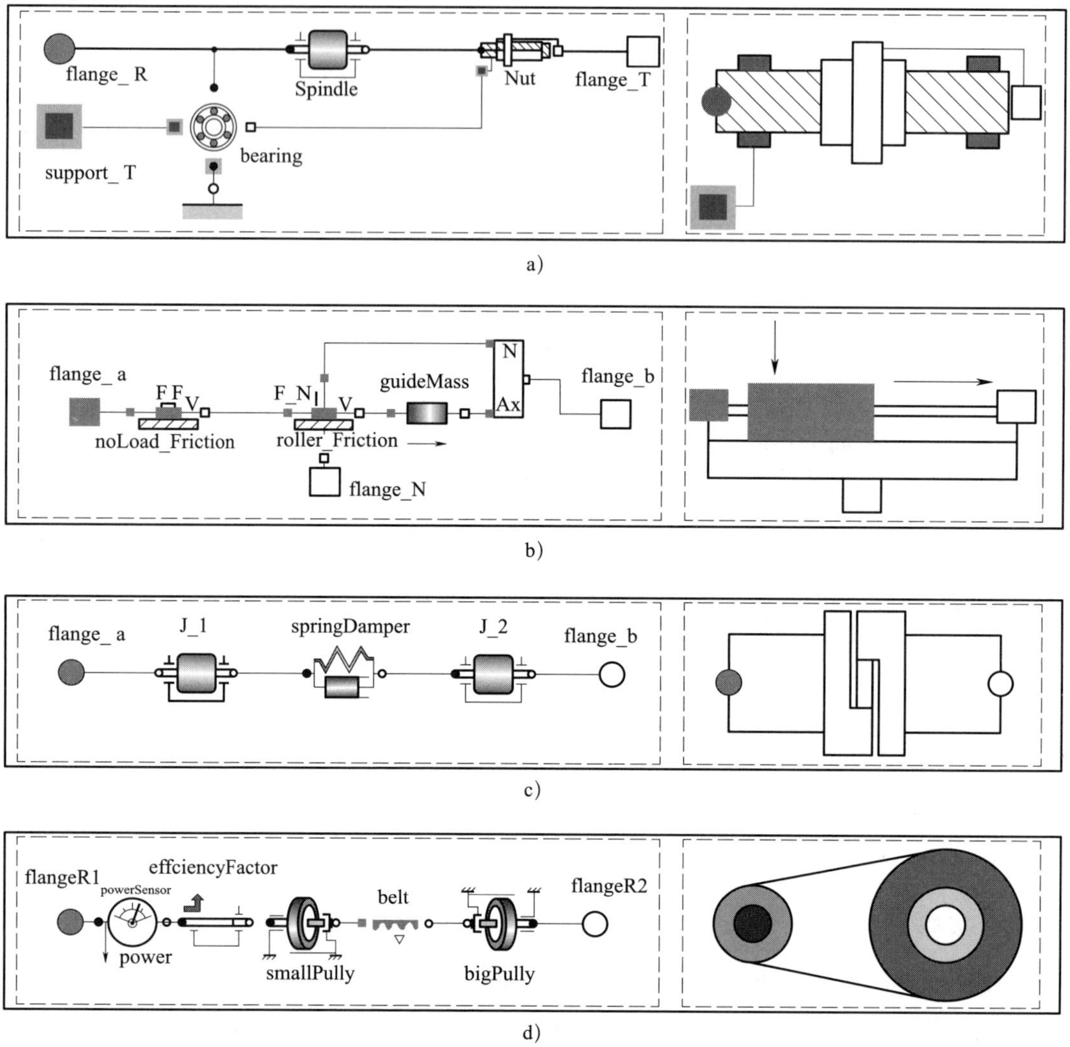

图 4-8 块级建模方法

a）滚珠丝杠 b）直线导轨 c）离合器 d）带传动

通过对物理设备层的实际数据和孪生模型层的仿真数据进行机器学习算法的挖掘和分析，可以针对特定的制造应用场景构建数据模型，如刀具磨损监测、加工质量预测。为此，提出了数据模型构建的一般流程图，包括离线建模和在线应用两个程序，如图 4-9 所示。

离线建模采用机器学习算法，如支持向量机（SVM）和深度学习，挖掘数据中包含的线性或非线性规则，其程序包括应用规范、数据预处理、数据采样和处理、样本和变量选择、模型选择和训练。第一，应用规范介绍了具体的制造应用场景的详细要

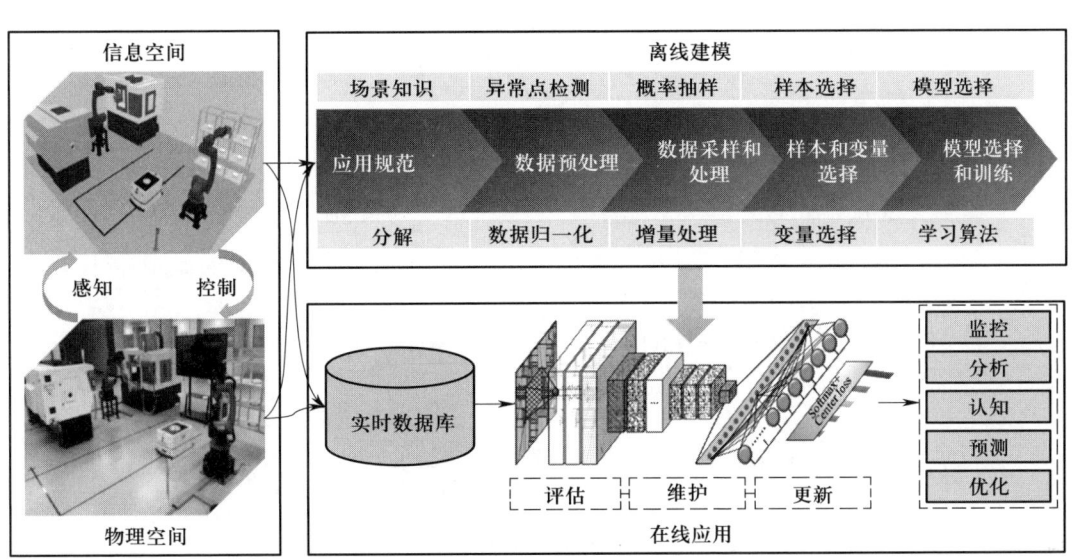

图 4-9 数据建模流程图

求,并对场景进行了分解和了解。第二,进行数据预处理,从实际数据和仿真数据中选择有用的数据,并进行异常点检测和数据归一化处理。第三,通过数据概率抽样和增量处理,构建一个候选数据集。第四,通过场景的样本和变量选择,将候选数据集转化为训练数据集。第五,基于训练数据集,为应用选择和训练一个学习模型。

基于离线建模过程中学习到的模型,在线应用旨在将学习到的模型用于特定的应用,它以实时数据库中的实时数据(实际数据和仿真数据)为输入,以概率分析结果为输出,支持制造过程的监控、分析、认知、预测和优化。同时,在应用过程中也对所学模型进行评估、维护和更新。

下面以数控切削过程工件表面质量数据模型为例,介绍数据模型的构建方法。

(1)工件表面质量影响机理

机加工过程中,实际的加工表面和理想表面都存在一定的偏差,表现为表面轮廓度和表面粗糙度。其中表面粗糙度由细微不规则的表面纹理组成,通常包括由于生产过程的内在作用而产生的不规则几何特征。表面粗糙度的影响因素很多,可以总结为四个方面,即切削参数、刀具属性、工件属性和切削过程。图 4-10 的鱼骨图清晰地表明了表面粗糙度的影响因素。

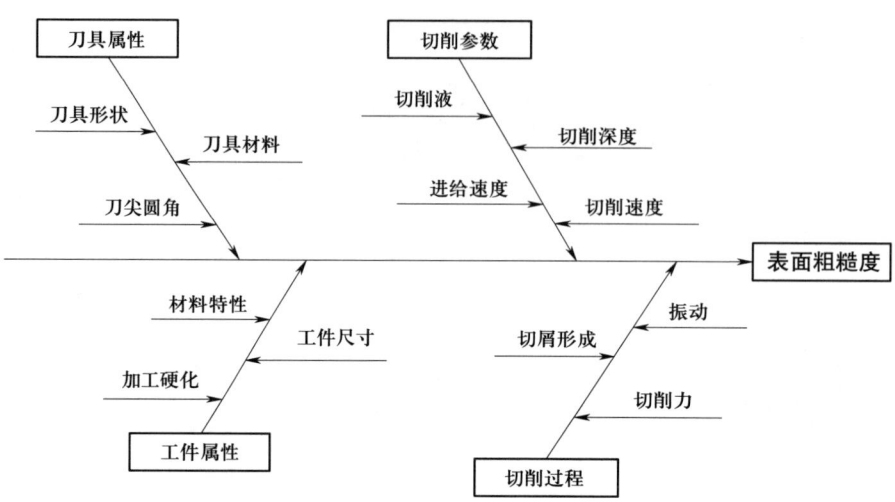

图 4-10 工件表面粗糙度的影响因素

综上,工件的最终表面粗糙度可以认为是以下两部分的影响之和:刀具几何形状与进给速度形成的理论表面粗糙度;加工过程中刀具与工件之间的多种扰动导致的不规则表面粗糙度。

(2)基于电流数据的工件表面质量监测模型

在切削加工过程中,切削力是描述切削过程的最佳变量,从切削力信号中可以得出有关工件质量、刀具磨损、机床振动等特征。

非侵入式负载监测(non-intrusive load monitoring,NILM)是一种广泛用于能耗监测方面的方法。该方法通过分析设备现有的数据,间接获得待监测数据的值。而其中最常见的便是采用机床电信号(电流、电压等)作为常见的监测信号,这是因为机床电信号全面地反映了加工过程中的多种动态行为,例如,刀具磨损、颤振、切削力等。通过借鉴 NILM 方法,以机床本身提供的主轴电流数据反映切削力的变化情况,建立的表面粗糙度监测模型如下:

$$Ra = F(f, d, v, I) \quad (4\text{-}1)$$

式中 f——进给量,mm;

d——切削深度,mm;

v——切削速度,m/min;

I——机床实时电流,A;

Ra——表面粗糙度，μm。

实际情况下，切削力并不是与电流增量成严格的正比关系，电动机扭矩常量通常会随温度的变化而变化，但是切削力与电流增量依然是强相关且正相关的。这种非线性关系可以采用机器学习方法获得。

（3）基于支持向量回归的数据模型

由于机床机加工过程中的众多不确定性因素的影响难以准确描述，因此，越来越多的学者开始使用机器学习方法来对工件表面质量进行建模。其中支持向量机（surpport vector machine，SVM）由于其算法鲁棒性好、计算简便，不易陷入局部最优的特点，得到了广泛的应用。因此，可采用支持向量回归的方法建立工件表面质量模型。

支持向量机是一种流行的监督学习算法，广泛应用于分类和回归问题。SVM 由 Vladimir Vapnik 等人在 1952 年提出，之后得到了快速发展，使得 SVM 在文本分类、模式识别、函数拟合方面都有着广泛的应用。SVM 结构如图 4-11 所示，该结构与三层前向神经网络类似，不同之处在于输入层与隐含层是直接连接的，而隐含层和输出层才采用权连接。

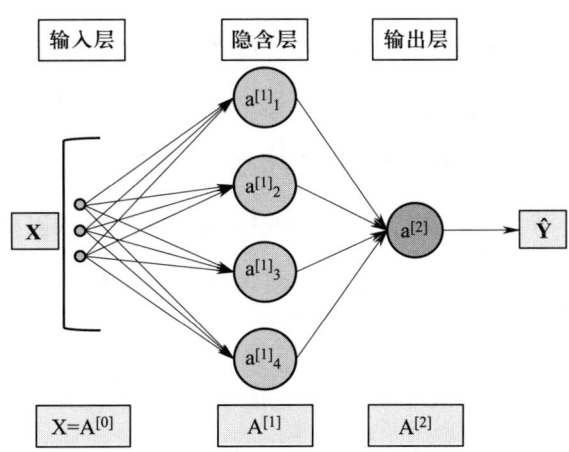

图 4-11 支持向量机拓扑结构示意图

之后，基于 MATLAB 软件开发 SVM 程序，将实际测量的切削速度、切削深度、进给量和测得的主轴电流作为 SVM 的输入，以加工表面的粗糙度作为响应，训练支持向量回归机，形成工件表面粗糙度预测数据模型，如图 4-12 所示。

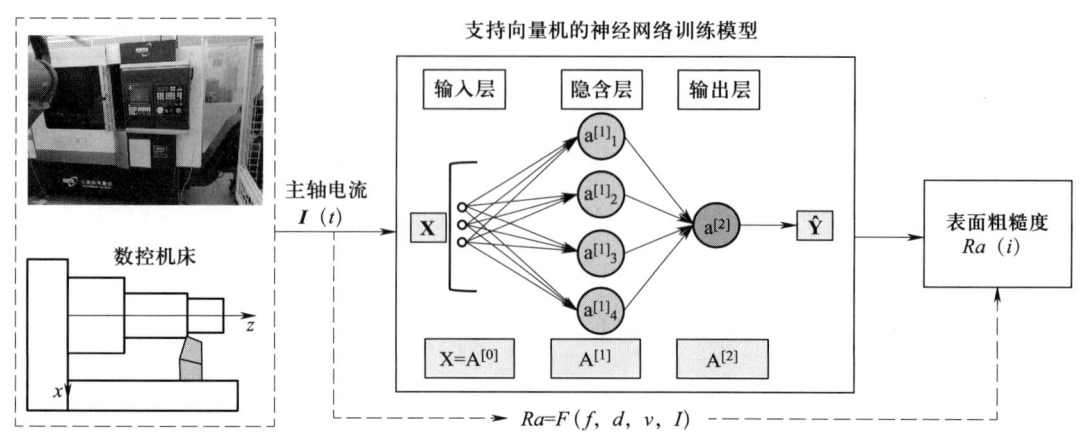

图 4-12 工件表面粗糙度预测数据模型

4. 模型融合与可视化

在数字孪生模型中，机理模型和数据模型各有其优缺点。一方面，机理建模能清晰地描述物理对象的运行机理，但建模过程复杂，并且时变性差，无法准确描述物理对象随时间推移出现的性能差异以及实际运行过程中的扰动；另一方面，数据模型具有自主进化能力，可随物理对象性能的变化而变化，并且可以挖掘数据深层的规律，但可解释性差，建模精度无法保证。因此将机理与数据模型进行融合，可以为装备孪生模型的设计改进、运行优化、故障预测等智能服务提供科学依据。鉴于装备孪生模型涉及人、机、料、法、环等多制造要素，运行过程极其复杂，同时包含的数控机床等复杂设备加工机理尚不明晰，小批量个性化定制零件加工质量样本数据不足等问题，导致单一的机理建模或数据建模方法难以构建完备的数字孪生模型，从机理-数据模型融合的角度提出装备孪生模型机理建模与数据建模及融合方法。

其中，机理建模方面，基于方程定义的方式，采用 Modelica、MWorks 等建模语言或工具，构建装备的电气子系统模型、机械子系统模型、控制子系统模型、车削过程行为模型等，采用 Tecnomatix Plant Simulation 构建制造单元孪生模型；数据建模方面，基于历史和实时数据，结合实验或机理仿真数据，构建制造扰动、工件质量、扰动叠加分析等的样本数据集，进一步采用神经网络、支持向量机等构建制造扰动预测、工件质量预测、扰动叠加分析等数据模型，通过迁移学习和增量式训练实现数据模型的在线自学习。此外，在数据模型训练阶段，机理模型为数据模型提供先验知识和仿真数据，提高数据模型的泛化能力和精度；数据模型在使用过程中不断反馈调整机理模型，实现装备孪生模型的动态更新，最终通过机理–数据模型融合支撑智能装备孪生模型的高保真仿真分析、高置信度优化等功能。

如图4-13所示，几何模型、机理模型和数据模型之间存在着内部联系。从模型融合的宏观角度来看，几何模型可以作为整合机理模型和数据模型的视觉载体。机理模型和数据模型是数字孪生的核心部件，它们是交互更新的。也就是说，在数据模型的离线建模阶段，机理模型提供先验知识和仿真数据，以提高数据模型的泛化能力和精度。在数据模型的在线应用阶段，其输出可以反馈给机理模型，为机理模型的参数调节提供指导，实现数字孪生的动态更新。通过几何模型、机理模型和数据模型的融合，为特定的制造设备、工艺或系统构建了一个数字孪生系统，它可以支持对该物理对象的实时监测、高保真仿真分析和高置信度优化。在此基础上，几何模型、机理模型和数据模型被整合到一个基于Java网络的B/S架构的可视化网页中。

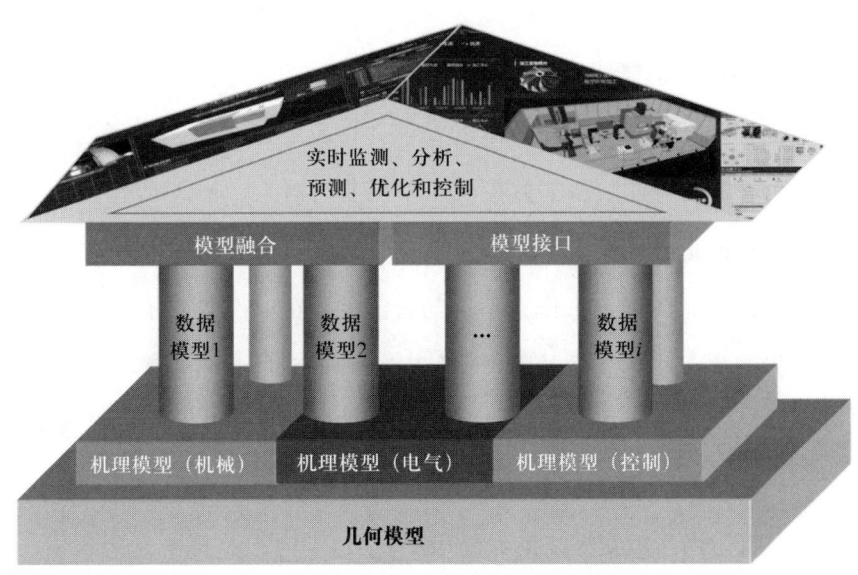

图4-13 模型融合与可视化流程图

第二节　AR与数字孪生增强的维修作业仿真与决策

考核知识点及能力要求：

- 了解运维场景下的AR高精度跟踪注册技术。
- 掌握基于AR虚实融合的运维作业仿真与可视化引导技术。
- 了解基于AR手势与语音交互的智能辅助决策方法。

一、面向运维作业场景的AR高精度跟踪注册

1. 智能装备运行维护概述

随着数字化、网络化、智能化技术的发展，传统制造企业已逐步迈向自动化、信息化和无人化阶段，而智能装备如数控机床、工业机器人、AGV等作为企业智能化和无人化的基础设施，是推动企业转型升级的关键设备。在工厂的生产加工中，智能装备是否能够正常按时完成既定工作，不仅与智能装备的自身性能有关，还与智能装备的运行保障工作有关。快速高效的事后维修，合理及时的日常保养，有效主动的预测维修是保障装备最优运行的重要措施。当前，智能装备的保障方法仍以事后维修和日常保养为主，而基于实时状态监测的远程视情维修和预测维修已逐步开始取代常规的预防维护工作，成为当前最受关注的保障策略。

智能装备涉及机械系统、液压/气压系统、润滑系统和电气控制系统等，其中，电气控制系统往往具有系统自检功能，通过自检可实时提示故障警告信息，进而进行

必要的事后维修工作；机械系统由一系列的动作执行机构、导向传动机构、紧固密封元件以及支承固定组件组成，如齿轮、链轮、轴承、转轴、立柱、横梁等，其在运动、导向、紧固、密封以及支承过程中，往往会导致疲劳、变形、裂纹、碰磨、失稳、喘振、松动、泄漏以及振荡等故障，通过分析故障机理，周期性地预防和替换失效零部件，可以有效保障机械系统的运行性能。同时，部分振动、电压、电流、变形、压力等状态信息，可由传感器动态监测，从而实现相应的视情维修和预测维修；同理，润滑系统可以通过润滑油的周期性更换或状态性更换，液压系统可以通过监测和预测压力、流量等信息，确定可能失效的电磁阀、换向阀等，从而对阀进行有效的替换和维修保障工作。

然而随着现代工业的快速发展，各种工业设备的制造、装配、维修越来越复杂，尤其是在设备的运行维护过程中，需要工作人员花费大量时间去查阅相关手册，这严重影响了工人的工作效率，日益增长的智能设备和复杂的维修场景与现有运行维护人员数量少和技能水平不高之间存在严重的矛盾。因此，改变传统设备运维模式，提高现有运维人员的工作效率，培养更多高技术水平的运维人员至关重要。

2. 运维场景下的 AR 技术

增强现实（augmented reality，AR）是一种将虚拟世界信息"完美"嵌套在真实世界上的新技术。增强现实结合了计算机视觉技术、空间定位技术、人机交互、传感、三维建模等多种技术手段，把计算机生成的各种文本、图片、视频、三维模型、虚拟场景等信息准确实时地融合到使用者所在的真实世界，实现虚拟世界和真实世界的有机融合，从而给使用者一种超越现实的感官体验。随着增强现实技术的不断发展，AR已经在多个领域得到广泛的应用，如教育、医疗、军事、旅游、娱乐、机械制造、装配与维修等，如图4-14所示。

在设备运维领域，对于设备维护管理人员来说，其执行的设备维护管理工作内容通常有定期进行设备盘点、保养、精密设备的校正、设备仪器出借管理以及设备维护状况的清查等。在实际工作中，工作人员主要是通过定期工作了解基本维护管理状况，所以需要的设备维护管理资料包含设备ID、设备名称、供应商编号、维护管理工作负责人、设备使用记录、设备维护历史记录等。因此，在设备运维工作现场通过引入

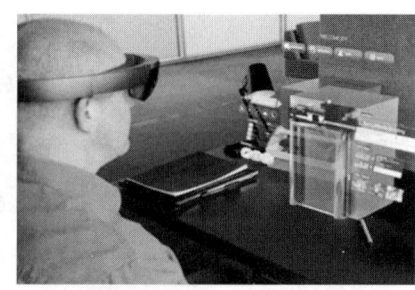

图 4-14 AR 技术在运维场景下的应用

AR 技术，辅助现场运维人员实时获取运维所需的设备信息、作业工单，同时附带时标现场过程管控录制、缺陷发现并处理记录，用于事故分析和责任归属确定，与专家进行互动交流、信息互传共享，提高运维工作效率，方便设施维护管理工作。

传统设备维护主要由有经验的和经过长期训练的专家来进行，并且维护成本高、效率低，而新进人员可能不熟悉复杂的维修工序。基于 AR 的设备维护过程指导就是利用 AR 技术虚实结合的特点，将三维可视化模型展现在工作人员面前，指导其维修工作，同时针对复杂的维修工序，也可以依据建筑信息模型（BIM）制作相应的指导动画，提供实施指导，给维修工作人员提供维护过程指导。还可以通过 AR 实现对设备的虚拟仿真，模拟设备的装配、维修、拆卸等操作，在虚拟中学习大大降低了对新进员工的培训成本，提高了人才培养效率。

3. AR 高精度跟踪注册技术

AR 的三个关键技术分别是真实世界与虚拟场景叠加的虚实结合技术，手势、语音、按钮等方式的实时交互技术，以及对现实场景中的图像或物体进行跟踪与定位的三维跟踪注册技术。为了实现虚拟场景与真实世界的无缝叠加，要求虚拟信息与真实环境在三维空间中的位置利用跟踪注册技术进行精确配准。所谓跟踪是指系统获取虚拟信息和摄像机之间的位置关系,并按照使用者的当前视角重新建立空间坐标系并将虚拟场景渲染到真实环境中准确位置。在虚拟场景准确定位到真实环境中的过程称为注册。

目前,主流的三维跟踪注册技术主要包括基于硬件传感器的跟踪注册技术、基于计算机视觉的跟踪注册技术、混合跟踪注册技术3种,如图4-15所示。

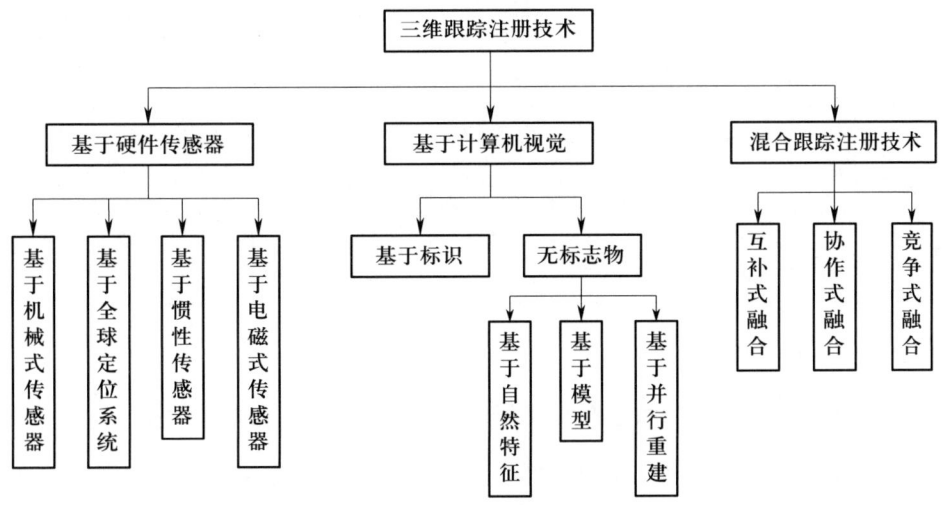

图4-15　AR中的三维跟踪注册技术

(1)基于硬件传感器的跟踪注册技术

基于硬件传感器的跟踪注册技术一般建立在机械、磁力、惯性、声学、光学等传感器的基础上,通过传感器发射信号和感知信号来获取相关的位置数据,然后通过计算机视觉技术计算出设备在真实世界中的位姿,这些技术都有各自的优缺点,适用于不同的场合,具体见表4-3。

表4-3　　　　　　　　硬件传感器跟踪注册技术的原理和特点

分类	原理	特点
机械式跟踪注册	通过机械关节的长度和角度来获取目标的位置以及运动方向	优点:定位精确、低延时、不易受到外界条件干扰问题,适合于对小型目标的精确跟踪 缺点:需要与目标接触,不灵活且惯性大,工作范围比较小

续表

分类	原理	特点
GPS 跟踪注册	依据 GPS 全球定位系统获得三维地理位置信息，包括经度、纬度和海拔	优点：全天候、全球覆盖、三维定速定时、高效率、应用广泛 缺点：定位精度不高，存在延时问题
惯性跟踪注册	使用惯性传感器进行跟踪注册，主要包括陀螺仪和加速度计，陀螺仪通过测量跟踪目标的旋转角速度，来获取目标的位姿变换，加速度计通过测量目标的运动加速度，来获取目标位置变化	优点：刷新率高，不受遮挡问题或外界环境干扰，设备轻便，易携带 缺点：只能跟踪三个自由度的信息，并且存在漂移现象，误差呈累积状态，精度不高，需要和其他跟踪技术结合使用
磁场跟踪注册	利用磁场相关参数来进行位置和方位跟踪的技术，发射器通过线圈产生磁场，接收器在线圈上产生相应的电流，根据电流信号，通过控制部件的相关计算，得到目标的位置和方向	优点：不受视线遮挡和噪声的影响，而且刷新率高，延迟时间短，设备体积小且轻便，价格低 缺点：容易受到周围环境中磁场或金属物体的干扰

（2）基于标识的跟踪注册技术

基于标识的跟踪注册技术是在真实场景中放置标识作为跟踪目标，通过对图像中标志物（见图 4-16）的识别，结合摄像机标定原理，注册虚拟信息。实现流程如下：

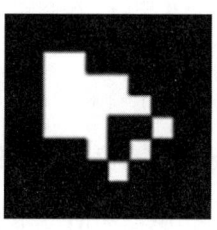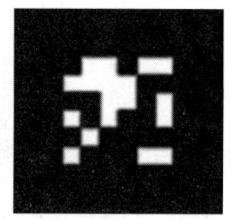

图 4-16 标志物

1）预先在现实场景中放置符合一定规则的标识，通常是平面标识，如正方形三角形、圆环、条形码等，也可以使用立体标识，如立方体等。

2）通过摄像机对预先放置的标志物进行识别，获取标志物的特征点，如边缘、顶点等，从而提取标志物的基准点（如角点、中心点等）。

3）由于标识的基准点在真实场景中的世界坐标是已知的，根据图形的仿射不变性原理，可以计算摄像机相对于标识的姿态，从而完成虚拟信息的跟踪注册。

目前，比较成熟的基于标识的 AR 系统有 ARToolKit、ARTag、ARToolKitPlus。基

于标识的跟踪注册技术由于使用人工标识，跟踪注册的计算复杂度较低，对硬件处理器的要求不高，且具有较高的鲁棒性，不需要先验知识，因此，具有较好的实时性和准确性，适合应用在部分资源处理能力较差的PC端和智能移动终端，但是也存在一些缺点，比如当标识被部分遮挡时，系统无法完成三维注册；标识识别过程中需要分割标识区域，注册效果容易受光照条件影响；而且在真实场景中放置标识，会影响场景的一致性，降低混合场景的美观程度等。

（3）无标志物的三维跟踪注册技术

1）基于自然特征的跟踪注册技术。基于自然特征的跟踪注册技术弥补了基于标识的跟踪注册技术必须在真实场景中预先放置标识物的不足，它的实现原理和基于标识物的跟踪注册技术大体相似，不同之处在于它不需要在现实场景中放置标志物，而是通过摄像机获取真实场景中的一些自然特征，例如点、线、面、边缘和纹理等特征，进而计算提取出基准点，来完成跟踪注册。实现流程如下：

①首先在模板图像中提取出特征点集。

②在摄像头获取的每一帧数据中提取相对应的特征点集。

③通过特征点集相互之间的匹配关系来对摄像机的空间位姿进行跟踪，完成跟踪注册。

相比基于标识的跟踪注册，基于自然特征的跟踪注册的实现难度要更高，因为现实世界通常比较复杂，系统需要在不同的角度、不同的光照条件，以及不同的相对运动等情况下对目标进行特征检测和匹配。目前常用的特征点检测和特征匹配方法有SIFT、FAST、BRIEF、ORB等，其中SIFT具有较高的精度，但是计算量大且耗时，适用于匹配精准且不考虑速度的场合；FAST匹配速度很快，精度较差；BRIEF对于噪声敏感，不具有尺度不变性；ORB综合性能好，也不具备尺度不变性。

2）基于模型的跟踪注册技术。基于自然特征的跟踪注册技术在缺少纹理甚至无纹理环境中无法进行跟踪注册，而基于模型的跟踪注册技术克服了这一缺点，它主要使用跟踪注册目标对应的虚拟模型信息（通过Pro/E、CAD、SolidWorks等三维绘图软件得到）作为匹配模板来实现跟踪注册的。

基于模型的跟踪注册分为在线和离线两种模式，主要体现在模型建立的时机上，在线模式是在追踪的同时建立模型，其中追踪和建模是两个相互依赖的过程，其彼此间的误差会相互传递并累加，为了保证较好的追踪精度，一般需要借助优化算法进行调整；离线模式将建模和跟踪分开，避免了在线建模的不确定性，同时克服了在线建模所需要的巨大运算量，因此该方法能提高跟踪的精度和效率。

在跟踪注册过程中通过视觉信息处理技术来提取和关联传感器所获取的目标物体信息，以更新整个跟踪系统的状态。基于边缘模型的跟踪注册技术根据输入的视频帧画面搜索模型外轮廓边缘信息或点特征，并与预先给定的模型边缘信息进行匹配，实现对目标位姿的跟踪注册。基于点云模型的跟踪注册技术使用三维点云来表示真实环境以及要进行跟踪的对象，利用迭代最近点（ICP）等算法对环境点云与模型点云进行配准，估计相机的实时位姿以完成跟踪注册。

（4）混合跟踪注册技术

混合跟踪注册技术是在一个 AR 系统中同时使用两种及以上的跟踪注册技术，它结合了各种跟踪注册技术的优点，通常情况下效果要好于单种跟踪注册技术。目前，混合跟踪注册技术有机器视觉和硬件传感器结合的跟踪注册技术，传感器的类别包括电磁传感器、惯性传感器、GPS 定位系统等。

二、基于 AR 虚实融合的运维作业仿真与可视化引导

装备维修是指为保持或恢复装备处于能执行规定功能的状态所进行的所有技术和管理活动。装备是生产运行过程的物质保障，对企业经济效益有直接影响，所以快速、有效的装备维修方法对于生产制造十分重要。近年来，许多先进的数字化辅助维修技术逐渐被应用到装备维修领域，例如，虚拟现实（virtual reality，VR）和增强现实技术（AR）。AR 技术可以看作是 VR 技术的进一步延伸，避免了 VR 构建完整虚拟环境的步骤，更注重虚实融合的用户视觉体验，在这样一种虚实融合的环境下，用户的感知能力得以增强，可以获得更加灵活的可视化引导。采用 AR 技术，可以有效提高设备维护的效率和降低维修误操作，从而获得更高的经济效益。

1. AR 中的虚实融合技术

虚实融合技术是 AR 的关键技术之一，其目的就是将虚拟和真实叠加后的世界呈

现在使用者眼前,本质上就是将图形图像作为核心媒体通过不同的显示技术呈现给使用者。目前增强现实的显示方式主要有头戴式、手持式、计算机屏幕式以及投影显示等几种方式。在进行 AR 应用开发,将 AR 技术用于装备维修时必须充分考虑不同显示方式的特性,选择最适合维修场景的设备。

(1)头戴式

头戴式 AR 显示器是一种能给用户提供较强沉浸感的特殊显示设备,可以分为基于反射的光学透镜式和基于图像合成的视频透视式两种。

光学透镜显示器主要利用光的反射原理,不需要进行图像处理,通过一组光学镜片就能让用户看到虚实融合的场景,以 Magic Leap One 和 Google Glass 为代表,如图 4-17 所示。

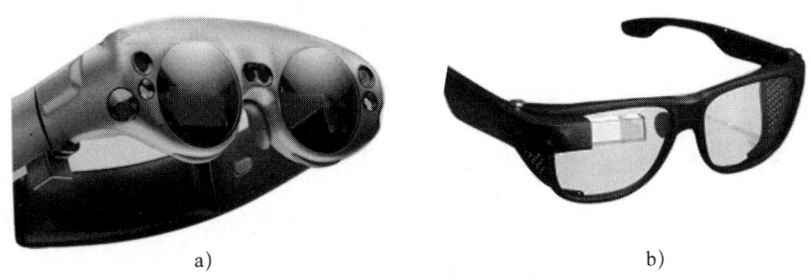

图 4-17　光学透镜显示器

a)Magic Leap One　b)Google Glass

视频透视式显示器主要采用合成技术,首先通过设备自带的传感器获取当前环境的实际图像,然后利用图像处理和渲染模块生成虚拟对象投影到设备上的透镜,以微软公司的 HoloLens2 和 Meta 公司的 Meta2 眼镜为代表,如图 4-18 所示。

图 4-18　视频透视显示器

a)HoloLens2　b)Meta2

（2）手持式

手持式显示器一般指移动终端设备，如平板设备和智能手机，如图 4-19 所示。相比于头戴式，手持式显示器不会产生佩戴的不适感，但也相应降低了用户的沉浸感。这些设备通常内置了多种传感器，同时体积较小，便于携带，适用于增强现实应用开发。

图 4-19　手持式显示器

（3）计算机屏幕式

计算机屏幕式显示器如图 4-20 所示，拥有较高的分辨率，适用于对三维物体渲染精细度要求较高的室内场景，以及将虚拟物体渲染融合到较大的环境当中。虽然沉浸感较弱，但是可以满足大多数桌面用户的需求。

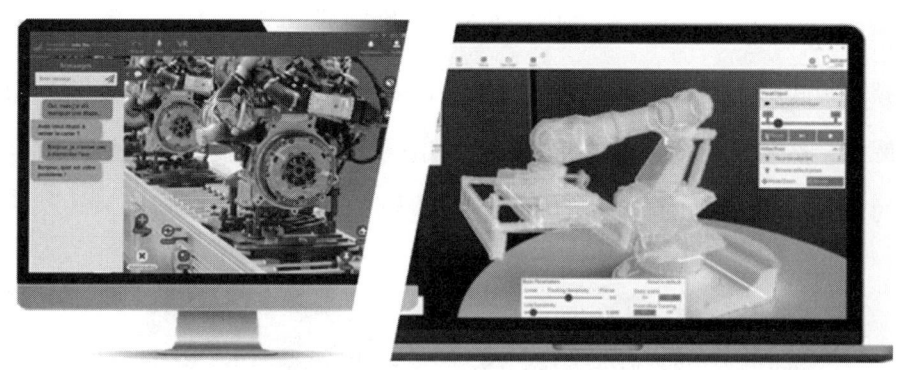

图 4-20　计算机屏幕式显示器

（4）投影显示

不同于平面显示设备如计算机屏幕、平板设备等将虚拟图像显示到自身屏幕上，投影显示设备将虚拟影像投影到更大的范围中，并且生成图像的焦点通常是固定的，不会随着用户视角改变而改变，如图 4-21 所示。投影显示设备没有头戴式设备那么强的沉浸感，便携度也一般，但是适合一些特殊的场景，如焊接投影辅助。

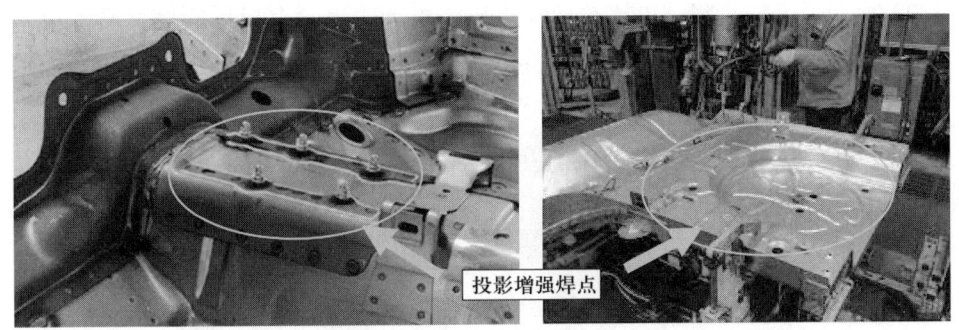

图 4-21　投影式显示设备

2. 基于 AR 的维修操作

（1）拆卸/装配指导

维修包含维护和修理，修理又称检修操作，是旨在恢复装备功能的操作。复杂产品的修理过程通常涉及装备故障组件的拆卸、更换和重新装配，操作过程繁杂且操作难度较大。装备部件拆卸/装配主要包括三个操作：识别要拆卸/装配的部件、拆卸/装配位置对准、拆卸/安装紧固件。利用 AR 技术可以为这几个主要的步骤提供指导信息。通过 AR 技术叠加虚拟箭头、文字信息可以进行简单修理指导，通过 AR 技术叠加虚拟动画可以为复杂修理任务和缺乏经验的技术人员提供指导，如图 4-22 所示。

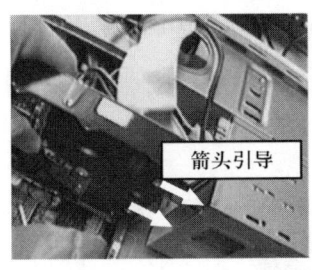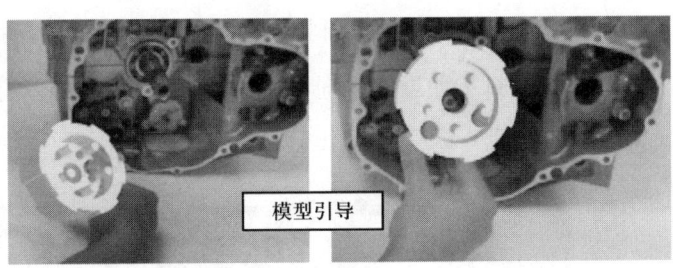

图 4-22　基于 AR 的装备拆卸/装配指导

（2）检查和诊断

检查和诊断属于维护任务，旨在评估装备的当前状态并分析劣化和功能退化的因果关系。现有智能装备都内置了大量传感器，可以提供装备的相关数据以及初步诊断结果，通过 AR 技术可以增强这一过程。将 AR 技术和多种传感技术相结合，将装备模型和数据叠加到真实环境，可以使得技术人员了解装备内部结构以及生产运行状态，如图 4-23 所示。进一步将 AR 技术和专家故障系统等融合，可以协助维修人员快速确定故障原因和定位故障位置，并制定可靠的维修方案。

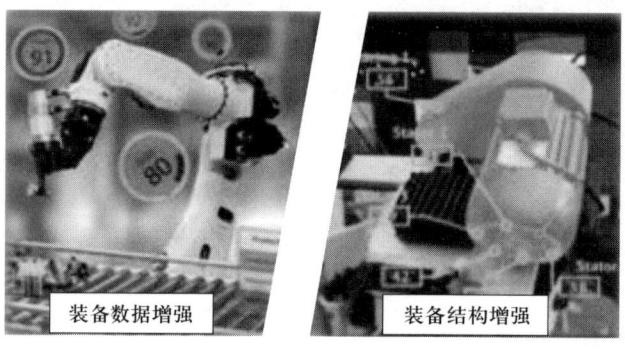

图 4-23 基于 AR 的装备检查

（3）维修培训

随着工业装备不断朝着复杂化、精密化和智能化方向发展，设备维修的门槛不断提高，只有具备丰富专业知识和经验的维修人员才能快速定位设备故障所在，制定合理的维修方案和完成维修任务。将 AR 技术应用到培训，受训者可以和真实世界中的物体进行交互，同时可以访问虚拟指导信息，如果增加传感器进行反馈则可以进一步仿真真实的维修场景，轻松将培训和实际维修作业联系到一起。如图 4-24 所示，受训者通过虚拟增强指令可尝试模拟维修作业，补充自己的专业知识，提高操作能力而无须外部资料（如维修手册）。通过 AR 技术，可以有效减少培训成本和缩短培训时间。

图 4-24 基于 AR 的维修培训

3. 基于 AR 的可视化引导

现有 AR 系统将生成的信息叠加在真实环境中的可视化方式主要包括动态 2D/3D、静态 2D/3D、文本信息、音频等几种。综合考虑装配维修场景和维修任务需求，根据技术人员的个人情况，选择某种或综合使用多种方式，可以获得更好的可视化引导效果。

（1）动态 2D/3D

动态 2D/3D 是最常用的方式，它包括 2D/3D 动画，可以为技术人员提供更加生动的引导操作。这些动画实际上显示了操作人员必须执行的任务，以及正确的操作步骤，对于经验不丰富的操作人员来说，相比于纸质的说明文档，这些动态信息可以更加直观地展示一系列复杂操作，能够明显提高引导效率。

（2）静态 2D/3D

另一种有效叠加信息的方式是通过静态 2D/3D 模型。实际上，在很多维护场景下，并不需要提供完整的维护操作动画，而只需要提供与检查或者其他操作相关的信息的静态模型。

（3）文本信息

文本信息是一种侵入性较弱的叠加信息的形式，虽然呈现的虚拟信息没有前两种形式丰富，但是覆盖文本信息不会阻碍视野，文本内容更加容易创建和更新，如图 4-25 所示。文本信息更适合用于提高具有熟练操作经验的技术人员的维修效率，也适用于一些只需数据查看或功能展示的维修场景。

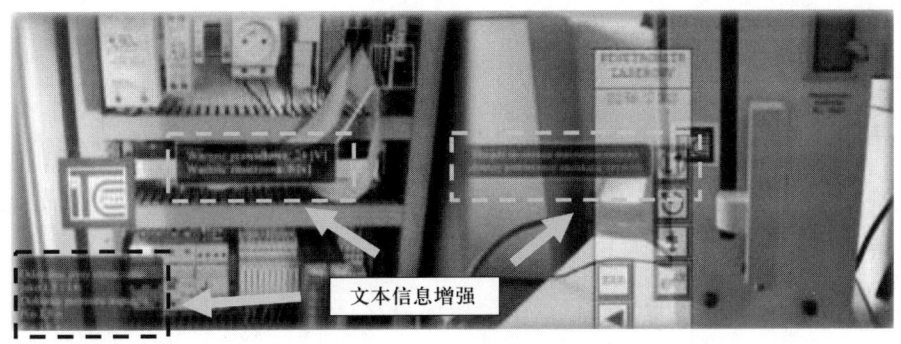

图 4-25　文本信息可视化

（4）音频

音频也是一种可视化形式，虽然无法直观地看到，但也可以提供用户的感知能力。通过给技术人员合成带有方位感和空间感的音频，可以明显增强沉浸感，减少用户和环境交互的注意力，为用户提供隐式信息服务。当进行维修操作时，通过叠加不同音效的音频信息可以使用户获得操作反馈，了解操作执行的状态和结果。

三、基于 AR 手势与语音交互的智能辅助决策

1. AR 中的人机交互技术

人机交互就是通过计算机输入输出设备，使得系统理解用户发出的指令并做出响应的技术。随着软硬件技术的不断提高，人机交互技术也在不断地突破，朝着更加自然、方便、完善的方向发展。

AR 系统的最终目的就是将模型、数据等虚拟对象叠加到真实环境中实现虚实融合，并且为用户提供与虚拟对象进行交互的方式，而交互方式的好坏和用户体验息息相关，因此，人机交互技术是增强现实技术的关键技术之一。传统的人机交互方式主要有鼠标器、键盘、触控设备等，这些方式虽然技术成熟容易实现，但是交互方式不够自然和人性化，会降低用户使用 AR 系统时的沉浸感，同时不适用于微型化、便捷化的 AR 设备，目前更多智能化、自然化的交互方式被应用于 AR 系统中，典型的如利用手势识别与系统进行交互、利用语音识别与系统进行交互等。这些交互方式在不同设备上的实现原理和呈现形式具有一定差异，以下主要以目前最为成熟的增强现实设备 HoloLens 介绍这几种交互方式。

（1）手势交互

手势交互是 HoloLens 等 AR 设备特有的交互方式之一，手势通常由形状、位置、运动轨迹和方向等共同决定，每个手势都有相对应的语义内容，用户通过做出特定的手势来表明某种具体的含义，即某种交互意图从而对系统进行控制。

手势交互的核心是手势识别，AR 系统通过传感器获取用户当前的手势并传输给手势识别模块，如果该手势有对应的交互指令，则系统自动触发相应的事件，从而操

纵场景中的虚拟对象。手势识别通常与凝视相结合，即物理引擎依据用户佩戴的增强现实设备的位置和方向发出射线，与目标对象碰撞后获得碰撞的反馈结果，包括碰撞点的位置和碰撞对象的信息，通过凝视选取对应的虚拟对象，通过手势识别来执行对应的动作，从而完成对虚拟对象的一系列操作。

HoloLens 支持多种内部特定手势操作，其中包括空中点击（Air-Tap）、开始（Start）以及操纵对象（Manipulation）等手势，如图 4-26 所示，具体功能见表 4-4。同时 HoloLens 支持修改和自定义手势，以及组合使用多种手势，从而实现丰富的手势交互。基本的手势交互使用步骤如图 4-27 所示。

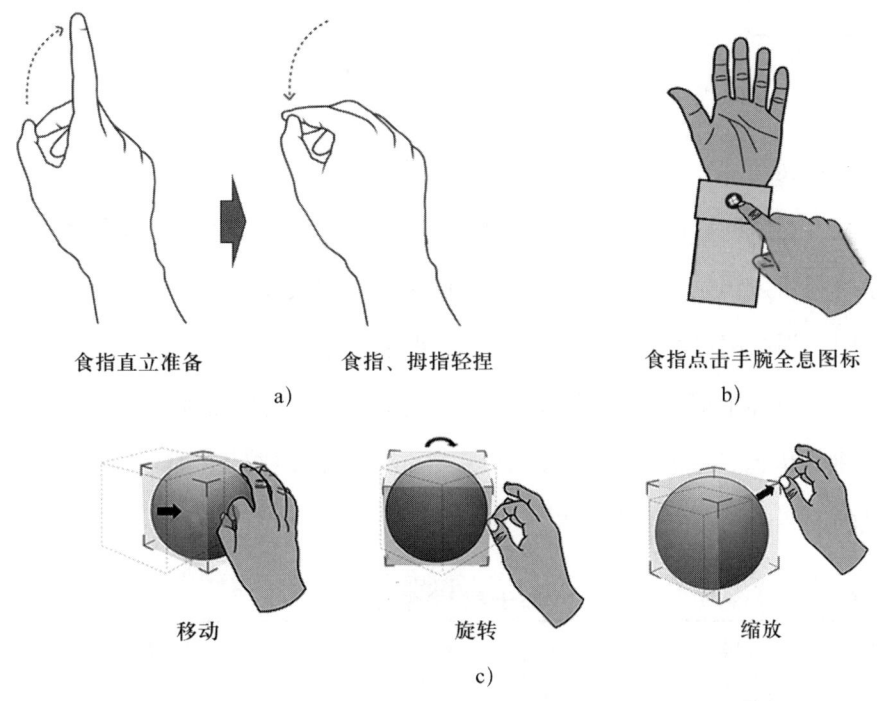

图 4-26　手势操作图
a）Air-Tap　b）Start　c）Manipulation

表 4-4　　　　　　　　　　　部分手势功能

手势名称	具体功能
空中点击（Air-Tap）	点击或选择虚拟按钮
开始（Start）	打开系统开始菜单
操纵对象（Manipulation）	移动、旋转、缩放虚拟对象

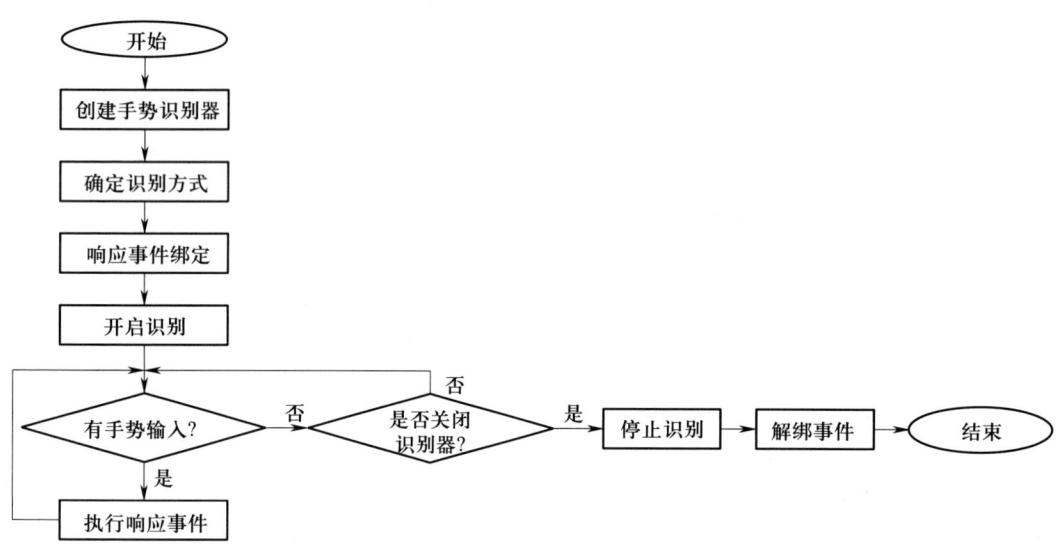

图 4-27 手势交互使用步骤

（2）语音交互

语音交互是 AR 系统中另一种主要的交互方式，用户通过输入设备将语音传输给系统，系统将可以识别的语音信号转变为相应的文本或控制命令，从而理解用户当前的交互意图，因此用户可以通过语音与机器进行对话交流。

HoloLens 内部集成了微软的 Cortana 语音技术，可以实现对小尺度的特定词库进行准确识别，因此，用户可以通过说出一些指定词汇控制 AR 系统执行相应的动作，一些常见的语音命令功能见表 4-5。

表 4-5　　　　　　　　　　部分语音命令功能

语音命令	具体功能
Take a picture	拍摄照片
Start recording	开始录制视频
Face me	控制虚拟对象朝向用户
Increase the brightness	调高虚拟对象亮度

在基本语音命令的基础上，用户还可以根据实际的应用场景和需求设计专有的语音命令，利用简明的语音命令直接控制虚拟对象，无须执行多余的动作，达到减少交互操作步骤和交互时间的目的，基本的语音交互使用步骤如图 4-28 所示。

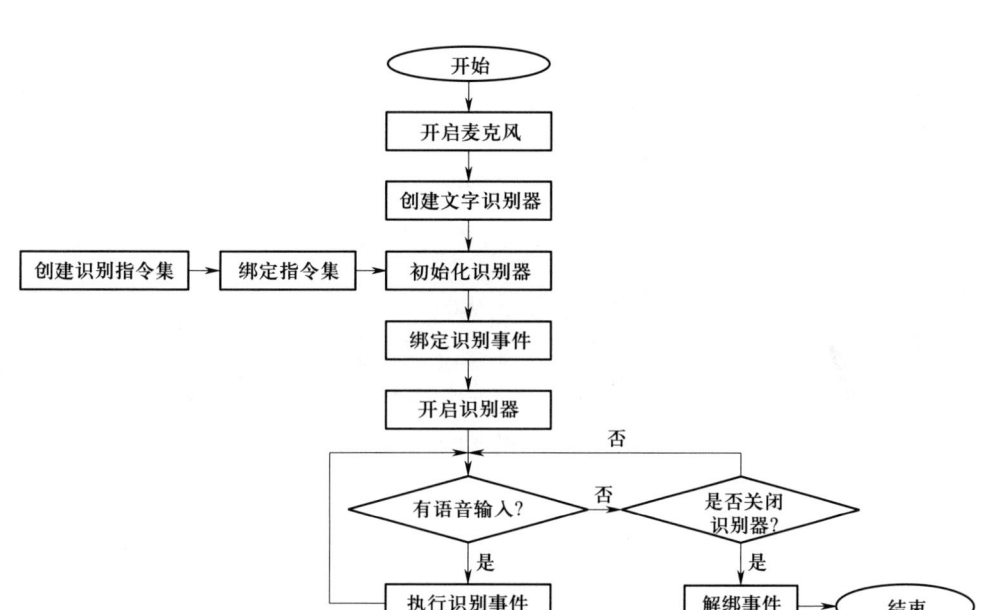

图 4-28 语音交互使用步骤

2. 基于 AR 的智能辅助决策

在一些特殊情况下，如大型复杂装备的维修，往往需要拥有丰富经验的专家到达现场协助检修，即使是资深的专业维修人员在维修过程中也需要专家在一旁指引，现有的维修指导资料通常无法应对复杂多变的现场问题。如果专家无法抵达现场，现场维修人员只能通过电话或者视频与专家进行沟通交流，大部分时间会浪费在无效的沟通过程中，严重影响维修效率。而且维修人员在交流过程中可能产生误解，做出错误的维修决策，从而造成严重损失。相比于电话，视频可以让专家较好理解维修人员意图，但是受硬件限制，只能远程查看有限的指定区域，二维画面提供的信息十分有限，而且交互方式单一，对于复杂的环境和装备，视频远程引导的方式也很难取得好的效果。

如图 4-29 所示，基于 AR 的远程协助技术可以连通物理维修环境以及虚拟维修环境，AR 系统通过传感器获取到维修现场的数据并传输给远程专家，远程专家根据个人经验与专业知识对现场情况进行判断，利用 AR 提供的多种交互工具对维修现场进行远程干预，AR 系统将干预结果传输给维修人员，维修人员最终观察到的是虚拟的远程指导信息以及物理维修环境融合的图像，维修人员参考后作出决策并制定出可靠的维修方案。基于 AR 的远程协助，更有效地协助用户完成维修任务。同时基于 AR 的远程协助可以进一步降低对维修人员专业程度的要求，而且可以解决单人无法完成的复杂维修任务，对于复杂装备维修有明显优势。

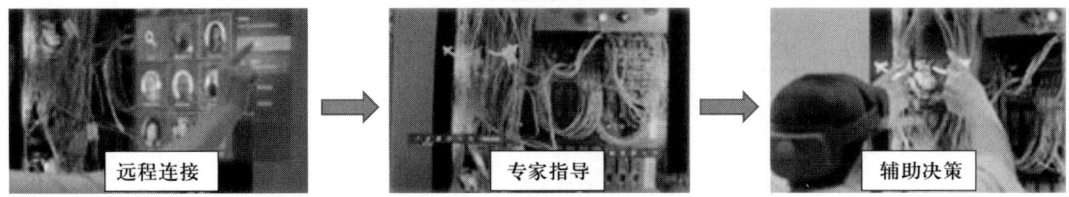

图 4-29　远程协助辅助决策

第三节　应 用 案 例

一、实验目标

1. 了解数字孪生的概念及意义。

2. 熟悉虚拟环境下的编程调试思维。

3. 掌握利用 Process Simulate 软件创建数字孪生模型的基本流程及 PLC 与数字孪生模型的通信机制和方案。

二、实验环境

1. 硬件设备

PLC 1 台，伺服控制器 3 台，伺服电动机 3 台，HMI 触摸屏 1 个，仓储立体货架

1套，自动堆垛机1台，输送系统2套，机架1套，托盘若干个。智能仓储系统硬件设备如图4-30所示。

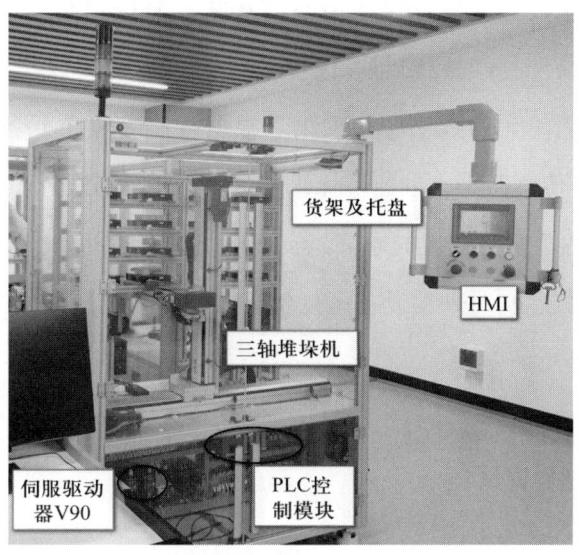

图 4-30 智能仓储系统硬件设备

2. 软件

TIA 博途软件，Process Simulate 软件。图 4-31 为智能仓储系统简化仿真模型。

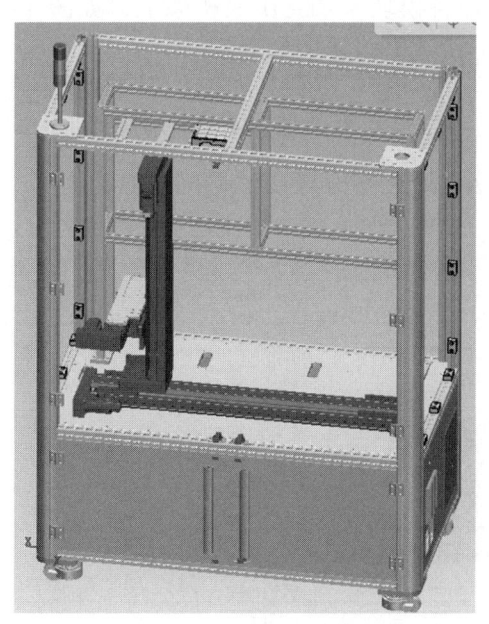

图 4-31 智能仓储系统简化仿真模型

三、实验内容

1. 根据控制需求，完成硬件设备组态与互联，编写 PLC 程序、HMI 界面，实现仓储系统堆垛机取放料的自动控制与运行。

2. 建立智能仓储单元的数字孪生模型。根据智能仓储单元各运动部件的运动关系，建立运动机构、传感器等，创建堆垛机逻辑块，创建数据接口和信号。

3. 建立设备与数字孪生模型的通信，实现设备虚实联动。

4. 设计 Web 网页，实时采集设备运行状态数据，实现设备状态监测和运维。

四、实验步骤

1. 设备组态与硬件调试

（1）硬件组态

智能仓储单元的硬件组态，主要是将 PLC 的各模块，如 CPU 模块、电源模块、输入输出模块及 HMI 等模块进行配置，并给每个模块分配物理地址。

1）添加 PLC 各模块。打开 TIA 博途软件，创建新项目。根据物理产线各硬件的实际型号及订货号，选择各模块添加到中央机架上，如图 4-32 所示。查看产线 PLC 的 IP 地址，并将 CPU 的 IP 地址设置成与产线相同的 IP 地址。

2）添加电动机驱动器。查看产线驱动器型号，分别将 X、Y、Z 轴驱动器添加到网络视图中，并将其网络地址更改为与 CPU 同网段地址。

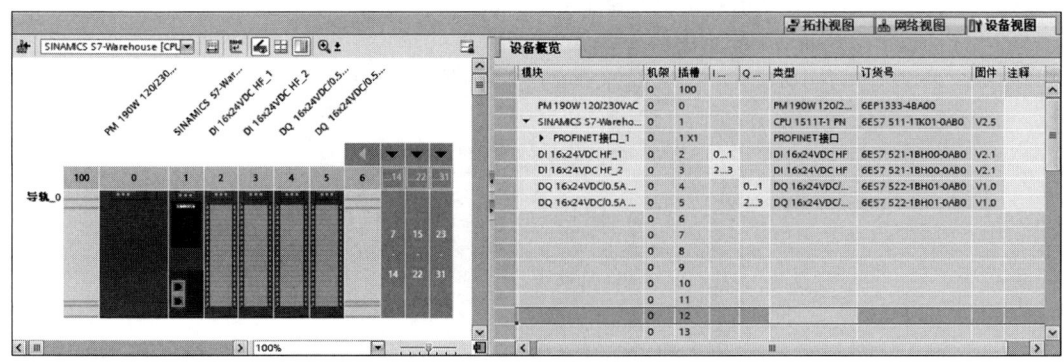

图 4-32 仓储单元硬件组态设备视图

3）添加 HMI 与射频识别（RFID）模块。在网络视图中添加 HMI、RFID 模块，并将其地址修改为与 CPU 同网段地址。智能仓储工站所需硬件模块配置后的网络视图如图 4-33 所示，子网地址分配如图 4-34 所示。

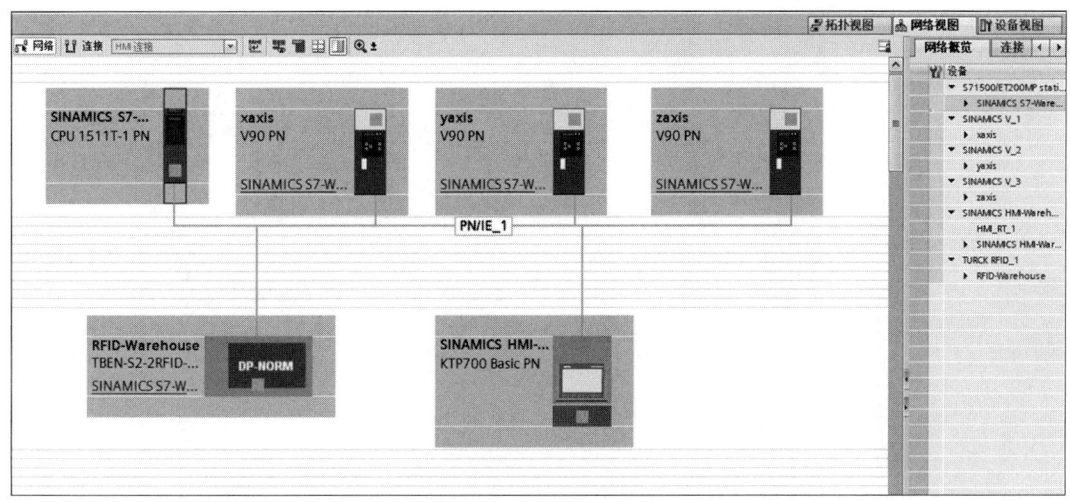

图 4-33　仓储单元硬件配置网络视图

设备	类型	子网地址	子网
▼ S71500/ET200MP station_1	S71500/ET200MP station		
▼ SINAMICS S7-Warehouse	CPU 1511T-1 PN		
▶ PROFINET接口_1	PROFINET接口	192.168.2.100	PN/IE_1
▼ SINAMICS V_1	SINAMICS V		
▼ xaxis	V90 PN		
▶ PROFINET接口	PROFINET-Interface	192.168.2.101	PN/IE_1
▼ SINAMICS V_2	SINAMICS V		
▼ yaxis	V90 PN		
▶ PROFINET接口	PROFINET-Interface	192.168.2.102	PN/IE_1
▼ SINAMICS V_3	SINAMICS V		
▼ zaxis	V90 PN		
▶ PROFINET接口	PROFINET-Interface	192.168.2.103	PN/IE_1
▼ SINAMICS HMI-Warehouse	KTP700 Basic PN		
HMI_RT_1	KTP700 Basic PN		
▼ SINAMICS HMI-Warehous...	PROFINET接口		
▶ PROFINET Interface_1	PROFINET接口	192.168.2.105	PN/IE_1
▼ TURCK RFID_1	GSD device		
▼ RFID-Warehouse	TBEN-S2-2RFID-4DXP		
▶ PN-IO	turck-tben-s2-2rfid-4dxp	192.168.2.104	PN/IE_1

图 4-34　各设备子网地址分配

分别添加 X、Y、Z 及 XZ 轴工艺对象。

4）将组态下载到硬件设备，如图 4-35 所示。

（2）设置变量表

根据产线电气原理图及系统运行需要，建立变量表。

图 4-35 组态下载到硬件设备

（3）编写控制程序

仓储工站的程序主要实现系统使能、复位、手动模式控制、自动模式控制等功能。程序主要包括主程序和子程序。根据功能需求，先编写各功能子程序，然后主程序调用子程序功能块。基于数字孪生的虚实联调程序与实体产线调试的程序编写是有区别的。可以格外编写一个虚实联调的子程序，如图 4-36、图 4-37 所示。

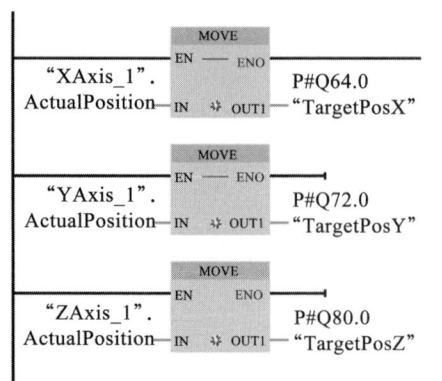

图 4-36 PLC 变量传送给模型变量程序

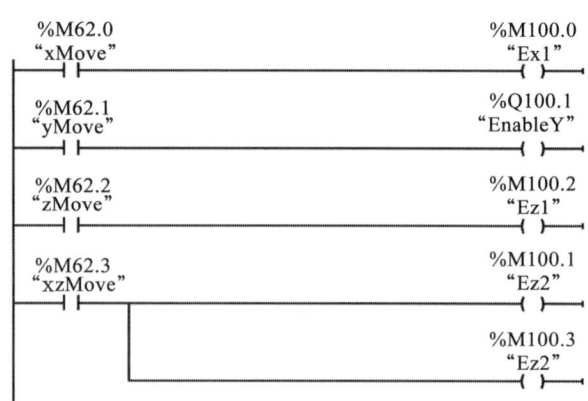

图 4-37 模型使能程序

（4）设计HMI控制界面

HMI控制界面主要包括使能控制、急停、限位、位置显示、速度显示、库位信息等功能，如图4-38、图4-39所示。

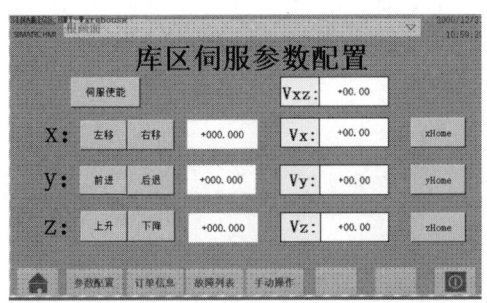

图4-38 库区伺服参数HMI控制界面　　　图4-39 订单库位信息HMI控制界面

（5）程序下载

将程序下载到硬件设备并进行调试。

2. 建立数字孪生模型

（1）定义模型的运动机构

在Process Simulate中打开智能仓储系统的仿真模型，首先设置运动机构。以堆垛机模型 X、Y、Z 三个方向的运动关节为例，将堆垛机的底座设为link1，X 向的运动部件立柱设为link2，Z 向的运动部件托举机构设为link3，Y 向的运动部件抓手设为link4，设置 X、Y、Z 向关节的运动方向，并将它们进行关联，如图4-40所示。

然后定义传感器、夹具。Process Simulate中无力的作用，需要利用夹具和传感器将物体托起。利用Tool Definition定义夹具，并将夹具安装至堆垛机上。在control工具栏中，利用sensor创建传感器，用于检测托盘，并将传感器安装在堆垛机和货架上。

（2）定义逻辑块

以定义堆垛机逻辑块为例，首先创建堆

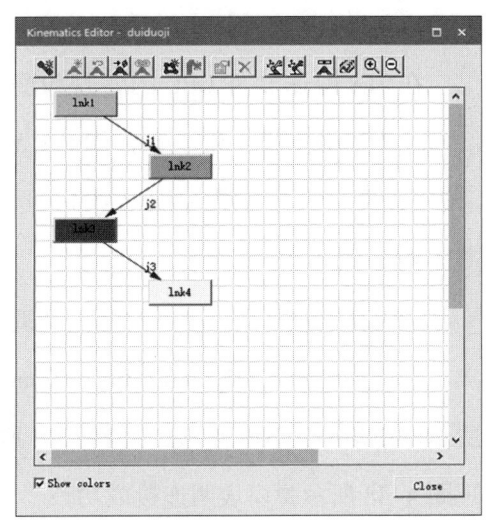

图4-40 堆垛机三个方向的运动机构设置

垛机逻辑块，然后定义输入输出接口、创建信号、设置参数、设置运动行为。输入输出接口主要包括 X、Y、Z 三个方向的运动使能、运动目标位置、实际位置信号。值得注意的是，逻辑块的输入接口对应 PLC 的输出信号，逻辑块的输出接口对应 PLC 的输入信号，特别注意两个软件中变量名称的书写区别，信号通过变量名称识别，如图 4-41、图 4-42 所示。

Signal Name	Memory	Type	Robot Si	Address	IEC Forma
"EnableX"	☐	BOOL		100.0	Q100.0
"EnableY"	☐	BOOL		100.1	Q100.1
"EnableZ"	☐	BOOL		100.2	Q100.2
"ActualPosX"	☐	REAL		12	I12
"ActualPosY"	☐	REAL		16	I16
"ActualPosZ"	☐	REAL		20	I20
"Release"	☐	BOOL		240.2	Q240.2
"TargetPosX"	☐	LREAL		64	Q64
"TargetPosY"	☐	LREAL		72	Q72
"TargetPosZ"	☐	LREAL		80	Q80

图 4-41　Process Simulate 软件的部分信号变量表

	名称	数据类型	地址
1	ActualPosX	LReal	%I12.0
2	ActualPosY	LReal	%I16.0
3	ActualPosZ	LReal	%I20.0
4	TargetPosX	LReal	%Q64.0
5	TargetPosY	LReal	%Q72.0
6	TargetPosZ	LReal	%Q80.0
7	EnableX	Bool	%Q100.0
8	EnableY	Bool	%Q100.1
9	EnableZ	Bool	%Q100.2

图 4-42　TIA 博途软件部分信号变量表

3. 虚拟模型与硬件系统通信

虚拟模型与硬件系统通过 OPC UA 协议通信，CPU 作为 OPC UA 服务器，虚拟模型作为 OPC UA 客户端，从 CPU 上读取数据，驱动虚拟模型动作，具体过程如下：

（1）TIA 博途软件中激活 OPC UA 服务器功能

在 TIA 博途软件 CPU 的常规设置中，打开 CPU 的"OPC UA"选项，勾选"激活 OPC UA 服务器"和"激活 OPC UA 客户端"，并启用"SIMATIC 服务器标准接口"（按需设置最大连接数和端口号），选择运行系统许可证，激活功能设置如图 4-43、图 4-44、图 4-45 所示。

（2）在 Process Simulate 中建立外部连接

选择菜单 File—Options—PLC—Connection Settings，设置信号的外部连接，如图 4-46 所示。添加 OPC_UA 连接，并将 CPU 服务器地址复制到图 4-47 中。单击 Validate，出现图 4-48 所示弹窗表明连接成功。

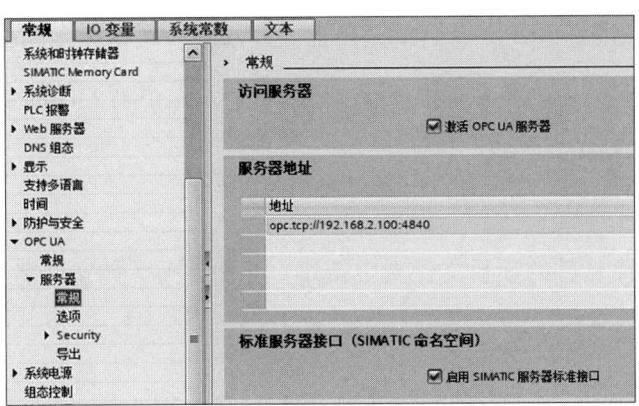

图 4-43 激活 OPC UA 服务器

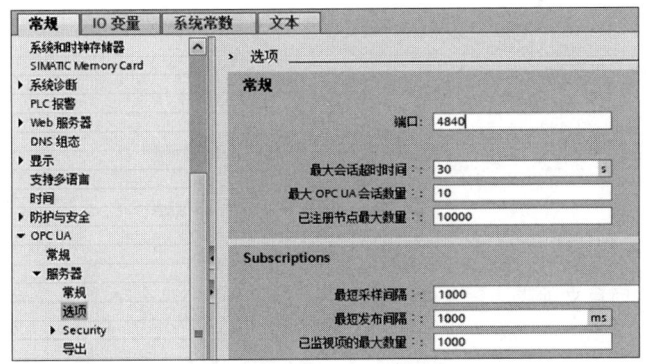

图 4-44 启用"SIMATIC 服务器标准接口"

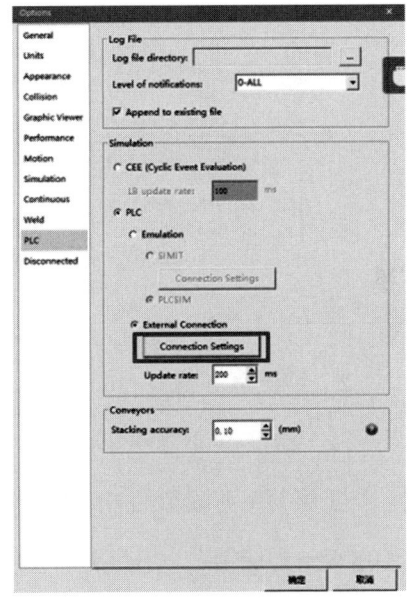

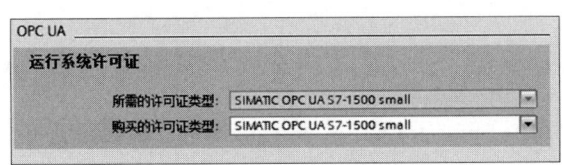

图 4-45 选择运行系统许可证

图 4-46 设置信号外部连接

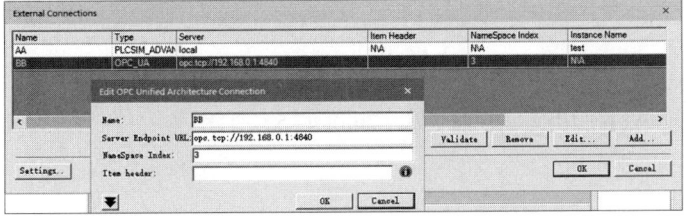

图 4-47 地址与 CPU 服务器地址相同

图 4-48 外部地址连接成功

4. 智能仓储系统状态监测与运维

Web 页面能够很好地展示仓储单元远程监控诊断、数据显示与分析、用户认证等功能。Html 是用来描述网页创建的一种标记性非编程语言。Html 文件被 Web 读取，并被作为网页显示给用户。

（1）编写 Html 代码

1）在 TIA 博途软件的项目文件夹中新建一个文件夹（如文件名为 www），用于放置代码，如图 4-49 所示。

图 4-49　在项目文件夹中创建代码文件夹

2）用记事本编写 html 代码，并将代码文件存放于 www 文件夹中。

（2）激活 Web 服务器

打开 TIA 博途软件中 CPU 常规选项界面，在"Web 服务器"中勾选"启用模块上的 Web 服务器"，在"用户自定义页面"的"HTML 目录"单击右侧按钮将其设置为存放代码的文件夹"www"，"应用程序名称"可随意设置，如图 4-50 所示。设置之后单击"生成块"，便会生成 Web 服务器的两个 DB 块。在"选择入口页面"选择"UP1"。

（3）创建服务器变量

创建 Int 类型变量，用于存放 Web 服务器系统状态，如图 4-51 所示。

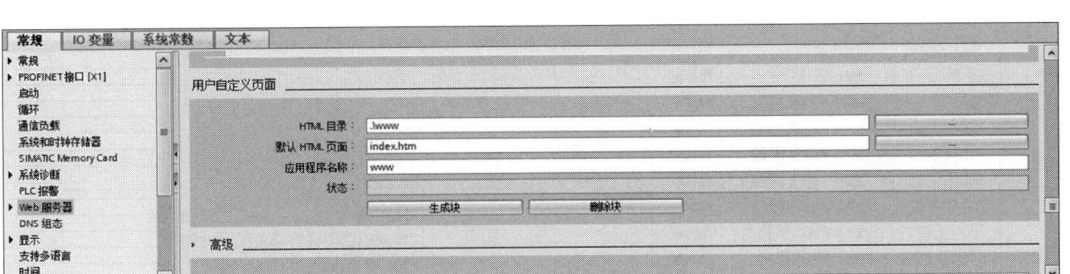

图 4-50　用户自定义页面设置

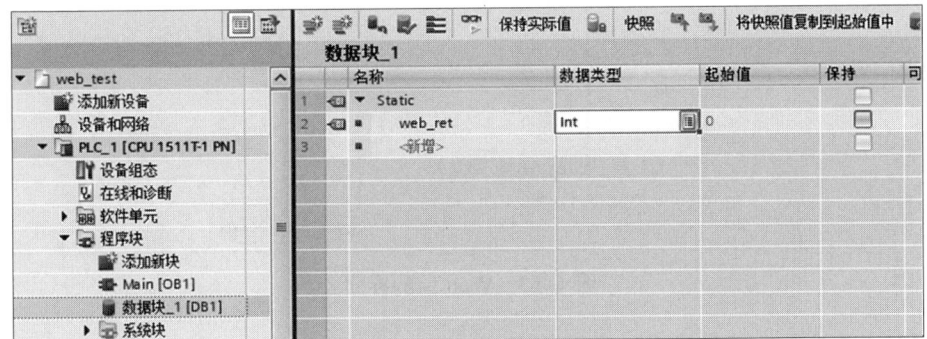

图 4-51　创建服务器变量

（4）编写通信程序

在 Main 主程序中，添加通信函数，选择：指令—通信—Web 服务器—www 函数块，将 CTRL_DB 设置为 Web DB 号 333，将 RET_VAL 设置为创建的 Int 变量，如图 4-52 所示。

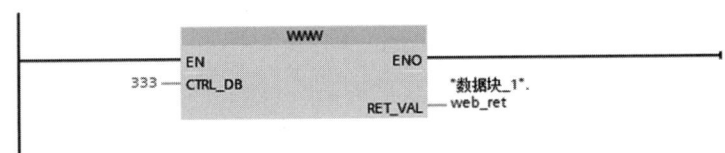

图 4-52　通信函数程序块

（5）显示 Web 监测界面

运行程序后，在浏览器输入 CPU 的 IP 地址，展示 Web 监测界面，如图 4-53 所示。

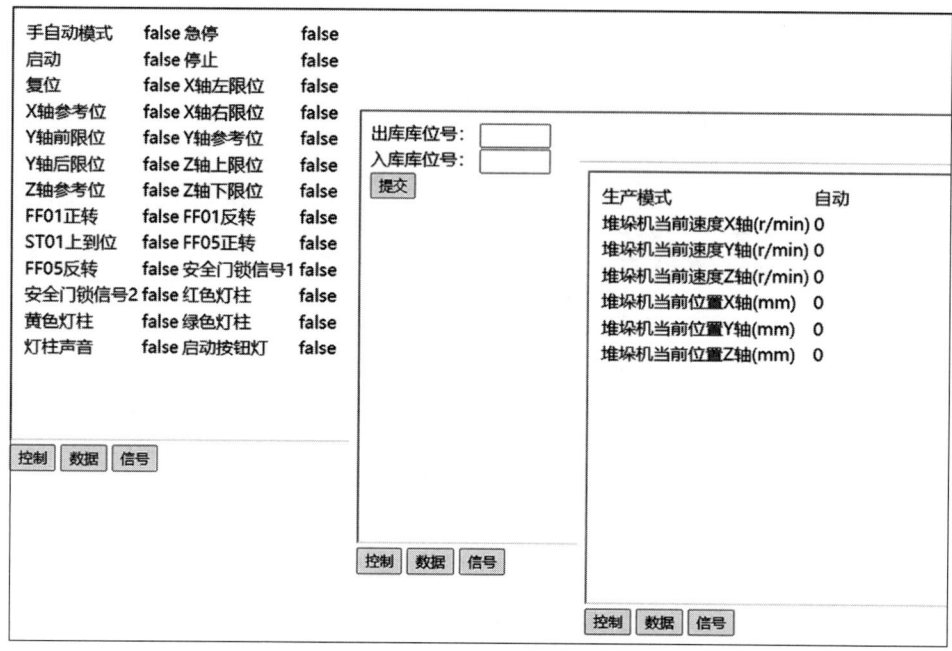

图 4-53　Web 监测界面

第四节　基于 AR 的产线巡检系统配置实验

1. 实验目的

（1）熟悉产线的故障。

（2）掌握使用与配置 AR 巡检系统的能力。

2. 实验设备

（1）智能制造综合实训平台。

（2）AR 巡检软件系统。

（3）AR 巡检设备。

3. 实验内容

（1）按照电气需求，在 AR 巡检软件系统中配置 PLC 中故障相关信号并进行读取与显示。例如，堆垛机限位故障、急停故障、RFID 读写故障、系统运行超时故障等。

（2）按照给定的文档，在 AR 巡检软件系统中进行配置，使其可以正确地依据标签显示相关设备的使用说明与手册。例如气缸、传送带、RFID 等。

4. 实验步骤

（1）按照给定的通信方式为 AR 巡检软件系统配置外部信号源。

（2）按照给定的 PLC 内部故障相关信号为 AR 巡检软件系统配置外部信号，在检测到特定标签时显示。

（3）按照给定的技术资料与显示要求为 AR 巡检软件系统配置相关显示界面，在检测到特定标签后进行正确显示。

思考题

1. 结合数字孪生的内涵，思考数字孪生技术及相关工具能为装备维修带来哪些改变。

2. 思考"基于硬件传感器""基于计算机视觉""混合跟踪注册"三种 AR 高精度跟踪注册技术有何不同，分别适用于什么场景。

3. 基于 AR 的虚实融合技术能为运维作业带来哪些颠覆性的改变？这些改变对维修作业人员有何影响？

4. 建立 Process Simulate、TIA 博途软件与硬件系统的通信，实现堆垛机从指定库位取料，并放置于传输带过程的虚实联动控制调试。

5. 设计智能仓储系统的 Web 监测界面。

第五章
时频分析技术

时频分析技术可以有效支撑企业设备监测和故障诊断系统的构建，提升处理和优化监测信号的效率。本章首先概述了小波多分辨分析、离散小波变换和小波包变换的基础理论，接着深入讨论了第二代小波，涵盖了其变换原理、预测器与更新器，以及冗余第二代小波变换。通过齿轮箱和机车轴承故障特征提取案例，展示了时频分析技术在信号降噪和特征提取方面的优越性。

- **职业功能：** 装备与产线智能运维。
- **工作内容：** 远程监测装备与产线、分析装备健康状态、制定预测性维护策略，并进行维护作业。
- **专业能力要求：** 能进行装备与产线的工作环境预警和实时运行状态监测，对装备智能分析、健康状态评估并制定最优预防性维护策略。
- **相关知识要求：** 算法模型在装备监控管理与故障诊断中的应用。

第一节 时频分析概述

时频分析可将一维时间信号变换为时间-频率联合的二维函数，使其能够揭示信号组成中各成分随时间的变化规律，从而更好地分析和处理非平稳信号。时频分析因其时频联合表征能力被广泛应用于包括振动信号分析在内的多个领域。时频分析方法分为直接变换类时频分析方法、基于前处理的时频分析方法、基于后处理的时频分析方法。直接变换类时频分析方法将时域信号直接变换成分析结果，代表性方法有短时傅里叶变换、小波变换、维格纳-威尔分布等。基于前处理的时频分析方法通过前处理算法将信号进行预处理后对处理结果进行时频分析，代表性方法有匹配追踪、基追踪等信号分解方法。基于后处理的时频分析方法在时频变换的结果上再进行后处理，代表性方法为时频重排方法。小波变换是数学学科中继傅里叶变换之后纯粹数学和应用数学完美结合的又一典范，是调和分析发展史上的一个里程碑。小波变换具有良好的时频局部化特性，能够把任何信号映射到由一个母小波伸缩、平移而成的一组基函数上去，实现信号在不同频带、不同时刻的合理分离。小波变换以不同的尺度来观察信号，既看到了信号的全貌，又看到了信号的局部，具有多分辨分析的能力，为非平稳信号的分析展示了美好的前景，在信号降噪、故障特征提取、模态参数识别等方面具有独特优势。因此，本教程重点介绍小波及第二代小波分析技术。

考核知识点及能力要求：

- 了解小波分析的基本概念。

- 熟悉离散小波变换、小波包变换及其性质。
- 掌握信号的小波包分析。

一、小波多分辨分析

多分辨分析也称为多尺度分析或多尺度逼近，多分辨分析理论的提出既为正交小波的构造提供了切实可行的方法，同时又建立了统一的小波理论框架，对于深刻理解小波分析理论以及构造和应用小波具有重要的意义。

1986 年，Meyer 提出了一组小波，其二进制伸缩与平移构成 $L^2(R)$ 的标准化正交基。在此基础上，1988 年 Mallat 在构造正交小波时提出了多分辨分析的概念，从函数分析的角度对正交小波进行了数学解释，从空间的概念上形象地说明了小波的多分辨率特性，并给出了 Mallat 算法——一种通用的构造正交小波的方法和小波变换的快速算法。

1. 多分辨分析定义及性质

小波理论包括连续小波和二进小波变换，在映射到计算域时存在很多问题，因为两者都存在信息冗余，在对信号进行采样以后，需要计算的信息量较大。二进小波变换虽然在离散的尺度上进行伸缩和平移，但是小波之间没有正交性，为分析带来了不便。

当 Mallat 算法在计算上变得可行以后，小波变换在各个领域才发挥它独特的优势，解决了各类问题，为人们提供了更多的关于时域分析的信息。

通俗地说，多分辨分析就是要构造一组函数空间，每组空间的构成都有一个统一的形式，而所有空间的闭包则逼近 $L^2(R)$。每个空间中，所有的函数都构成该空间的标准化正交基，而所有函数空间的闭包中的函数则构成 $L^2(R)$ 的标准化正交基。如果对信号在这类空间上进行分解，就可以得到相互正交的时频特性。由于空间数目是无限可数的，因此，可以很方便地分析我们所关心的信号的某些特性。

下面对多分辨分析的数学理论做简要介绍。

Hilbert 空间 $L^2(R)$ 中的一列子空间 $\{V_j\}_{j \in Z}$ 称为一个正交多分辨率分析（记为

OMRA），如果满足：

1）嵌套性：$V_j \subseteq V_{j+1}(j \in Z)$。

2）伸缩性：$f(t) \in V_j \Leftrightarrow f(2t) \in V_{j+1}$。

3）隔离性：$\bigcap_{j \in Z} V_j = \{0\}$。

4）稠密性：$\overline{\bigcup_{j \in Z} V_j} = L^2(R)$。

5）正交性：对 $\exists \varphi(t) \in V_0$，使得 $\{\varphi(t-k), k \in Z\}$ 是 V_0 的标准正交基。

那么，$\varphi(t)$ 称为该 OMRA 的尺度函数，V_j 称为 $L^2(R)$ 的逼近子空间或尺度空间。

多分辨分析提供了在不同尺度下分析函数的一种手段，它对 $L^2(R)$ 的划分如图 5-1 所示。

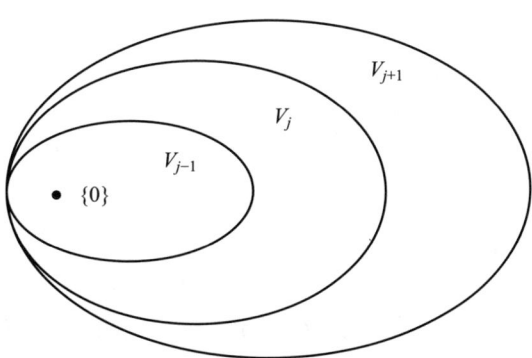

图 5-1　多分辨分析对 $L^2(R)$ 的划分

设闭子空间列 $\{V_j\}_{j \in Z}$ 构成 $L^2(R)$ 的一个 OMRA，$\varphi(t)$ 是相应的尺度函数，则 $\forall j \in Z$，函数系构成子空间 $\{V_j\}$ 的一个标准正交基。

$$\varphi_{jk}(t) = 2^{\frac{j}{2}} \varphi(2^j t - k), \ k \in Z \quad (5-1)$$

多分辨率分析 $\{V_j\}_{j \in Z}$ 也称为多尺度分析或者多尺度逼近，子空间 $\{V_j\}$ 是由 $\varphi(t)$ 的二进伸缩与整数平移系生成，即

$$V_j = \overline{\text{span}} \{2^{\frac{j}{2}} \varphi(2^j t - k), \ k \in Z\}, \ \forall j \in Z \quad (5-2)$$

所以，有时也称 $\{V_j\}_{j \in Z}$ 是由尺度函数 $\varphi(t)$ 生成的多分辨率分析，而称 $\varphi(t)$

是 $\{V_j\}_{j\in Z}$ 的生成元。

对于尺度函数 $\varphi(t)$，不难证明：

1）标准化条件：

$$\left|\int_{-\infty}^{+\infty}\varphi(t)\mathrm{d}t\right|=1 \quad (5\text{-}3)$$

2）离散标准化条件：

$$\sum_{k\in Z}\varphi(t+k)=1 \quad (5\text{-}4)$$

不难看出，对于 $L^2(R)$ 的一个 OMRA，要求尺度函数 $\varphi(t)$ 的整数平移系 $\{\varphi(t-k), k\in Z\}$ 构成 V_0 的标准正交基是非常重要的，实际上，这个条件可以适当放宽，即仅要求 $\{\varphi(t-k), k\in Z\}$ 构成 V_0 的一个 Riesz 基。Hilbert 空间 $L^2(R)$ 中的一列子空间 $\{V_j\}_{j\in Z}$ 称为一个广义多分辨率分析（记为 GMRA），如果满足：

1）嵌套性：$V_j\subseteq V_{j+1}(j\in Z)$。

2）伸缩性：$f(t)\in V_j \Leftrightarrow f(2t)\in V_{j+1}$。

3）隔离性：$\bigcap_{j\in Z}V_j=\{0\}$。

4）稠密性：$\overline{\bigcup_{j\in Z}V_j}=L^2(R)$。

5）Riesz 基：$\exists g(t)\in V_0$ 使得 $\{g(t-k), k\in Z\}$ 是 V_0 的 Riesz 基。其中的 $g(t)$ 称为该 GMRA 的尺度函数。

设 $\{V_j\}_{j\in Z}$ 是由尺度函数 $g(t)$ 生成的 GMRA，令

$$\hat{\varphi}(\omega)=\frac{\hat{g}(\omega)}{\left(\sum_{k\in Z}|\hat{g}(\omega+2k\pi)|^2\right)^{\frac{1}{2}}} \quad (5\text{-}5)$$

则 $\hat{\varphi}(\omega)$ 的 Fourier 逆变换 $\varphi(t)$ 是一个正交尺度函数，即 $\{V_j\}_{j\in Z}$ 是由 $\varphi(t)$ 生成的 $L^2(R)$ 的一个 OMRA。

这个定理阐明了：

1）GMRA 与 OMRA 对应的尺度函数 $g(t)$ 与 $\varphi(t)$ 之间的关系。

2）由 $g(t)$ 与 $\varphi(t)$ 的正交化处理过程。

2. 双尺度方程与小波滤波器

下面介绍在小波分析中起着重要作用的双尺度方程以及与之相关的小波滤波器及其重要性质。

设 $\varphi(t)$ 是 $L^2(R)$ 的一个 OMRA 的尺度函数，则存在 $\{h_k\}_{k \in Z} \in l^2$，使得

$$\varphi(t) = \sum_{k \in Z} h_k \varphi(2t-k) \tag{5-6}$$

称满足上式的序列 $\{h_k\}_{k \in Z}$ 为尺度函数 $\varphi(t)$ 的双尺度系数，称式（5-6）为双尺度方程。

对双尺度方程两端求 Fourier 变换，得

$$\hat{\varphi}(\omega) = \frac{1}{2} \sum_{k \in Z} h_k e^{-\frac{ik\omega}{2}} \hat{\varphi}\left(\frac{\omega}{2}\right) = H\left(\frac{\omega}{2}\right)\hat{\varphi}\left(\frac{\omega}{2}\right) \tag{5-7}$$

其中 $H(\omega) = \frac{1}{2} \sum_{k \in Z} h_k e^{-ik\omega}$。式（5-7）也可写为：

$$\hat{\varphi}(2\omega) = H(\omega)\hat{\varphi}(\omega) \tag{5-8}$$

为方便起见，往往把式（5-6）和式（5-8）称为双尺度方程的时域表示和频域表示。

设 $\{V_j\}_{j \in Z}$ 是由尺度函数 $\varphi(t)$ 生成的 OMRA，则双尺度系数 $\{h_k\}_{k \in Z}$ 具有下列性质：

$$\sum_{k \in Z} h_{k-2n} \overline{h_k} = 2\delta_{n0}, \quad \forall n \in Z \tag{5-9}$$

$$\sum_{k \in Z} |h_k|^2 = 2 \tag{5-10}$$

$$\sum_{k \in Z} h_k = 2 \tag{5-11}$$

$$\sum_{k \in Z} h_{2k} = \sum_{k \in Z} h_{2k+1} = 1 \tag{5-12}$$

设 $\{h_k\}_{k \in Z}$ 是尺度函数 $\varphi(t)$ 的双尺度系数，令

$$H(\omega) = \frac{1}{2} \sum_{k \in Z} h_k e^{-ik\omega} \tag{5-13}$$

则 $H(\omega)$ 是 2π 周期函数，且

$$|H(\omega)|^2 + |H(\omega+\pi)|^2 \equiv 1 \tag{5-14}$$

令 $g_k = (-1)^k \overline{h_{1-k}}$，$k \in Z$，及

$$G(\omega) = \frac{1}{2} \sum_{k \in Z} g_k e^{-ik\omega} \qquad (5-15)$$

对于 $H(\omega)$ 与 $G(\omega)$，容易证明，下列等式成立：

$$G(\omega) = -e^{-i\omega}\overline{H(\omega+\pi)}, \text{因而具有} 2\pi \text{周期性} \qquad (5-16)$$

$$|G(\omega)|^2 + |G(\omega+\pi)|^2 = 1 \qquad (5-17)$$

$$H(\omega)\overline{G(\omega)} + H(\omega+\pi)\overline{G(\omega+\pi)} = 0 \qquad (5-18)$$

在工程应用特别是信号处理中，常把 $\{h_k\}_{k \in Z}$ 与 $\{g_k\}_{k \in Z}$ 分别称为低通滤波器系数与高通滤波器系数，$H(\omega)$ 与 $G(\omega)$ 分别是它们的频域表现，分别称为低通滤波器和高通滤波器。

至此，在 OMRA 框架下得到了两个非常重要的函数 $H(\omega)$ 与 $G(\omega)$，它们满足式（5-14）、式（5-17）、式（5-18），用矩阵表示：

$$\boldsymbol{M}(\omega)\overline{\boldsymbol{M}(\omega)}^T = \boldsymbol{I} \qquad (5-19)$$

其中，$\boldsymbol{M}(\omega) = \begin{pmatrix} H(\omega) & H(\omega+\pi) \\ G(\omega) & G(\omega+\pi) \end{pmatrix}$。

还可以等价表示为：

$$\begin{cases} \sum_{k \in Z} h_{k-2n}\overline{h_k} = 2\delta_{n0}, \\ \sum_{k \in Z} g_{k-2n}\overline{g_k} = 2\delta_{n0}, \quad \forall n \in Z \\ \sum_{k \in Z} h_{k-2n}\overline{g_k} = 0 \end{cases} \qquad (5-20)$$

由于这些条件不仅保证了滤波器是共轭正交的，还保证了信号分解后能够完全重构，因此，式（5-14）、式（5-17）、式（5-18）或它们的等价形式称为精确重构条件。

3. 常见的正交小波基

由一个函数的平移和伸缩所构成的正交基在对信号进行分解重构时有非常重要的作用，多分辨分析给出了具体的构造方法，下面是几个解析表达式。

（1）Haar 小波

1910 年，数学家 Haar 提出的 Haar 系 $h_{m,n}(t) = 2^{-\frac{m}{2}}h(2^{-m}t-n)$（$m, n \in Z$）是由母函数生成的。

$$h(t) = \begin{cases} 1 & 0<x<1/2 \\ -1 & \dfrac{1}{2}<x<1 \\ 0 & \text{其他} \end{cases} \tag{5-21}$$

特点是同一尺度 m 上，函数集合 $\{h_{m,n}(t)\}_{n \in Z}$ 中任意两函数的支集不相交；同一尺度上的基函数相互正交；不同尺度的基函数正交。

（2）Little wood-Paley 小波

Little wood-Paley 小波的表达式为：

$$\psi(t) = \frac{1}{\pi t}(\sin 2\pi t - \sin \pi t) \tag{5-22}$$

其傅里叶变换为：

$$\psi(\omega) = \begin{cases} 1, & \pi \leq |\omega| \leq 2\pi \\ 0, & \text{其他} \end{cases} \tag{5-23}$$

其特点是时域衰减速度仅为 $\dfrac{1}{|t|}$，局部性差，频域局部性好，实际应用也受到限制。

（3）Shannon 小波

Shannon 小波的母函数为：

$$\psi(t) = \frac{\sin\pi\left(t-\dfrac{1}{2}\right) - \sin 2\pi\left(t-\dfrac{1}{2}\right)}{\pi\left(t-\dfrac{1}{2}\right)} \tag{5-24}$$

Shannon 小波母函数是无限次可导的，这方面比存在不连续点的 Haar 小波母函数表现优秀，不过 Haar 系函数的支集是紧支的，Shannon 系的函数不仅不是紧支的，当 $|t| \to \infty$ 时其趋近于零的速度仅为 $o\left(\dfrac{1}{|t|}\right)$，故当用 Shannon 系对函数进行分解时，分解系数不能很好地反映信号的局部特征。

在多分辨分析理论被提出之前，人们还采用过其他方法构造正交小波，如 Stormbery 小波、Battle-Lemarie 小波等。1986 年，Mallat 和 Meyer 提出多分辨分析理论，统一了之前小波的构造，提供了构造新小波基函数的方便工具。

二、离散小波变换

离散小波变换是一种重要的时频分析方法,长期以来,离散小波变换在数字信号处理、地震预报、石油勘探、量子物理以及概率论等多个领域都得到了广泛的应用。它的优势在于能够多尺度地分解非线性非平稳信号。信号通过离散小波变换被分解为一系列的尺度系数和小波系数,通过选择合适的系数进行逆变换可以有效地从信号中提取有效信息。

1. 小波变换原理

为了便于理解离散小波变换,首先介绍连续小波变换的方法。令初始信号为 $x(t)$,将小波基函数或母小波 $\psi(t)$ 定义为:

$$\psi_{a,b}(t) = |a|^{-1/2} \psi\left(\frac{t-b}{a}\right) \tag{5-25}$$

式中,a 代表尺度因子,b 代表平移因子。小波基函数通过尺度因子 a 进行伸缩,a 的值越大,小波基函数时域表现越宽,频域表现越窄。因此,尺度因子 a 决定小波变换的分析区间。

连续小波变换定义为:

$$WT_x(a, b) = |a|^{-1/2} \int x(t) \psi\left(\frac{t-b}{a}\right) dt = \langle x(t), \psi_{a,b}(t) \rangle \tag{5-26}$$

由小波变换的内积定义可以得出,$WT_x(a, b)$ 表征信号 $x(t)$ 在小波基函数 $\psi(t)$ 上的投影。

离散小波变换是把尺度因子 a 和平移因子 b 离散化,即在离散点取值。通常情况下,尺度因子 a 和平移因子 b 可以定义为:

$$a = a_0^j, \quad b = k a_0^j b_0, \quad j, k \in Z \tag{5-27}$$

可得离散参数小波函数集为:

$$\{a_0^{-j/2} \psi(a_0^{-j}(t-ka_0^j b_0))\, ,\, j,k \in Z\} = \{a_0^{-j/2} \psi(a_0^{-j} t - kb_0)\, ,\, j,k \in Z\} \tag{5-28}$$

则离散小波变换的定义为:

$$WT_x(a_0^j, kb_0) = |a_0|^{-j/2} \int x(t) \psi(a_0^{-j} t - kb_0) dt \tag{5-29}$$

简单地说,计算在离散尺度因子和离散位移因子下的变换过程称为离散小波变换。

小波基函数的求解过程，可以转化为数字滤波器的设计。将离散小波变换系数计算与滤波和降采样相结合，具体过程如图5-2所示。初始信号 x 通过低通滤波器和高通滤波器，不同频率段划分为不同的时域信号。图中 g 和 h 为滤波器系数，通过小波基函数确定，分别具有高通和低通的性质。符号↓2表示降采样，即每两点采集一个数据。原始离散序列 x 通过高通滤波器和低通滤波器被分解为 G_1 和 H_1 子带信号。此时，G_1 和 H_1 序列长度等于原始离散序列长度。通过二次抽取，G_1 和 H_1 信号长度减半，总长度与原离散序列相同。经过进一步计算可以得到小波系数 D_i 和尺度系数 A_i。选择尺度系数 A_i 进行下一层分解，最终使得进行离散小波分解后，所有尺度下的小波系数加最大尺度系数的总长等于原离散序列的长度。

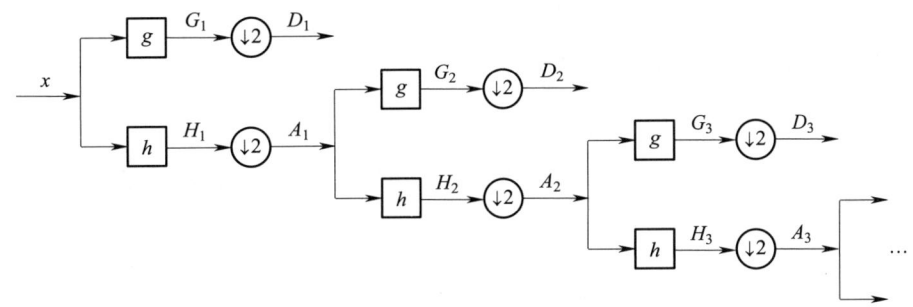

图5-2 离散小波分解框图

2. 小波框架定义及性质

（1）小波框架的定义

函数空间的框架是函数空间"基"的一个推广概念，若这种"基"还是由小波函数构成，则它就称为小波框架。

当由基本小波 $\psi(t)$ 经伸缩和位移引出的函数族

$$\psi_{j,k}(t)=a_0^{-j/2}\psi(a_0^{-j}t-kT_s), \quad j,k \in Z \tag{5-30}$$

满足以下性质时

$$A\|f\|^2 \leq \sum_{j,k} |\langle f, \psi_{j,k}\rangle|^2 \leq B\|f\|^2, \quad 0<A \leq B<+\infty \tag{5-31}$$

则 $\{\psi_{j,k}(t)\}_{j,k \in Z}$ 构成一个小波框架，称式（5-31）为小波框架条件，其频域表示为：

$$\alpha \leqslant \sum_{j \in Z} |\psi(2^j \omega)|^2 \leqslant \beta \quad 0 < \alpha < \beta < \infty \tag{5-32}$$

（2）小波框架的性质

1）满足小波框架条件的 $\psi_{j,k}(t)$，其基本小波 $\psi(t)$ 必须满足容许性条件。但是，并不是满足容许性条件的小波，在任意离散间隔 T_s 及尺度基数 a_0 下都满足小波框架的条件。

2）小波函数的对偶函数 $\psi_{j,k}(t)=2^{-j/2}\psi(2^{-j}t-k)$ 也构成一个框架，其框架的上下界是 $\psi_{j,k}(t)$ 框架上下界的倒数。

$$\frac{1}{A}\|f\|^2 \leqslant \sum_{j,k} |\langle f, \psi_{j,k} \rangle|^2 \leqslant \frac{1}{B}\|f\|^2 \tag{5-33}$$

3）离散小波变换具有非伸缩和时移共变性。

4）离散小波变化依然具有冗余度。

3. 离散小波逆变换

如离散小波序列 $\{\psi_{j,k}(t)\}_{j,k \in Z}$ 构成一个框架，其上、下界分别为 A 和 B：

1）$A=B=1$ 时，有

$$f(t) = \sum_{j,k} WT_f(j,k) \cdot \psi_{j,k}(t) \tag{5-34}$$

事实上，此时式（5-34）变为：

$$\|f\|^2 = \sum_{j,k} |\langle f, \psi_{j,k} \rangle|^2 \tag{5-35}$$

$\{\psi_{j,k}(t)\}_{j,k \in Z}$ 构成了 $L^2(R)$ 的标准正交基，所以

$$f(t) = \sum_{j,k} C_{j,k} \psi_{j,k}(t) \tag{5-36}$$

$$\langle f, \psi_{m,n} \rangle = \sum_{j,k} C_{j,k} \langle \psi_{j,k}, \psi_{m,n} \rangle \tag{5-37}$$

由于当 $(j,k) \neq (m,n)$ 时，$\langle \psi_{j,k}, \psi_{m,n} \rangle = 0$，所以

$$C_{m,n} = \langle f, \psi_{m,n} \rangle \psi_{j,k}(t) \tag{5-38}$$

此时的小波框架为小波正交基。

2）$A=B \neq 1$ 时，由框架概念可知离散小波变换的逆变换为：

$$f(t) = A^{-1} \sum_{j} \langle f, \psi_{j,k}(t) \rangle \widetilde{\psi}_{j,k}(t) = \frac{1}{A} \sum_{j,k} WT_f(j,k) \cdot \psi_{j,k}(t) \tag{5-39}$$

3）当 $A \neq B$，而 A、B 比较接近时，作为一阶逼近，可取

$$\tilde{\psi}_{j,k}(t) = \frac{2}{A+B} \psi_{j,k}(t) \tag{5-40}$$

则重建公式近似为：

$$\begin{aligned}f(t) &= \sum_{j} \langle f, \psi_{j,k}(t) \rangle \tilde{\psi}_{j,k}(t) \\ &\approx \frac{2}{A+B} \sum_{j,k} WT_f(j,k) \cdot \psi_{j,k}(t)\end{aligned} \tag{5-41}$$

逼近误差的范数为：

$$\| R_f \| = \| R \| \cdot \| f \| = \frac{2}{A+B} \sum_{j,k} WT_f(j,k) \cdot \psi_{j,k}(t) \tag{5-42}$$

由式（5-42）可知，当 A 与 B 越接近时，则逼近误差就越小。此时这种框架为紧框架。为了保证 $\psi_{j,k}$ 能构成一个重构误差较小的框架，就必须对基本小波在 α、τ 轴上的采样间隔提出更高要求：α_0 不一定等于 2，T_s 也不一定等于 2，以便于使 A 和 B 接近相等。可以想象，当尺度间隔越小，位移间隔 $\Delta\tau$ 就越小。

4）当 $A \neq B$，也不是紧框架时，有

$$f(t) = \sum_{j} \langle f, \psi_{j,k}(t) \rangle \tilde{\psi}_{j,k}(t) \tag{5-43}$$

其中 $\tilde{\psi}_{j,k}$ 是 $\psi_{j,k}$ 的对偶小波。

以上四种情况说明了在各种情况下由小波框架表示函数或由框架对应的离散小波变换重构函数的公式，其中式（5-43）为一般情形的表达式，但它们不能直接应用，需要首先寻求 $\psi_{j,k}(t)$ 的对偶小波 $\tilde{\psi}_{j,k}(t)$。

设 $\{\psi_{j,k}(t)\}_{j,k \in Z}$ 是上下界为 A 和 B 的小波框架，记 $F_f = \sum_{j,k} \langle f, \psi_{j,k}(t) \rangle \psi_{j,k}(t)$，则 $\psi_{j,k}(t)$ 的对偶小波 $\tilde{\psi}_{j,k}(t) = F^{-1} \psi_{j,k}(t)$ 也构成一个框架，一般情况下小波框架 $\psi_{j,k}(t)$ 并不正交，甚至还可能线性相关。因此，框架所对应的离散小波变换所含信息是冗余的。从下述的表述中可以更清楚地看到这一点。在紧框架下

$$f(t) = \frac{1}{A} \sum_{j,k} WT_f(j,k) \cdot \psi_{j,k}(t) \tag{5-44}$$

而在 (j_0, k_0) 处的离散小波变换为：

$$\begin{aligned}
WT(j_0, k_0) &= \int_R f(t)\overline{\psi}_{j_0, k_0}(t)\mathrm{d}t \\
&= \int_R \frac{1}{A}\Big[\sum_{j,k} WT_f(j, k)\psi_{j, k}\Big]\overline{\psi}_{j_0, k_0}(t)\mathrm{d}t \\
&= \frac{1}{A}\sum_{j,k} WT_f(j, k)\int_R \psi_{j, k}(t)\overline{\psi}_{j_0, k_0}(t) \\
&= \frac{1}{A}\sum_{j,k} WT_f(j, k) K_\psi(j, k, j_0, k_0)
\end{aligned} \quad (5\text{-}45)$$

其中

$$K_\psi(j, k, j_0, k_0) = \int_r \psi_{j, k}(t)\widetilde{\psi}_{j_0, k_0}(t)\mathrm{d}t \quad (5\text{-}46)$$

和连续小波变换的情况类似，式（5-45）表明了(j_0, k_0)处的小波变换与其他离散点(j, k)处的小波变换关系，它由周围其他点的小波变换"线性表出"，而这个"周围"由式（5-46）确定，使得$K_\psi(j, k, j_0, k_0)$不为零的所有的点(j, k)上的小波变换对(j_0, k_0)点处的小波变换做"贡献"，称其中的K_ψ为离散小波变换的再生核。

若$\{\psi_{m, n}\}_{m, n \in Z}$是一个框架，则框架的上下界$A$、$B$满足下面不等式：

$$A \leqslant \frac{\pi}{\Delta\tau\log a_0}\int_{-\infty}^{\infty}\frac{|\psi(\omega)|^2}{\omega}\mathrm{d}\omega \leqslant B \quad (5\text{-}47)$$

特别对紧框架有

$$A = \frac{\pi}{\Delta\tau\log a_0}\int_{-\infty}^{\infty}\frac{|\psi(\omega)|^2}{\omega}\mathrm{d}\omega \quad (5\text{-}48)$$

三、小波包变换

为了改善小波分析的时频特性，Wickerhauser等提出了小波包变换。小波包变换由离散小波变换拓展而来，是一种自适应的非线性分析方法。与小波变换不同的是，小波包变换可以对信号的高频部分提供更加精细的分解，而且这种分解无冗余、无疏漏，能够对包含大量中高频信息的信号（如非平稳机械振动信号等）进行更好的时频分析。

1. 小波包变换原理

小波包变换继承了小波变换的时频分析特性，对小波变换中未分解的高频频带信号进一步分解，在不同的层次上对各种频率做不同的分辨率选择，在全频带范围内提供了一系列子频带的时域波形，从而更准确地捕获信号的局部特征。

将尺度函数 $\varphi(t)$ 和小波函数 $\psi(t)$ 统一记为 $\mu(t)$，即把尺度 0 上的尺度函数记为 $\mu_{0,0}(t)$；把尺度 1 上的尺度函数和小波函数分别记作 $\mu_{1,0}(t)$ 和 $\mu_{1,1}(t)$。则双尺度方程式可以分别写为：

$$\begin{cases} \mu_{1,0}(t) = 2\sum_{n \in Z} h(n)\mu_{0,0}(2t-n) \\ \mu_{1,1}(t) = 2\sum_{n \in Z} g(n)\mu_{0,0}(2t-n) \end{cases} \quad (5-49)$$

对于任意的尺度和函数系，其递推表达关系式为：

$$\begin{cases} \mu_{j,2m}(t) = 2\sum_{n \in Z} h(n)\mu_{j-1,m}(2t-n) \\ \mu_{j,2m+1}(t) = 2\sum_{n \in Z} g(n)\mu_{j-1,m}(2t-n) \end{cases} \quad (5-50)$$

函数系 $\mu_{j,m}(t)$ 称为关于小波函数 $\varphi(t)$ 的小波包。

在小波分解中，每个尺度上都仅有一个尺度函数和一个小波函数。但是对于小波包来说，在同一尺度上 $\mu_{j,m}$ 的数量是不相同的，而呈现为二进增长的形式。在尺度为 1 上的小波包函数有 $\mu_{1,0}$ 和 $\mu_{1,1}$，而在尺度为 2 上的小波包函数有 $\mu_{2,0}$、$\mu_{2,1}$、$\mu_{2,2}$ 和 $\mu_{2,3}$。一般地，在尺度 j 上小波包函数共有 2^j 个，分别为 $\mu_{j,0}$，$\mu_{j,1}$，…，$\mu_{j,2^j-1}$。其中，第二下标 $m=0$ 的是尺度函数，$m=1$ 的是小波函数，其余的既不是尺度函数，也不是小波函数，而是新增加的小波包函数。

2. 小波包变换与逆变换

小波包变换是将信号在小波包函数系上展开，也就是求信号与小波包函数的内积。设在尺度 j 上的分解系数为 $x_{j,m}(k)$，那么它可以表示为如下内积形式：

$$x_{j,m}(k) = (f(t), 2^{-j/2}\mu_{j,m}(2^{-j}t-n)) \quad (5-51)$$

与离散小波变换相类似，对其公式进行推导，得到离散小波包分解的递推公式：

$$\begin{cases} x_{j,2m}(n) = \sqrt{2}\sum_{k \in Z} h(k-2n)x_{j-1,m}(k) \\ x_{j,2m+1}(n) = \sqrt{2}\sum_{k \in Z} g(k-2n)x_{j-1,m}(k) \end{cases} \quad (5-52)$$

式（5-52）可简写为：

$$x_{j,2m+1}(n) = \sqrt{2}\sum_{k \in Z} h_i(k-2n)x_{j-1,m}(k), \quad i=0, 1 \quad (5-53)$$

其中 $h_0=h$,$h_1=g$。

三级小波包分解框图如图5-3所示,向量 $W_{j,n}$ 表示第 j 层的第 n 个小波包分解系数,0或1分别表示尺度(低通)或小波(高通)滤波器的使用。注意,如果在 $j-1$ 层的母节点到 j 层的子节点进行时,要求使用 $G(\ )$,那么就添加一个0到母的 $c_{j-1,\left[\frac{n}{2}\right]}$ 得到子的 $c_{j,n}$;另外,如果使用 $H(\ )$,那么就添加一个1。当从左边到右边穿过行 $j=2$ 或3移动且选出每个 $c_{j,n}$ 的最后一个元素时,得到模型"0,1,1,0"或这个模型的继续重复(通常 $j \geq 2$,搜集 $c_{j,n}$,$n=0,\cdots,2^j-1$ 的最后元素将会产生 2^{j-2} 个"0,1,1,0"的重复)。

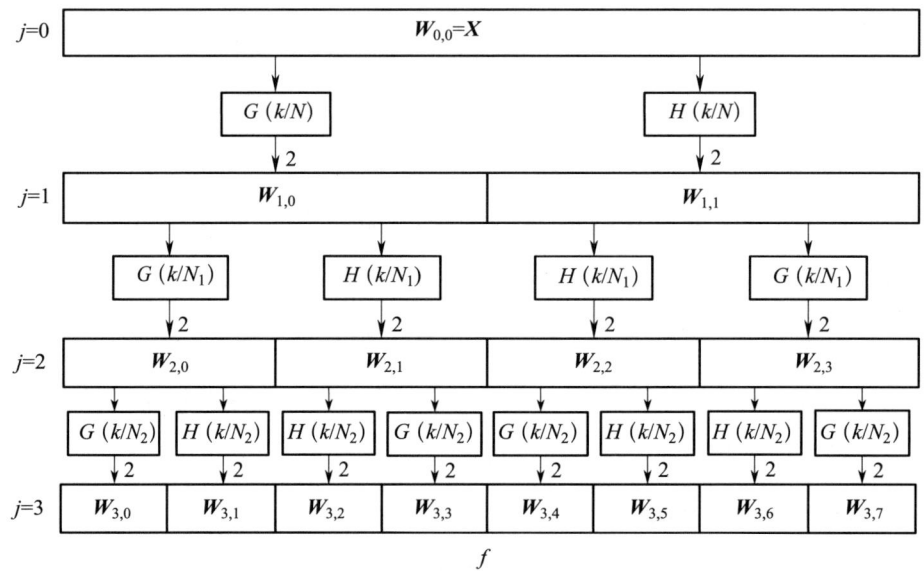

图5-3 三级小波包分解框图

小波包逆变换与离散小波逆变换相似,也是一个方向递推的过程。由于函数系 $\mu_{j,m}(t)$ 的正交特点,有以下公式成立:

$$\mu_{j-1,m}(t-n) = \sqrt{2} \sum_{k \in Z} h(n-2k) \mu_{j,2m}(2^{-1}t-k) \\ + \sqrt{2} \sum_{n \in Z} g(n-2k) \mu_{j,2m+1}(2^{-1}t-k) \tag{5-54}$$

式(5-54)两边同时对 $f(t)$ 求内积,得到

$$x_{j-1,m}(n) = \sqrt{2} \sum_{k \in Z} h(n-2k) x_{j,2m}(k) + \sqrt{2} \sum_{n \in Z} g(n-2k) x_{j,2m+1}(k) \tag{5-55}$$

式（5-55）即为离散小波包的逆变换公式，也称为重建公式。每一组系数都可以由比它尺度大一级的两组系数重建。但是全部信号的重建与分解时选择的基有关，选择的基不同，结果中保留的系数就不同，因此，重建过程也不相同。

3. 信号的小波包分析

用小波包分解系数表示信号必须解决两个关键问题：一是小波包分解中会出现混序现象，因此对分解结果必须重新排序；二是小波包变换是冗余变换，数据的总量随着分解尺度增加而成倍增加，因此结果中含有大量重复信息，不是所有的分解系数都保留，必须解决如何选择最能代表信号特点的分解系数的问题。

（1）小波包的混序现象

小波包分解系数中的第二下标 m 表示频带，按照自然序排列，m 越大则该组系数所处的频带越高。但在实际上，分解系数所处的频带并不如此，而是存在混序现象。以最简单的哈尔（Haar）小波为例，按照自然序排列的哈尔小波包最终分解结果就是离散沃尔什（Walsh）变换的结果，离散沃尔什变换通常写成矩阵形式：$X=\dfrac{1}{\sqrt{N}}W_N x$，其中变换矩阵由离散沃尔什函数组成，离散沃尔什函数是仅由 1 和 –1 组成的函数，$N=8$ 时，变换矩阵如下（仅用元素符号表示）：

$$W_s = \begin{bmatrix} + & + & + & + & + & + & + & + \\ + & + & + & + & - & - & - & - \\ + & + & - & - & - & - & + & + \\ + & + & - & - & + & + & - & - \\ + & - & - & + & + & - & - & + \\ + & - & - & + & - & + & + & - \\ + & - & + & - & - & + & - & + \\ + & - & + & - & + & - & + & - \end{bmatrix}$$

（2）排序方法

Wickerhauser 提出在分解过程中，凡是遇到某组系数是由滤波器 g 卷积得到的，那么将它分解后得到的两组系数交换位置，然后继续分解即可。这是因为用滤波器 g 分解后的系数已埋下了混序的种子。上述排序方法称为格雷（Gray）编码，编码规则如下：

设 n 为自然序号，以二进制表示为 $n = \sum_{i=0}^{j-1} 2^i n_i$。其中带下标的 $n_i \in \{0, 1\}$ 为 n 的二进制表示，j 为分解的次数（即最终的尺度），i 为二进制的位数。令

$$n'_{j-1} = n_{j-1} \tag{5-56}$$

$$n'_i = \mathrm{mod}_2(n_i + n_{i+1}) \tag{5-57}$$

n'_i 就是 n 的格雷编码 n' 的二进制表示。写成十进制为 $n' = \sum_{i=0}^{j-1} 2^i n'_i$。

按照格雷编码重新排序后的序列称为格雷序。格雷序的序号（位置）具有确切的含义，它等于沃尔什函数的零交叉次数，而零交叉次数是与频率直接相关的。

（3）移频算法

频带混序的根本原因在于分解过程中的隔点采样。在离散小波变换中仅对信号的近似系数进行分解。由于滤波器 h 的半带低通滤波作用，增大采样间隔不会造成频率混淆。但是对于小波包就不同了，细节信号也要继续分解，由于滤波器 g 是半带高通滤波器，由它提取的细节部分仅含高频成分，如果隔点采样，就会造成频率折叠。频率折叠的影响，使得中间频率部分处于高频端，而高频端折叠到了低频端，下一步分解时，原本应该在高频端的信号就会出现在低频带，造成频带混序。不过好在 g 是半带滤波器，它的卷积结果中不含低频成分，高端频率完全折叠到低频端后不会造成频率混淆，因此，可以用移频方法恢复数据，避免分解结果混序。

设信号采样的时间间隔为 Δt，则采样率为 $f_s = \frac{1}{\Delta t}$，可分析的最高频率为 $f_h = \frac{1}{2}f_s = \frac{1}{2\Delta t}$，由于隔点采样使得采样频率降低为原来的 1/2，故可分析的最高频率也降低为原来的 1/2，即 $f'_h = \frac{1}{2}f_h = \frac{1}{4\Delta t}$。如果将信号的频率向低频端移动，$f'_h$ 就可以避免频率折叠。

根据傅里叶变换的频移特性：$[x(t)\mathrm{e}^{-i\omega_0 t}]\hat{} = \hat{x}(\omega + \omega_0)$，式中 $\mathrm{e}^{-i\omega_0 t}$ 为移频因子，上角标 $\hat{}$ 表示傅里叶变换。可见对于离散信号 $x(n) = x(n \cdot \Delta t)$，欲将其频率降低 f'_h，则令 $\omega_0 = 2\pi f'_h$，原信号乘以移频因子得到 $x'(n) = x(n)\mathrm{e}^{-i2\pi f'_h t}$ 即为移频后的信号。将 $t = n \cdot \Delta t$ 代入移频因子，e 的指数为 $-i2\pi f'_h \cdot n\Delta t = -in\pi/2$，移频因子为 $\mathrm{e}^{-in\pi/2} = (-i)^n$。

对式（5-52）的计算结果进行移频。注意到式中隔点采样是以 $2n$ 代入，即公式右侧乘以移频因子 $(-i)^{2n} = (-1)^n$，得到移频算法的小波包计算公式为：

$$\begin{cases} x_{j,\,2m}(n) = \sqrt{2}\sum_{k\in Z} h(k-2n)x_{j-1,\,m}(k) \\ x_{j,\,2m+1}(n) = (-1)^n\sqrt{2}\sum_{k\in Z} g(k-2n)x_{j-1,\,m}(k) \end{cases} \quad (5-58)$$

移频算法实际计算很简单，只不过是对式（5-52）计算结果隔点变号而已，不需要再排序，此外，优于传统排序法的地方是它在每一组系数内已经消除了频率折叠。

第二节 第二代小波

第二代小波是一种全新的在时域中构造小波的方法，其在构造小波时不依赖于傅里叶变换，完全在时域中完成了对双正交小波滤波器的构造；第二代小波构造方法灵活，可以从一些简单的小波函数，通过提升构造出具有期望特性的小波函数。第二代小波的构造相当直观，很容易推广到工程应用领域，是小波变换理论和应用发展的再次飞跃。

第二代小波是 Sweldens 提出的一种不依赖傅里叶变换的小波构造方法，又称为整数小波变换。第二代小波相对于小波变换而言，是一种更为快速有效的小波变换实现方法，它不依赖于傅里叶变换，完全在时域完成了对双正交小波滤波器的构造。Daubechies 已经证明，任何离散小波变换或具有有限长度滤波器的两阶变换都可以被分离成为一系列简单的提升步骤，所有能够用 Mallat 算法实现的小波变换，都可以用提升方法实现。因此，基于提升方法的小波变换被称为第二代小波变换。

考核知识点及能力要求:

- 了解第二代小波分析的基本概念。
- 熟悉预测器和更新器系数的计算方法。
- 掌握信号的冗余第二代小波分析。

一、第二代小波变换原理

在实际工程应用中,被分析信号通常具有局部相关的数据结构,其相邻样本之间的相关性比相距较远的样本之间的相关性强。利用分割(split)运算,将信号分成奇样本和偶样本序列;由于奇样本、偶样本序列的相关程度较高,在一定精度下,两个序列中的一个序可以用预测(predict)运算来估计另一个,即利用分割运算得到的偶样本序列中的偶样本预测奇样本序列中的某一个奇样本,预测的偏差为细节信号;利用细节信号对偶样本进行更新(update)运算,使偶样本得到修正,更新的结果为逼近信号。据此,可以得到基于插值细分原理的第二代小波变换表示。

第二代小波变换的分解过程由分割、预测和更新三部分组成。其过程实现如图5-4所示。

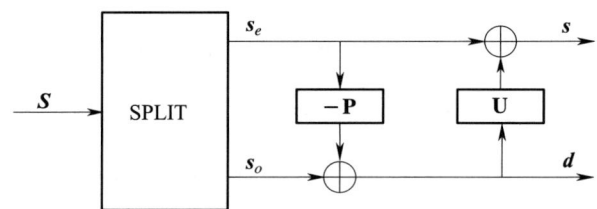

图5-4 第二代小波分解过程

假定原始信号序列为$S=\{x(k), k\in Z\}$,数据长度为L,第二代小波变换的分解过程如下:

1)分割:将原始信号分割成偶样本序列s_e和奇样本序列s_o。

$$s_e(k) = x(2k) \quad k \in Z \tag{5-59}$$

$$s_o(k) = x(2k+1) \quad k \in Z \tag{5-60}$$

则偶样本和奇样本序列分别为$s_e=\{s_e(k), k\in Z\}$和$s_o=\{s_o(k), k\in Z\}$。

2）预测：用相邻的 N（$N=2D$，D 为正整数）个偶样本预测奇样本，将预测误差 $d=\{d(k),k\in Z\}$ 定义为小波的细节信号，即

$$d(k)=s_o(k)-P(s_e) \quad k\in Z \tag{5-61}$$

式中，$P(\ )$ 定义为 N 点预测器算法。当预测不受边界影响时，预测器表示如下：

$$P(s_e)=p_1 s_e(k-D+1)+p_2 s_e(k-D+2)+\cdots+p_N s_e(k+D) \tag{5-62}$$

式中，$p_1,p_2,\cdots,p_N$ 为预测器系数。

当预测受左边界影响时，在数据序列 s_e 的左端，开始采用的 N 个偶样本预测奇样本，受影响的情况有 $D-1$ 种，在不同的情况下，预测器系数不同，将预测器统一表示为：

$$P(s_e)=p_1 s_e(0)+p_2 s_e(1)+\cdots+p_N s_e(N-1) \tag{5-63}$$

当预测受右边界影响时，采用最后的 N 个偶样本预测奇样本，受影响的情况有 D 种，在不同的情况下，预测器系数不同，将预测器统一表示为：

$$P(s_e)=p_1 s_e(L'-N+1)+p_2 s_e(L'-N+2)+\cdots+p_N s_e(L') \tag{5-64}$$

式中，L' 为偶样本序列 s_e 的长度。

3）更新：在细节信号 d 的基础上，采用 $\tilde{N}$（$\tilde{N}=2\tilde{D}$，$\tilde{D}$ 为正整数）个细节信号更新偶样本，将更新后的信号序列 $s=\{s(k),k\in Z\}$ 定义为小波的逼近信号，即

$$s(k)=s_e(k)+U(d) \quad k\in Z \tag{5-65}$$

$U(\ )$ 称为 $\tilde{N}$ 点预测器。当更新不受边界影响时，更新器表示如下：

$$U(d)=u_1 d(k-\tilde{D})+u_2 d(k-\tilde{D}+1)+\cdots+u_{\tilde{N}} d(k+\tilde{D}-1) \tag{5-66}$$

式中，$u_1,u_2,\cdots,u_{\tilde{N}}$ 为更新器系数。

当更新受左边界影响时，开始采用 $\tilde{N}$ 个细节信号进行更新，受影响的情况有 $\tilde{D}$ 种，在不同的情况下，更新器系数不同，将更新器统一表示为：

$$U(d)=u_1 d(0)+u_2 d(1)+\cdots+u_{\tilde{N}} d(\tilde{N}-1) \tag{5-67}$$

当更新受右边界影响时，采用最后 $\tilde{N}$ 个细节信号进行更新运算，受影响的情况有 $\tilde{D}-1$ 种，在不同的情况下，更新器系数不同，将更新器统一表示为：

$$U(d)=u_1 d(L'-\tilde{N}+1)+u_2 d(L'-\tilde{N}+2)+\cdots+u_{\tilde{N}} d(L') \tag{5-68}$$

当预测器系数的个数为 $N=2$、更新器系数的个数为 $\tilde{N}=4$ 时，基于插值细分原理的第二代小波变换分解过程如图 5-5 所示。

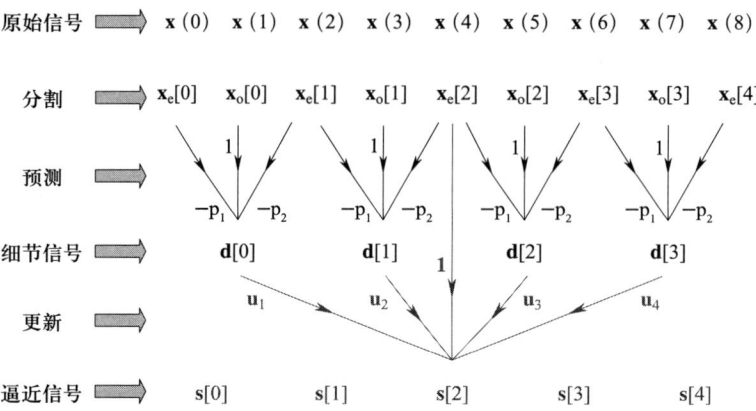

图 5-5 基于插值细分原理的第二代小波分解

第二代小波变换的重构过程由恢复更新（undo update）、恢复预测（undo predict）和合并（merge）三部分组成，实现过程如图5-6所示。

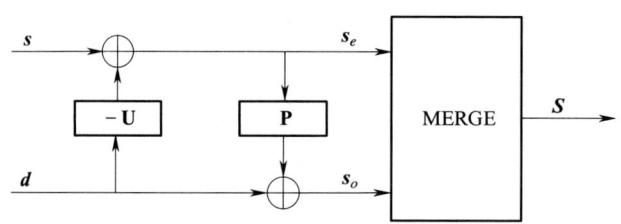

图 5-6 第二代小波重构过程

第二代小波的重构表达式可以利用式（5-59）~式（5-68）经过简单的代数变换导出，其重构算法如下。

1）恢复更新：由逼近信号 s 和细节信号 d 恢复偶样本序列 s_e。

$$s_e(k) = s(k) - U(d) \quad k \in Z \tag{5-69}$$

2）恢复预测：由偶样本序列 s_e 和细节信号 d 恢复奇样本序列 s_o。

$$s_o(k) = d(k) + P(s_e) \quad k \in Z \tag{5-70}$$

3）合并：由偶样本序列 s_e 和奇样本序列 s_o 恢复原始信号 S。

$$x(2k) = s_e(k) \quad k \in Z \tag{5-71}$$

$$x(2k+1) = s_o(k) \quad k \in Z \tag{5-72}$$

当预测器系数的个数为 $N=2$、更新器系数的个数为 $\tilde{N}=4$ 时，基于插值细分原理的第二代小波变换重构过程如图5-7所示。

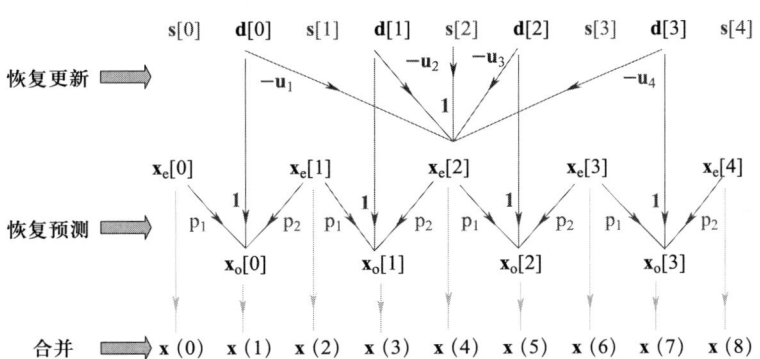

图 5-7 基于插值细分原理的第二代小波重构

二、预测器与更新器

在第二代小波变换原理基础上，结合 Claypoole 提出的第二代小波等效滤波器概念，推导第二代小波预测器系数和更新器系数的具体计算方法。

1. 预测器系数的计算方法

假设在预测阶段，预测器系数的个数为 N，即 $P=[p_1, p_2, \cdots, p_N]$，可得到分解高通滤波器系数 $\tilde{g}$ 与预测器系数 p 之间的关系如下：

$$\tilde{g}(2l-1) = -p(l) \tag{5-73}$$

$$\tilde{g}(2l) = \delta(l-N/2) \tag{5-74}$$

式中，$l=1, 2, \cdots, N$，N 为预测器系数的个数。

式（5-73）和式（5-74）又可用下式表示：

$$\tilde{g} = [-p_1, 0, -p_2, \cdots, -p_{(N/2-1)}, 1, -p_{(N/2+1)}, \cdots, p_N] \tag{5-75}$$

Jawerth 和 Sweldens 已经证明了预测多项式的阶数等价于小波的消失矩。在小波分解时，采用 N 个相邻的偶样本预测时，其对偶小波满足如下条件：

$$\int_{-\infty}^{+\infty} x^p \tilde{\psi}(x) \mathrm{d}x = 0 \quad 0 \leqslant p < N \tag{5-76}$$

对于离散小波变换，对偶小波 $\tilde{\psi}(x)$ 具有 N 阶消失矩，那么，其对应的对偶等效滤波器 $\tilde{g}$ 的系数序列也具有相同的消失矩。

$$\sum_{k=-N+1}^{N-1} k^p \tilde{g}^k = 0 \quad 0 \leqslant p < N \tag{5-77}$$

将式（5-77）展开，写成矢量形式如下：

$$[(-N+1)^p \ (-N+2)^p \cdots (-1)^p 0^p \cdots (N-1)^p]\tilde{g}^T = 0 \quad (5-78)$$

当 $p=0,1,\cdots,N-1$ 时，式（5-78）可写成如下矩阵展开：

$$\begin{bmatrix} (-N+1)^0 & (-N+2)^0 & \cdots & (-1)^0 & 0^0 & 1^0 & \cdots & (N-1)^0 \\ (-N+1)^1 & (-N+2)^1 & \cdots & (-1)^1 & 0 & 1^1 & \cdots & (N-1)^1 \\ \vdots & \vdots & & \vdots & \vdots & \vdots & & \vdots \\ (-N+1)^{N-1} & (-N+2)^{N-1} & \cdots & (-1)^{N-1} & 0 & 1^{N-1} & \cdots & (N-1)^{N-1} \end{bmatrix} \tilde{g}^T = 0$$

$$(5-79)$$

式（5-79）可用简式表示如下：

$$V\tilde{g}^T = 0 \quad (5-80)$$

式（5-80）中，矩阵 V 为一个 $N\times(2N-1)$ 的矩阵，其元素表示如下：

$$[V]_{m,n} = n^m \quad (5-81)$$

式中，$n=-(N-1),\cdots,(N-1)$，$m=0,1,\cdots,N-1$，且令 $0^0=1$。由于等效高通滤波器 $\tilde{g}$ 仅与预测器系数 p 有关，因此，由式（5-80）便可计算得到预测器系数。

2. 更新器系数的计算方法

假设在更新阶段，更新器系数的个数为 $\tilde{N}$（$\tilde{N}=2\tilde{D}$，$\tilde{D}$ 为正整数），预测器系数的个数为 N（$N=2D$，D 为正整数）。将 p 和 u 代入第二代小波重构等效高通滤波器表达式，则得到重构等效高通滤波器 g 表达式如下：

$$\begin{aligned} g(z) &= -U(z^2) + z^{-1}(1-P(z^2)U(z^2)) \\ &= -u_1 z^{-2\tilde{D}} - u_2 z^{-2\tilde{D}+2} - \cdots - u_{\tilde{N}} z^{2\tilde{D}-2} \\ &\quad + z^{-1}[1-(p_1 z^{-2D+2}+\cdots+p_N z^{2D})(u_1 z^{-2\tilde{D}}+\cdots+u_{\tilde{N}} z^{2\tilde{D}-2})] \\ &= \sum_{k=-N-\tilde{N}+2}^{N+\tilde{N}-2} g_k z^k \end{aligned} \quad (5-82)$$

式（5-82）中，g_k 为重构等效高通滤波器系数。

设 $g=\{g_k, -N-\tilde{N}+2 \leq k \leq N+\tilde{N}-2\}$。$g$ 与 p、u 的关系可用下式表示。

$$g(2l-1) = \begin{cases} 1 - \sum_{m=1}^{N} p_m u_{(l-m+1)} & l = (N+\tilde{N})/2 \\ \sum_{m=1}^{N} p_m u_{(l-m+1)} & l \neq (N+\tilde{N})/2 \end{cases} \quad (5-83)$$

$$g(2l+N-2)=u_l \quad l=1, 2, \cdots, \tilde{N} \tag{5-84}$$

当 l 取其他值时，$g(2l)=0$。

与式（5-80）类似，得到如下关系式：

$$\tilde{V}g=0 \tag{5-85}$$

式（5-85）中 $\tilde{V}$ 为一个 $\tilde{N} \times (2N+2\tilde{N}-1)$ 维矩阵，其元素表示如下：

$$[\tilde{V}]_{m,n}=n^m \tag{5-86}$$

式中，$n=-N-\tilde{N}+2, -N-\tilde{N}+3, \cdots, N+\tilde{N}-3, N+\tilde{N}-2$，$m=0, 1, \cdots, \tilde{N}-1$。由于预测器系数 p 可由式（5-80）得到，因此，更新器系数作为未知变量可由式（5-85）计算得到。

3. 预测器和更新器系数特性

第二代小波预测器和更新器系数具有如下特性：

1）所有预测器系数之和为 1，即 $\sum_{i=1}^{N} p_i = 1$。

2）所有更新器系数之和为 $\dfrac{1}{2}$，即 $\sum_{i=1}^{\tilde{N}} u_i = 1/2$。

3）当 $N=\tilde{N}$ 时，预测器系数为其对应更新器系数大小的两倍，即

$$\{p_1, p_2, \cdots, p_N\} = \{u_1, u_2, \cdots, u_{\tilde{N}}\} \tag{5-87}$$

4）预测器系数和更新器系数具有对称性，即

$$p_1=p_N, \cdots, p_{N/2}=p_{N/2+1}; \quad u_1=u_{\tilde{N}}, \cdots, u_{\tilde{N}/2}=u_{\tilde{N}/2+1}$$

5）预测器系数的个数 N 和更新器系数的个数 $\tilde{N}$ 取不同值时，可以组合构成新小波。

4. 第二代小波尺度函数和小波函数特性

计算得到预测器系数和更新器系数后，通过对 δ 序列进行插值迭代运算就能得到第二代小波尺度函数和小波函数。

第二代小波尺度函数和小波函数的算法流程如图 5-8 和图 5-9 所示，可以得到当 $N=6$ 和 $\tilde{N}=6$ 时的尺度函数和小波函数图形，如图 5-10 所示。

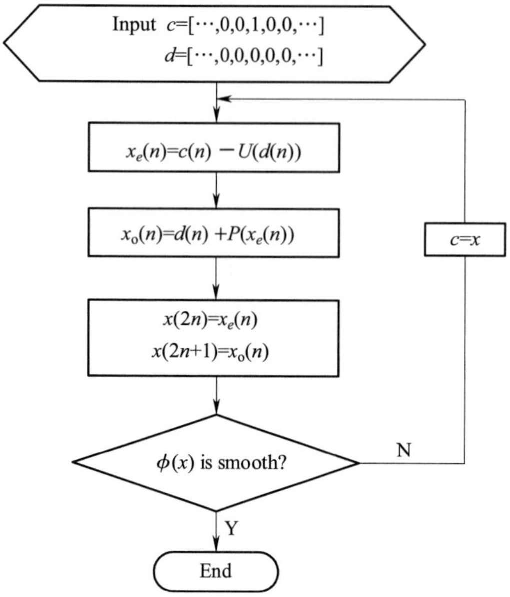

图 5-8　第二代小波尺度函数算法流程 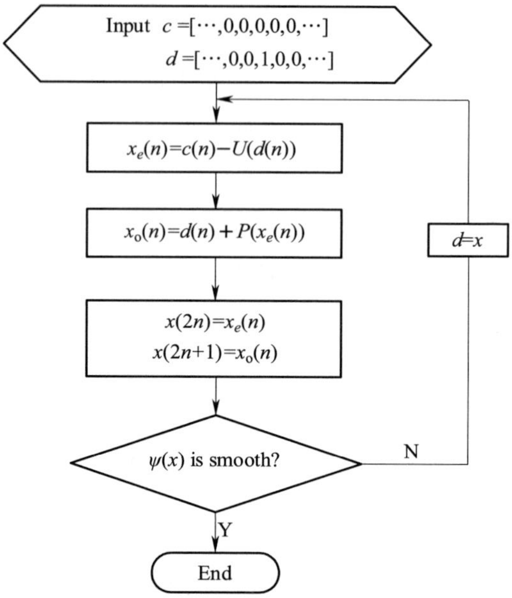　　　　图 5-9　第二小波小波函数算法流程

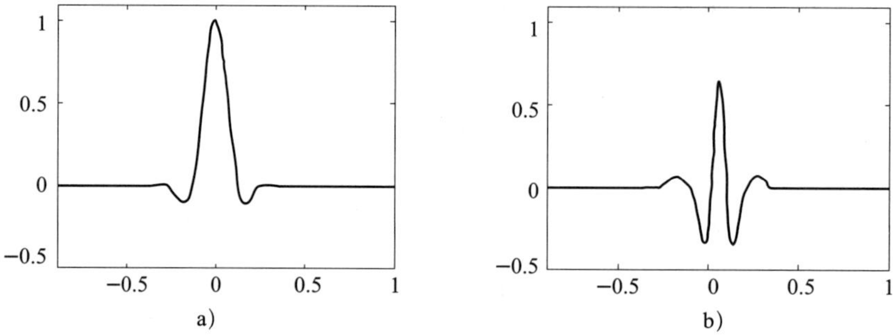

图 5-10　第二代小波尺度函数和小波函数
a）尺度函数　b）小波函数

由图 5-10 可以看出，尺度函数和小波函数是紧支撑和对称的。小波函数的形状与冲击信号的波形非常相似，可以有效提取振动波形中的特征分量。当 N 和 $\tilde{N}$ 取不同值时，尺度函数和小波函数的支撑区间和光滑性发生变化，而其形状则相似。在工程应用中，可以根据信号特点，灵活选择与信号特征匹配的预测器和更新器。

三、冗余第二代小波变换

在机电设备运行过程中，故障特征信息往往被淹没在噪声背景中，因此，信号降噪是故障诊断领域的重要课题。小波阈值降噪是一种常用降噪方法，该方法采用下抽样运算，会造成重构后信号失真，且计算量较大。本节以第二代小波为基础，构造了一种冗余第二代小波方法。该小波方法先根据被分析信号的特点，选择相应的预测器和更新器；在每次分解信号前对预测器和更新器进行插值补零运算，获得每层小波分解新的冗余预测器和冗余更新器；该小波方法去掉了分割运算过程，直接利用新的冗余预测器和冗余更新器对信号进行分解和重构，能够有效去除信号中的噪声，较好地保留信号的时域特征。

1. 冗余预测器和冗余更新器的设计算法

冗余预测器 $P^{[l]}$ 和冗余更新器 $U^{[l]}$（l 为冗余第二代小波的分解层数）的设计，是冗余第二代小波构造的重要组成部分。在前述计算得到的初始预测器和更新器的基础上，通过对初始预测器系数和更新器系数进行插值补零运算，就可以得到每层冗余第二代小波分解相应的冗余预测器系数和冗余更新器系数。冗余预测器和冗余更新器的具体设计如下：

假设由前述计算得到的初始预测器系数和初始更新器系数分别为 p_m 和 u_n，其中 $m=1, 2, \cdots, N$，$n=1, 2, \cdots, \tilde{N}$。对初始预测器系数序列 p_m 和更新器系数序列 u_n 进行插值补零运算，就可以得到第 l 层的冗余预测器系数 $p_j^{[l]}$（$j=1, 2, \cdots, 2^l N$）和冗余更新器系数 $u_k^{[l]}$（$k=1, 2, \cdots, 2^l \tilde{N}$），$l$ 为冗余第二代小波分解层数。

计算第 l 层冗余预测器系数 $p_j^{[l]}$ 的插值补零过程具体表示如下：
当 j 为 2^l 的整数倍，即 $j=2^l m$ 时，

$$p_{2^l m}^{[l]} = p_m \qquad (5-88)$$

当 j 不为 2^l 的整数倍，即 $j \neq 2^l m$ 时，

$$p_j^{[l]} = 0 \qquad (5-89)$$

第 l 层冗余预测器 $P^{[l]}$ 又可以通过对第 $l-1$ 层冗余预测器 $P^{[l-1]}$ 的冗余预测器系数 $p_j^{[l-1]}$ 进行隔点补零插值得到。第 $l-1$ 层冗余预测器 $P^{[l-1]}$ 与第 l 层冗余预测器 $P^{[l]}$ 的关系如图 5-11 所示，$\boxed{2\uparrow}$ 表示隔点补零插值算子。

计算第 l 层冗余更新器系数 $u_k^{[l]}$ 的插值补零过程与冗余预测器方法类似。具体表示如下：

当 k 为 2^l 的整数倍，即 $k=2^l n$ 时，

$$u^{[l]}_{2^l n} = u_n \quad （5-90）$$

当 k 不为 2^l 的整数倍，即 $k \neq 2^l n$ 时，

$$u^{[l]}_k = 0 \quad （5-91）$$

与冗余预测器表示类似，第 l 层冗余更新器 $U^{[l]}$ 又可以通过对第 $l-1$ 层冗余更新器 $U^{[l-1]}$ 的冗余更新器系数 $u^{[l-1]}_k$ 进行隔点补零插值得到。第 $l-1$ 层冗余更新器 $U^{[l-1]}$ 与第 l 层冗余更新器 $U^{[l]}$ 的关系如图 5-12 所示，$\boxed{2\uparrow}$ 表示隔点补零插值算子。

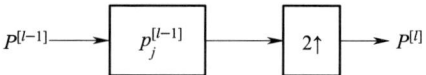

图 5-11 冗余预测器隔点补零插值过程

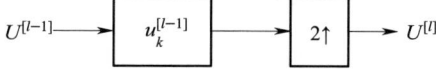

图 5-12 冗余更新器隔点补零插值过程

2. 冗余第二代小波分解与重构过程构造

本节构造的冗余第二代小波分解与重构算法，去掉了第二代小波变换中对信号序列进行分割运算过程，只保留预测和更新两个过程。在进行分解和重构运算时，利用上面计算得到的冗余预测器 $P^{[l]}$ 和冗余更新器 $U^{[l]}$ 直接对信号序列进行预测和更新运算，而信号序列的长度保持不变。

（1）分解过程

冗余第二代小波分解过程由预测和更新两部分组成。

设原始信号序列为 $s(n)$，其数据长度为 L，冗余第二代小波分解过程算法表示如下：

1）预测：将信号序列中的每一个样本通过冗余预测器 $P^{[l]}$ 用相邻的 $2^l N$ 个样本进行预测，将预测误差 $\{d_{l+1}(n), n \in z\}$ 定义为细节信号。

$$d_{l+1}(n) = s_l(n) - \sum_j p^{[l]}_j s_l(n+j) \quad （5-92）$$

式中，$p^{[l]}_j$ 为冗余预测器系数。

2）更新：在细节信号 $d_{l+1}(n)$ 的基础上，采用冗余更新器 $U^{[l]}$ 将信号序列中的每一个样本用 $2^l \tilde{N}$ 个细节信号进行更新运算，将更新后得到的信号序列 $s_{l+1}(n)$ 定义为逼近信号。

$$s_{l+1}(n) = s_l(n) + \sum_k u_k^{[l]} d_{l+1}(n+k) \tag{5-93}$$

每次冗余第二代小波分解后所得到的逼近信号 s_{l+1} 和细节信号 d_{l+1} 的长度与原信号序列的长度相同。

冗余第二代小波分解过程如图 5-13 所示。

（2）重构过程

冗余第二代小波重构过程由恢复更新和恢复预测两部分组成。

冗余第二代小波的重构表达式可以直接从式（5-92）和式（5-93）经过简单的代数变换导出，其重构算法表示如下：

1）恢复更新：由逼近信号 s_{l+1} 和细节信号 d_{l+1} 恢复样本序列 s_l^u，即

$$s_l^u(n) = s_{l+1}(n) - \sum_k u_k^{[l]} d_{l+1}(n+k) \tag{5-94}$$

2）恢复预测：由逼近信号 s_l 和细节信号 d_{l+1} 恢复样本序列 s_l^p，即

$$s_l^p(n) = d_{l+1}(n) + \sum_j p_j^{[l]} s_l(n+j) \tag{5-95}$$

将恢复更新后的样本序列 s_l^u 和恢复预测后的样本序列 s_l^p 取均值，将其结果作为重构信号 s_l，即

$$s_l(n) = \frac{1}{2}\left[s_l^u(n) + s_l^p(n)\right] \tag{5-96}$$

冗余第二代小波重构过程如图 5-14 所示。

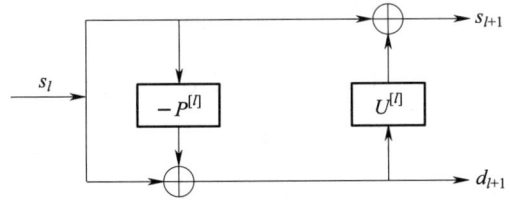

图 5-13　冗余第二代小波分解过程

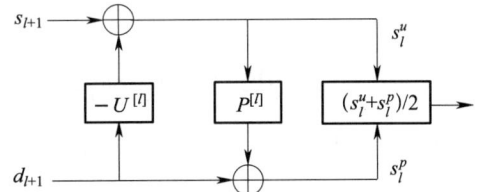

图 5-14　冗余第二代小波重构过程

3. 降噪阈值选取

小波分析的重要应用之一就是用于信号降噪。由于在小波变换过程中，信号与噪声表现出不同的分解特性。随着分解尺度的增加，信号对应的小波系数包含有信号的重要信息，其幅值较大，但数目较少，而噪声对应的小波系数是一致分布的，个数较

多，但幅值较小。基于这一思想，可以按如下的方法进行信号降噪处理：首先对信号进行小波分解，噪声信号多包含在具有较高频率的细节信号中，从而可利用阈值、门限等方式对所分解的小波系数进行处理，然后对处理后的信号进行小波重构即可达到对信号的降噪目的。小波降噪分析实质上是抑制信号中的无用成分、恢复信号中有用成分的过程。

小波信号降噪一般包括如下三个步骤：

1）确定小波分解的层数，对信号进行分解计算。

2）确定各个分解层下细节信号的阈值，对细节信号进行阈值量化处理。

3）利用阈值处理后的细节信号和最后一层的逼近信号进行重构，得到降噪后的信号。

在以上三个步骤中，关键是如何选择阈值及如何进行阈值量化。目前，阈值处理主要是采用Donoho等人提出的硬阈值和软阈值降噪方法，即在众多小波系数中，把绝对值较小的系数置为零，而让绝对值较大的系数保留或收缩，分别对应于硬阈值和软阈值方法，得到阈值处理后的小波系数，然后利用处理后的小波系数直接进行信号重构，即可达到降噪的目的。

硬阈值降噪方法将小波分解细节信号中绝对值大于阈值的系数保留，而把绝对值小于阈值的系数置为零，其表达式为：

$$\tilde{d}_l(n) = \begin{cases} d_l(n) & |d_l(n)| \geq t_l \\ 0 & |d_l(n)| < t_l \end{cases} \quad n \in Z \quad (5\text{-}97)$$

式（5-97）中 t_l 为小波分解第 l 层的阈值，$t_l>0$，$d_l(n)$ 为第 l 层细节信号的第 n 个样本值，$\tilde{d}_l(n)$ 为 $d_l(n)$ 用阈值处理后得到的样本值。硬阈值降噪方法如图5-15所示。

软阈值降噪方法对硬阈值方法进行了平滑处理，其表达式如下：

$$\tilde{d}_l(n) = \begin{cases} \text{sign}(d_l(n))(|d_l(n)|-t_l) & |d_l(n)| \geq t_l \\ 0 & |d_l(n)| < t_l \end{cases} \quad n \in Z \quad (5\text{-}98)$$

式（5-98）中sign（ ）为符号函数。软阈值降噪方法如图5-16所示。

硬阈值和软阈值方法在小波信号降噪中已经得到了广泛应用，也取得了良好的应用效果。这两种方法本身存在一些缺点，如硬阈值降噪方法中，$\tilde{d}_l$ 在 t_l 处是不连续的，

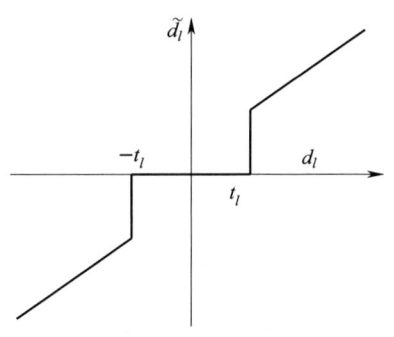
图 5-15 硬阈值降噪方法

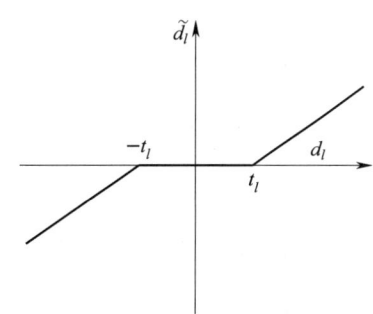
图 5-16 软阈值降噪方法

利用 $\tilde{d}_l$ 重构所得信号可能会产生振荡现象；由软阈值降噪方法得到的 $\tilde{d}_l$ 虽然整体连续性较好，但当 $|d_l|>t_l$ 时，$\tilde{d}_l$ 与 d_l 总是存在恒定的偏差，直接影响重构信号与真实信号的逼近程度。在实际工程应用中，需根据信号特点选择合适的降噪方法。

由式（5-97）和式（5-98）可知，降噪阈值 t_l 直接影响小波降噪的效果，是小波阈值降噪的关键问题之一，因此，阈值 t_l 的选取成了这类算法的关键。Donoho 和 Johnstone 给出了以下两种阈值选取方法。

1）对于所有的小波系数，阈值取为：

$$t = \sigma \sqrt{2\ln(N)} \tag{5-99}$$

式（5-99）中，N 为信号的数据长度，σ 为信号中噪声的标准差。但是，该阈值在 N 较大时，则显得太大，就可能由于过多地去除有用信号而使重构信号失真；该阈值在 N 较小时，则显得太小，就可能会保留较多的噪声而使重构信号降噪效果差。

2）在小波分解的每一层 l，阈值取为：

$$t_l = \sigma_l \sqrt{2\ln(N_l)} \tag{5-100}$$

式（5-100）中，N_l 为第 l 层细节信号的长度，σ_l 为第 l 层噪声的标准差，σ_l 采用下式计算。

$$\sigma_l = \mathrm{median}(|d_l|)/0.6745 \tag{5-101}$$

其中 median（ ）为取中值函数。式（5-100）虽然考虑了信号分解对降噪效果的影响，但同样也存在 1）中信号数据长度对重构信号的影响。

为了克服上述阈值选取方法的不足，有人提出了一种更加直观的阈值选取方案，其表达式如下：

$$t_l = c\sigma_l \tag{5-102}$$

式（5-102）中，σ_l 为第 l 层细节信号 d_l 的标准差。由于系数 c 可以根据不同的信号、不同强度的噪声而人为选定，因此，选取该式作为硬阈值可以取得较理想的降噪效果。通常，系数 c 取值范围一般为 2.5～3.5。

为了去除振动信号中的噪声，提取被噪声淹没的信号故障特征，用构造的冗余第二代小波分解振动信号，采用式（5-102）计算每层细节信号的硬阈值，并对细节信号进行阈值处理，然后再进行重构，以提取振动信号的时域故障特征。

第三节 应用案例：齿轮箱和机车轴承故障特征提取

机械设备在运行过程中，当故障发生或发展时将导致动态信号非平稳性地出现，小波分析尤其是第二代小波分析方法为动态信号的非平稳性描述、机器零部件故障特征频率的分离、微弱信息的提取提供了高效、有力的工具。本节基于第一节和第二节介绍的小波分析方法，对从齿轮箱和机车转向架中采集的振动信号进行案例分析，演示如何从中提取故障特征信息。

考核知识点及能力要求：

- 了解齿轮箱和机车轴承常见的故障模式及其特征。
- 熟悉齿轮箱和滚动轴承的特征频率计算方法。
- 掌握第二代小波对机械振动信号的分析方法。

一、案例1：齿轮箱故障特征提取

齿轮箱由于传动比固定，传动力矩大，结构紧凑，在航空航天、船舶、压缩机、风电等设备中得到了广泛应用，成为常用的变速传动部件。齿轮常工作在高速、重载和强冲击等恶劣环境条件下，极易发生磨损、疲劳、断齿和剥落等多种故障，并进一步诱发其他故障，从而导致巨大经济损失。因此，对齿轮箱的运行状态进行监测并及时识别出其发生的故障，具有重要意义。

1. 齿轮常见故障形式及其特征

齿轮由于制造、操作、维护以及齿轮材料、热处理、运行状态等因素的不同，会产生各种形式的故障。常见的齿轮故障有以下几种形式：

（1）齿面磨损

润滑油不足或油质不清洁会造成齿面磨粒磨损，使齿廓形状改变，以至由于齿厚过度减薄导致断齿。一般情况下，只有在润滑油中夹杂有磨粒时，才会在齿轮运行中引起齿面磨粒磨损。当磨损发展到一定程度时，啮合频率及其谐波分量在频谱图上的位置保持不变，但其幅值大小发生改变，而且高次谐波幅值相对增大较多。齿轮发生均匀磨损时，通常会使正弦波的啮合波形被破坏，产生以啮合频率为周期的高频和低频振动。

（2）齿距误差

齿距误差是指一个齿轮的各个齿距不相等，存在误差。齿距误差是由齿形误差造成的。齿轮都有微小的齿距误差。有齿距误差的齿轮，由于齿距的误差影响到齿轮旋转角度的变化，在频谱中产生以啮合频率及其高次谐波为载波频率，齿轮所在轴转频及其倍频为调制频率的啮合频率调制现象，频谱图上在啮合频率及其倍频附近产生幅值小且稀疏的边频带；解调谱上出现转频阶数较少，一般以一阶为主。

（3）弯曲疲劳与断齿

在运行过程中承受载荷的齿轮，如同悬臂梁，其根部受到脉冲循环的弯曲应力作用最大，当这种周期性应力超过齿轮材料的疲劳极限时，会在根部产生裂纹，并逐步扩展，当剩余部分无法承受传动载荷时就会发生断齿现象。齿轮由于工作中严重的冲击、偏载以及材质不均匀也可能引起断齿。断齿为齿轮故障的主要形式之一。齿轮发生断齿故障时，其振动信号时域波形表现为幅值很大的冲击型振动，冲击型振动的频率等于有断齿轴的转频。频谱图上在啮合频率及其高次谐波附近出现间隔为断齿轴转频的边频带；边频带一般数量多、幅值较大、分布较宽，解调谱中出现转频及其高阶谐波。同时由于瞬态冲击能量大，时常激起系统的固有频率，产生固有频率调制现象。

（4）齿面剥落

齿轮在啮合过程中，既有相对滚动，又有相对滑动，在主动轮齿面上滑动方向始终远离节点，而在被动轮齿面上滑动方向始终向着节点。这样，两个齿轮的齿顶部分各自的滚动方向与滑动方向一致，表面均受到压应力；而两齿轮的齿根部分各自的滚动方向与滑动方向相反，表面均受到拉应力。因此，表面的疲劳剥落总是发生在轮齿根部近节圆处。载荷和脉动力的作用使齿轮表面层深处产生循环变化的剪应力，当这种剪应力超过齿轮材料的疲劳极限时，接触表面将产生疲劳裂纹，随着裂纹的扩展，最终使齿面剥落小片金属，在齿面上形成小坑。当小坑扩大连成片时，形成齿面上金属块剥落。此外，材质不均匀或局部擦伤，也容易在某一齿上首先出现接触疲劳，产生剥落。齿面剥落也是齿轮故障的主要形式之一。齿轮发生齿面剥落故障时，在振动信号的时域波形中出现以齿轮旋转频率为周期的冲击脉冲；频谱图上在啮合频率及其高次谐波附近出现间隔为发生剥落齿转频的边频带。

在齿轮传动过程中，每个齿周期性地进入和退出啮合，对于直齿圆柱齿轮，其啮合区分为单齿啮合区和双齿啮合区。在单、双齿啮合区的交变位置，每对齿轮副所承受的载荷将发生突变，这必将激起齿轮的振动。由于单、双齿啮合区的交替变化、齿轮啮合刚度的周期变化，以及啮入啮出冲击，即使齿轮制造的绝对准确，也会产生振动。这种振动以每齿啮合为基本频率进行，该频率称为啮合频率 f_c，其计算公式为

$$f_c = \frac{Z_1 n_1}{60} = \frac{Z_2 n_2}{60} \qquad (5\text{-}103)$$

式中 Z_1、Z_2——主动轮和从动轮的齿数；

n_1、n_2——主动轮和从动轮的转速，r/min。

对于斜齿圆柱齿轮，产生啮合振动的原因与直齿圆柱齿轮基本相同，但由于同时啮合的齿数较多，传动较平稳，所产生啮合振动的幅值相对较低。

当齿轮发生表面损伤故障时，会产生突变的脉冲冲击力，该冲击力是一个宽带信号，它将激起齿轮和传感器在各自的固有频率上做阻尼衰减振动，经过振动传感器拾取得到的信号是原始周期冲击信号和齿轮以及传感器系统固有振动信号调制而成的响应信号，它的载波信号是齿轮和传感器系统的固有振动信号，调制信号为齿轮故障所产生的信号，调制频率为故障所在轴的转频。齿轮振动信号的调制现象中包含很多故障信息，所以研究信号调制对齿轮故障诊断是非常重要的。在实际中，对齿轮系统而言，载波信号的频率常常为齿轮的啮合频率。对于比较复杂的机械系统，载波信号往往为系统的固有振动信号频率。

2. 实验信号分析

图 5-17 所示为旋转机械故障模拟实验装置。该装置电动机通过联轴器带动被检测的轴系转动，轴上安装有待检测轴承和用于调节不平衡量大小的调节装置。该装置可以模拟多种滚动轴承故障，如轴承内圈损伤故障、外圈损伤故障、滚动体故障和保持架故障等；也可以模拟轴系故障，如轴系不平衡、不对中和轴向窜动等故障。装置主轴又通过传动带带动一个齿轮箱，齿轮箱内安装有测试齿轮，可以模拟多种齿轮箱故障，如齿面磨损、齿距误差、弯曲疲劳与断齿、齿面剥落等。

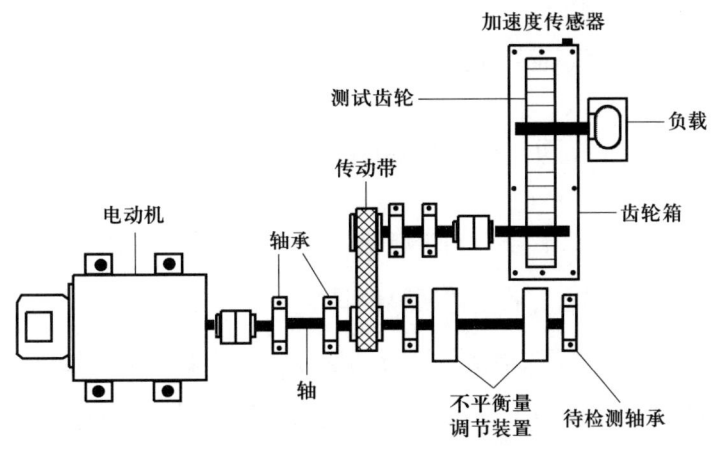

图 5-17 旋转机械故障模拟实验装置

实验装置中齿轮箱的各种参数列于表 5-1 中。测试齿轮的转速为 120 r/min，由表 5-1 知其齿数为 75。根据式（5-103），得到齿轮啮合频率的计算值为 f_c=150 Hz。

表 5-1　　齿轮箱参数

参数类型	参数值
模数	2
齿宽 /mm	20
压力角	20°
正常齿轮齿数 / 个	55
测试齿轮齿数 / 个	75
轮齿间隙 /mm	0.5
负载转矩 /N·m	1.5

齿轮箱振动信号通过振动加速度拾取，振动加速度传感器安装于齿轮箱顶盖上测试齿轮端。采样频率设置为 25.6 kHz。振动信号通过低通滤波器的截止频率为 6 kHz。测试齿轮设置的故障状态为齿面磨损，采样长度取为 1 024 点。

齿轮箱振动信号的时域波形如图 5-18 所示，可以看出振动波形比较杂乱，没有明显的故障特征信息。

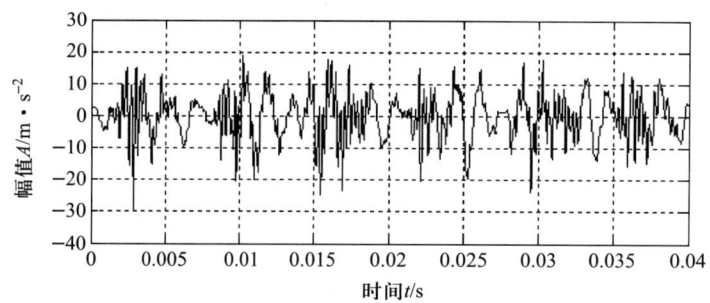

图 5-18　齿轮箱振动信号的时域波形

图 5-19 为齿轮箱振动信号的 FFT 频谱。从频谱图中可以看出，齿轮箱振动信号中包含的频率成分比较丰富，找不出明显的特征频率成分。

用第二代小波对齿轮箱振动信号进行两层分解，选取的预测器和更新器的系数个数均为 4，其中预测器系数为 [-0.062 5, 0.562 5, 0.562 5, -0.062 5]，更新器系数为 [-0.031 3, 0.281 3, 0.281 3, -0.031 3]。第二代小波分解结果如图 5-20 所示，其中，

a_1、a_2 分别表示第二代小波分解的第一层和第二层逼近信号，d_1、d_2 分别表示第二代小波分解的第一层和第二层细节信号，从各层分解的逼近信号和细节信号看不出明显的时域故障特征信息。

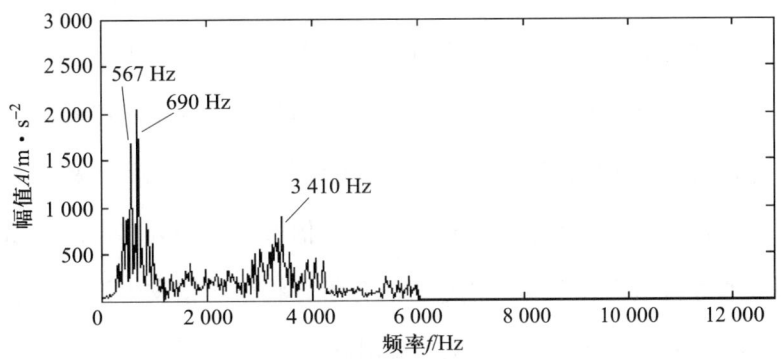

图 5-19　齿轮箱振动信号的 FFT 频谱

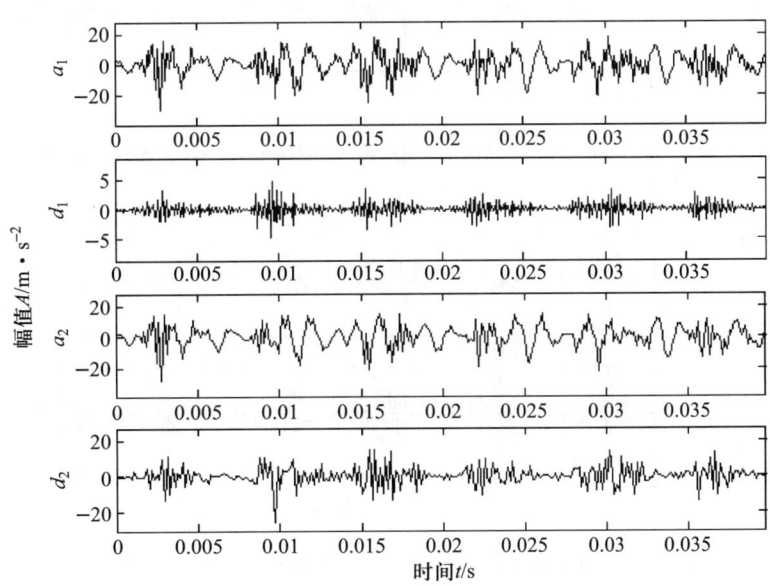

图 5-20　齿轮箱振动信号第二代小波分解结果

用自适应冗余第二代方法分析齿轮箱振动信号。采用的初始预测器和更新器系数为 4，而小波消失矩选取为 3，即预测器抑制振动信号中的三阶多项式分量，而用一阶自由度匹配振动信号的特征，利用基于数据特征的初始预测器和更新器算法计算，能够锁定振动信号特征的两层自适应冗余第二代小波分解的初始预测器和更新器系数。

第一层分解的初始预测器和更新器系数分别为［0.165 0，-0.120 0，1.245 0，-0.290 0］和［-0.088 1，0.451 9，0.110 6，0.025 6］，第二层分解的初始预测器和更新器系数分别为［-0.070 1，0.585 4，0.539 6，-0.054 9］和［-0.029 3，0.275 5，0.287 0，-0.033 2］。

齿轮箱振动信号的自适应冗余第二代小波分解结果如图 5-21 所示，其中，a_1、a_2 分别表示自适应冗余第二代小波分解的第一层和第二层逼近信号，d_1、d_2 分别表示自适应冗余第二代小波分解的第一层和第二层细节信号。从图中可以看出，分解的第二层细节信号将隐藏在振动信号中的周期性冲击信号清晰地揭示出来。冲击信号出现的周期约为 0.006 7 s，出现频率为 150 Hz，冲击信号的出现频率与齿轮箱的啮合频率 150 Hz 相等。通过自适应冗余第二代小波的分解，将齿轮箱发生齿面磨损故障时产生的周期性冲击信号时域故障特征清楚地表现出来。

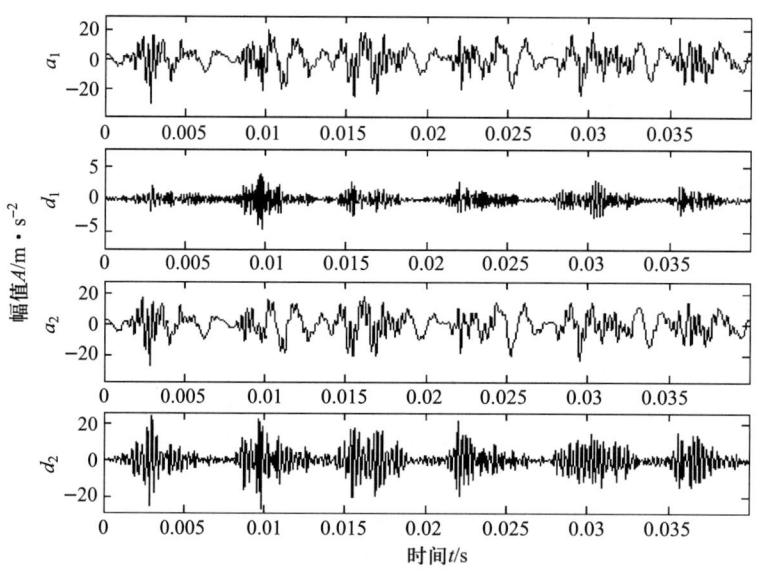

图 5-21 齿轮箱振动信号的自适应冗余第二代小波分解结果

将自适应冗余第二代小波分解得到第二层细节信号，进一步进行希尔伯特（Hilbert）解调分析，解调结果示于图 5-22 中，图中主要包含 150 Hz 频率成分及其二次谐波 300 Hz，150 Hz 频率成分及其二次谐波的出现刚好与齿轮发生齿面磨损故障时的频域特征信息相对应。可见，齿轮箱的振动信号通过自适应冗余第二代小波分解，将其所包含的时域和频域故障信息全部清晰地显示出来。

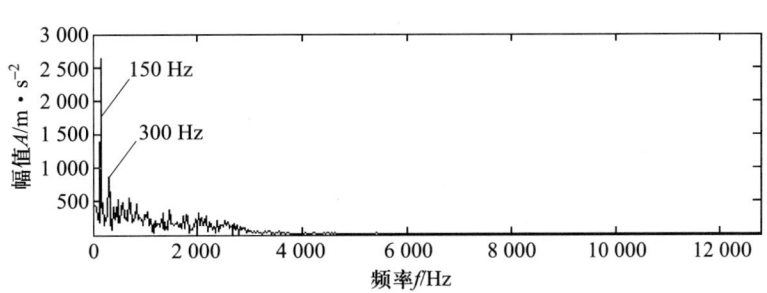

图 5-22　自适应冗余第二代小波分解第二层细节信号包络谱

二、案例 2：机车转向架故障特征提取

机车是典型的大型复杂机电系统，要监测的各种参数很多，各种参数间的关系复杂，随机性大，故障类型多，突发故障、组合故障占了很大比例。由于机车在恶劣环境中高速重载运行，道岔、钢轨接缝产生的剧烈冲击以及电气干扰导致振动信号异常复杂，一方面要求传感器及车载监测装置的抗干扰性强，另一方面也对诊断方法的有效性和可靠性提出了更高的要求。

滚动轴承作为极其重要的机械部件，在机车上得到广泛应用。机车上的滚动轴承长时间运行在恶劣的环境中，其内外表面常出现裂纹、凹痕、碰伤、剥落、电蚀、锈蚀，甚至出现破碎和缺损等情况，而其出现故障后的危害性也相当大。为了预防故障的发生，缩短故障维修时间及节省资金，确保行车安全，必须提前发现轴承隐患，将其消灭在萌芽状态。

当机车滚动轴承发生故障时，其振动信号往往淹没在机车大量的宽带随机噪声中，信号的信噪比很低。为了解决铁路机车转向架高噪声背景下信号分析问题，我们将冗余第二代小波方法引入机车转向架故障特征提取。

某机车转向架使用的滚动轴承型号为 552732QT，其参数见表 5-2。

表 5-2　　　　　　　　　　机车滚动轴承参数

型号	内径 /mm	外径 /mm	滚子直径 /mm	滚子个数 /个	接触角 /°
552732QT	160	290	34	17	0

对该轴承进行顶轮测试,所谓顶轮测试是一种不解体现场测试方法,利用移动式顶轮装置,将机车一侧轮对顶起,通过拾取轮对转动时的振动信号,以判断轮对运行是否正常。振动加速度传感器安装于轴箱上位,图 5-23 为机车顶轮测试图。测试时,车轴的转速为 471 r/min(7.85 Hz),采样频率设置为 12.8 kHz。根据滚动轴承的故障特征频率计算公式,可计算得到上述机车轴承外圈损伤的故障特征频率值为 f_o=56.66 Hz。

图 5-23　机车顶轮测试

图 5-24 为机车滚动轴承的一组顶轮测试振动信号,从振动信号的时域波形中可以看出存在冲击信号,同时也存在强烈的背景噪声,噪声淹没了冲击信号的特征信息。

图 5-25 为轴承顶轮测试信号用第二代小波进行四层分解和重构后得到的降噪后信号。从图中可以看出,噪声信号被去除,由于其他冲击成分的干扰,冲击信号的规律性不明显。

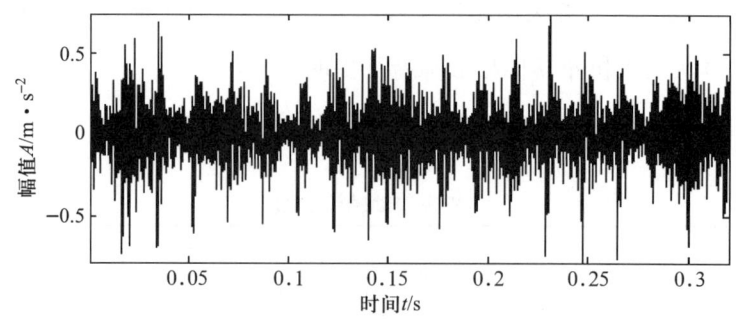

图 5-24　机车滚动轴承顶轮测试信号

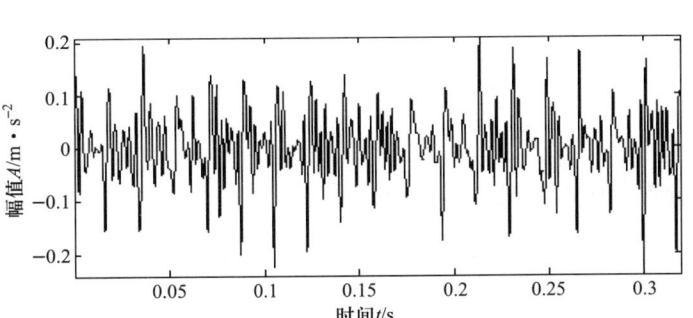

图 5-25　第二代小波降噪结果

图 5-26 为机车测试信号用冗余第二代小波进行四层分解和重构后得到的降噪处理后信号。降噪后的信号将噪声滤除,从降噪处理后的信号中可以清楚地看出每隔 0.017 6 s 出现一个冲击响应信号,其出现频率刚好为 56.66 Hz,与外圈故障特征频率相同,表明滚动轴承外圈存在损伤故障。将滚动轴承从轴箱取出,对其进行解体,机车轴承的损伤情况如图 5-27 所示。发现机车轴承外圈存在损伤故障,与冗余第二代小波变换的分析结果相符。

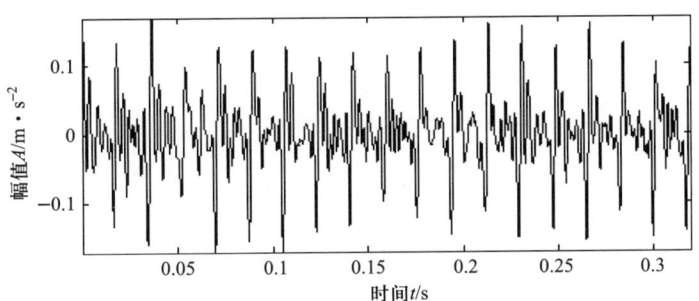

图 5-26　冗余第二代小波降噪结果

图 5-27　机车滚动轴承外圈损伤

思考题

1. 简述多分辨分析的定义及其主要性质。

2. 根据 $\varphi(t)$ 构造出 $L^2(R)$ 的一个 OMRA，并推导对应的低通滤波器和高通滤波器的解析式。

3. 离散小波变换具有哪些特点？

4. 列举小波包变换的优势及应用场景。

5. 第二代小波变换做了哪些改进？其特点是什么？

6. 绘图解释冗余第二代小波的分解与重构过程。

7. 写出齿轮啮合频率和滚动轴承故障特征频率的计算公式。

第六章
智能诊断技术

智能诊断技术是在故障诊断中加上了人工智能技术，可以提高诊断效率，让故障诊断更便捷。本章从故障诊断方法总体技术着手，讲述了智能诊断概述、基于知识的智能诊断方法、基于数据驱动的机器学习和深度学习智能诊断方法以及基于深度卷积网络的智能故障诊断应用，总结了故障诊断技术向智能故障诊断的迈进历程，给出了最新智能诊断技术的应用案例。

- **职业功能：** 装备与产线智能运维。
- **工作内容：** 远程监测装备与产线、诊断装备典型故障、制定预测性维护策略，并进行维护作业。
- **专业能力要求：** 能进行装备与产线的工作环境预警和实时运行状态监测，具备装备故障分析与诊断并制定最优预防性维护策略的能力。
- **相关知识要求：** 算法模型在装备监控管理与故障诊断中的应用；知识工程。

第一节 智能诊断概述

考核知识点及能力要求：

- 了解智能诊断技术的发展历程。
- 熟悉智能诊断的研究方法。
- 掌握故障诊断的概念和分类。

一、故障诊断的定义及任务

1. 故障诊断的定义

故障诊断主要研究如何对系统中出现的故障进行检测、分离和辨识，即判断故障是否发生，定位故障发生的部位和种类，以及确定故障的大小和发生的时间等。故障诊断的过程可被定义为利用系统观察和测试收集到的信息进行故障检测和隔离。

2. 故障诊断的主要任务

现代故障诊断的主要任务是故障检测和故障诊断。

（1）故障检测

在进行故障检测之前，需做以下假设：系统中的故障导致系统参数有变化，如输出变量、状态变量、残差变量、模型参数、响应参数等其中之一或多个有变化，这是所有故障诊断方式都必须遵守的假设条件。故障检测是指确定系统是否发生故障的过程，即对非正常状态的检测过程。通过不断检测系统可观测变量的变化，在标称情况下，认为这些变量在某一不确定性下满足已知模式，而当系统任一部件发生故障时，这些变量偏离其标称状态，通常根据系统输出或估计状态变量的残差特性来判断故障，目前研究的目标是检测的及时性、准确性和可靠性及最小误报和漏报率。

（2）故障诊断

故障诊断指根据残差方向和结构来隔离出故障的部位，判断故障的种类，估计出故障的发生时间、大小和原因，进行评价与决策的过程。故障分类是将故障按严重程度进行分类，以便采取相应措施。故障的评价和决策是指根据故障的类别、严重程度，决定是否采取修复、补救、隔离或改变控制率等措施，以控制故障的影响和传播，预防灾难事故的发生。

二、研究方法及分类

故障诊断方法可分为定性分析方法和定量分析方法两大类，如图6-1所示。其中，定性分析方法主要包括图论方法、专家系统、基于案例的推理、知识图谱和定性仿真；定量分析方法分为基于知识的方法、基于模型的方法和基于数据驱动的方法。

1. 定性分析方法

（1）图论方法

基于图论的故障诊断方法主要包括符号有向图（signed directed graph，SDG）和故障树（fault tree）。SDG是一种被广泛采用的描述系统因果关系的图形化模型。故障树是一种特殊的逻辑图，基于故障树的诊断方法是一种由果到因的分析过程，它从系统的故障状态出发，逐级进行推理分析，最终确定故障发生的基本原因、影响程度和发生概率。

基于图论的故障诊断方法具有建模简单、结果易于理解和应用范围广等特点。但是，当系统比较复杂时，这类方法的搜索过程会变得非常复杂，而且诊断正确率不高，可能给出无效的故障诊断结果。

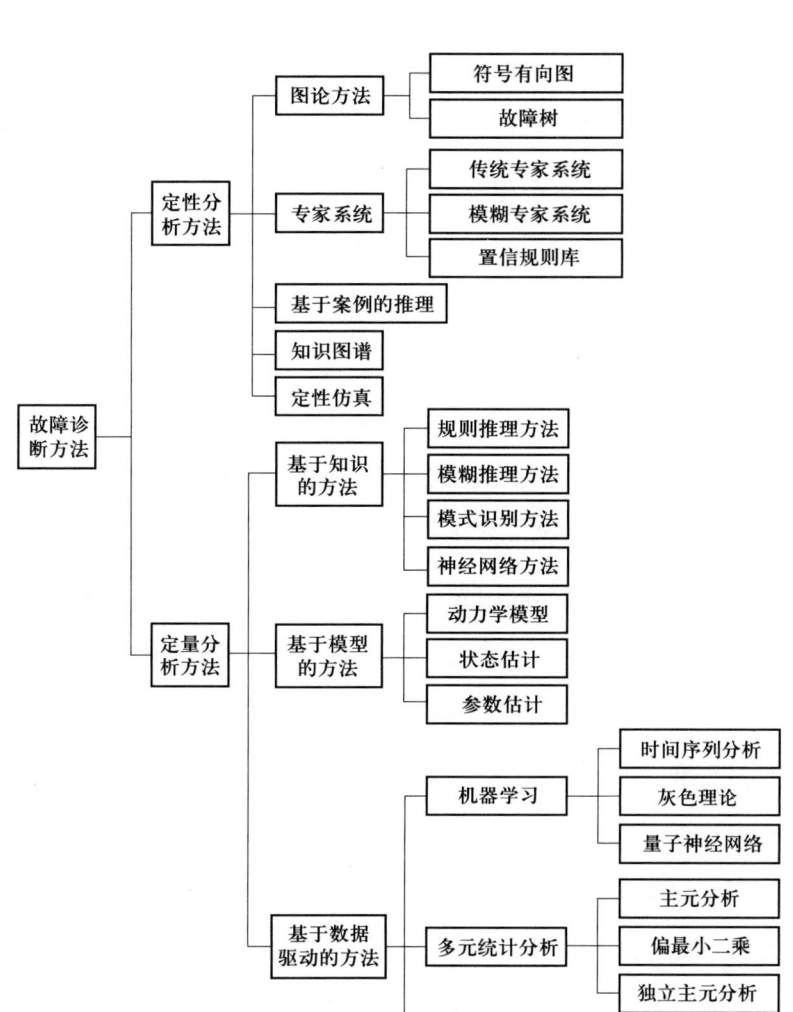

图 6-1 故障诊断方法分类

（2）专家系统

基于专家系统（expert system）的故障诊断方法是利用领域专家在长期实践中积累起来的经验建立知识库，并设计一套计算机程序模拟人类专家的推理和决策过程进行故障诊断。专家系统主要由知识库、推理机、综合数据库、人机接口及解释模块等部分构成，知识库和推理机是专家系统的核心。传统专家系统中，专家知识常用确定性的 IF-THEN 规则表示。通常专家知识不可避免地具有不确定性。模糊专家系统在专家知识的表示中引入了模糊隶属度的概念，并利用模糊逻辑进行推理，能够很好地处理专家知识中的不确定性。

基于专家系统的故障诊断方法能够利用专家丰富的经验知识,无须对系统进行数学建模并且诊断结果易于理解,因此得到了广泛应用。但是,这类方法也存在不足,首先,知识的获取比较困难,这成为专家系统开发中的主要瓶颈;其次,诊断的准确程度依赖于知识库中专家经验的丰富程度和知识水平的高低;最后,当规则较多时,推理过程中存在匹配冲突、组合爆炸等问题,使得推理速度较慢、效率较低。

(3)基于案例的推理

基于案例的推理(case-based reasoning,CBR)的依据是相似的问题有相似的解,它通过检索先前的案例,在新的问题中重用、修正以实现问题的求解。案例推理是一种新的知识表达方式,它主要是利用先前的案例来解决问题。在CBR中,最基本的知识源是案例,把当前需要解决的问题称为目标案例,将以前已经发生并解决的问题称为源案例,简单地说,CBR就是根据目标问题的提示而获得记忆中的源案例,并通过源案例来求解目标案例的一种策略。可见,CBR中的知识是以过去的案例来表示的,案例是过去发生的故障问题和经验,比较容易收集,经过整理就可表示成案例,大大减小了获取知识时对专家的依赖,非常适合在一些难以采用模型来描述的知识领域。在需要解决类似问题时,可使用这些经验来引导推理。由于CBR是通过回忆以前相似状况并重新利用该状况的信息和知识来求解新问题的一种推理方法,它可以缩短问题求解途径,提高推理效率,在知识表达不尽理想或领域知识获取不完备、不精确的情况下,利用原有系统中的经验教训,可避免重犯错误,缩短诊断时间。

(4)知识图谱

知识图谱(knowledge graph)是指对大量科学文献新信息,借助于统计学、图论、计算机技术等手段,以可视化的方式来展示科学学科体系的内在结构、学科特点、研究前沿等信息的一种计量学方法。它是一种将应用数学、图形学、信息可视化技术、信息科学等学科的理论与方法同计量学引文分析、共现分析等方法结合,并利用可视化的图谱形象地展示学科的核心结构、发展历史、前沿领域以及整体知识架构达到多学科融合目的的现代理论。知识图谱又称为科学知识图谱,在图书情报界称为知识领域可视化或知识领域映射地图,是显示知识发展进程与结构关系的一系列各种不同的图形，用可视化技术描述知识资源及其载体，挖掘、分析、构建、绘制和显示知识及它们之间的相互联系。知识图谱将复杂的知识领域通过数据挖掘、信息处理、知识计量和图形绘制而显示出来，揭示知识领域的动态发展规律，为学科研究提供切实的、有价值的参考。知识图谱可帮助企业和用户自动构建行业图谱，摆脱原始的人工输入，可以应用于智能搜索、文本分析、机器阅读理解、异常监控、风险控制等场景，达到真正的智能和自动。

（5）定性仿真

定性仿真（qualitative simulation）是获得系统定性行为描述的一种方法，定性仿真得到的系统在正常和各种故障情况下的定性行为描述，可以作为系统知识用于故障诊断。这种方法首先将系统描述成一个代表物理参数的符号集合以及反映这些物理参数之间相互关系的约束方程集合，然后从系统的初始状态出发，生成各种可能的后继状态，并用约束方程过滤掉那些不合理的状态，重复此过程直到没有新的状态出现为止。定性仿真的最大特点是能够对系统的动态行为进行推理。

2. 定量分析方法

（1）基于知识的方法

基于知识的故障诊断方法是以知识处理技术为基础，通过引入诊断对象的领域专家经验知识，实现辩证逻辑与数理逻辑的集成、符号处理与数值处理的统一、推理过程与算法过程的统一。该类方法是一种很有前途的方法，是智能故障诊断技术的核心。基于知识的方法包括规则推理方法、模糊推理方法、模式识别方法和神经网络方法等。

（2）基于模型的方法

基于模型的故障诊断方法利用系统精确的动力学模型、数学模型和可观测输入输出量构造残差信号来反映系统期望行为与实际运行模式之间的不一致，然后基于对残差信号的分析进行故障诊断。基于模型的故障诊断方法研究得相对较多，也较深入。基于状态估计的故障诊断方法主要包括滤波器方法和观测器方法。基于参数估计的故障诊断认为故障会引起系统过程参数的变化，而过程参数的变化会进一步导致模型参数的变化，因此，可以通过检测模型中的参数变化来进行故障诊断。

基于模型的方法利用了对系统内部的深层认识，具有很好的诊断效果。但是这类方法依赖于被诊断对象精确的动力学模型、数学模型，实际中对象精确的动力学模型、数学模型往往难以建立，此时基于模型的故障诊断方法便不再适用。然而系统在运行过程中积累了大量的运行数据，因此，需要研究基于过程数据的故障诊断方法。

（3）基于数据驱动的方法

基于数据驱动的故障诊断方法就是对过程运行数据进行分析处理，从而在无须系统精确模型的情况下完成系统的故障诊断。基于数据驱动的故障诊断方法完全从系统的历史数据出发，在实际系统中更容易直接应用。但是，这类方法因为没有系统内部结构和机理的信息，因此，对于故障的分析和解释相对比较困难。虽然基于模型的方法和基于数据驱动的方法是两类完全不同的故障诊断方法，但它们之间并不是完全孤立的。基于数据驱动的方法包括机器学习、多元统计分析、粗糙集等。

1）机器学习。机器学习故障诊断方法的基本思路是利用系统在正常和各种故障情况下的历史数据训练机器学习算法，建立样本与故障模式之间的映射关系，即所谓的故障诊断模型。

基于机器学习的故障诊断方法以故障诊断正确率为学习目标，并且适用范围广。但是机器学习算法需要各种故障情况下的样本数据，且精度与样本的完备性和代表性有很大关系，因此，难以用于那些无法获得大量故障数据的工业过程。

随着社会科技的进步，各种传感器、大容量存储器、高性能计算机等新技术的应用，获取大量的故障数据也越来越容易，因此，机器学习的研究也越来越深入，应用也日趋成熟。目前，常用的机器学习方法有时间序列分析、灰色理论、量子神经网络等。

2）多元统计分析。基于多元统计分析的故障诊断方法是利用多个变量之间的相关性对过程进行故障诊断。这类方法根据过程变量历史数据，利用多元投影方法将多变量样本空间分解成由主元变量张成（span）的较低维的投影子空间和一个相应的残差子空间，并分别在这两个空间中构造能够反映空间变化的统计量，然后将观测向量分别向两个子空间进行投影，并计算相应统计量指标用于过程监控。

基于多元统计分析的故障诊断方法不需要对系统的结构和原理有深入的了解，完全基于系统运行过程中传感器的测量数据，而且算法简单，易于实现。但是这类方法诊断出来的故障物理意义不明确，难于解释，并且由于实际系统的复杂性，这类方法中还有许多问题有待进一步研究，比如过程变量之间非线性，以及过程的动态性和时变性等。

3）粗糙集。粗糙集（rough set）是一种从数据中进行知识发现并揭示其潜在规律的新的数学工具。与模糊理论使用隶属度函数和证据理论使用置信度不同，粗糙集的最大特点就是不需要数据集之外的任何主观先验信息就能够对不确定性进行客观地描述和处理。属性约简是粗糙集理论的核心内容，它是在不影响系统决策的前提下，通过删除不相关或者不重要的条件属性，从而可以用最少的属性信息得到正确的分类结果。因此，在故障诊断中可以使用粗糙集来选择合理有效的故障特征集，从而减小输入特征量的维数，降低故障诊断系统的规模和复杂程度。

三、智能故障诊断

智能故障诊断是人工智能和故障诊断相结合的产物，主要体现在诊断过程中领域专家知识和人工智能技术的运用。它是一个由人（尤其是领域专家）、能模拟脑功能的硬件及其必要的外部设备、物理器件以及支持这些硬件的软件组成的系统。

智能故障诊断（intelligent fault diagnosis）把人工智能应用到故障诊断中，根据观察到的状况、领域知识和经验推断出系统、部件或器官的故障原因，以便尽可能发现和排除故障，以提高系统或装备的可靠性。智能故障诊断系统一般由知识库（故障信息库）、诊断推理机构、接口和数据库等组成。

在工业制造智能化和大数据的背景下，故障诊断领域朝着智能化方向发展。智能故障诊断综合利用领域专家知识或人工智能技术，首先从大量监测数据中提取表示系统变量依赖性的基础知识，然后检查操作系统行为和知识库之间的一致性，最后利用分类器对故障做出诊断决策。与基于模型和信号处理的方法不同，智能故障诊断方法的最大优势在于不需要已知的先验模型或信号模式。

智能制造工程技术人员（中级）——装备与产线智能运维

第二节　基于知识的智能诊断方法

考核知识点及能力要求：

- 了解基于知识的智能诊断方法的基本概念和典型应用。
- 熟悉构建专家系统的关键技术。
- 掌握专家系统的基本组成和工作原理。

一、概念及分类

人工智能在故障诊断领域中的应用，实现了基于人类专家经验知识的故障诊断技术，并将其推进到一个新的水平——智能化诊断水平。但是由于诊断对象日趋呈现复杂化的趋势，获取准确、完备、有效的诊断知识越来越困难。已知的领域知识大都具有证据不充分或结论不完全的特点，领域知识的分散性、随机性和模糊性的特点使之表现出很强的不确定性。另外，复杂系统为了满足生产的需求经常处在动态变化的过程中，其行为特点越来越不好把握，各种故障的发生具有很强的不确定性，所有这些都为有效地获取、表示和利用诊断知识进行智能化推理带来了很大的困难。

近年来，人工智能及计算机技术的飞速发展，为故障诊断技术提供了新的理论基础，产生了基于知识的故障诊断方法，此方法由于不需要有对象的精确数学模型，而且具有某些"智能"特性，因此得到了广泛的应用。基于知识的故障诊断方法是将被测对象作为一个有机的整体来研究，故障产生与传播机理的研究将与诊断对象的结构、功能等方面的知识联系起来，研究与解决诊断对象的诊断问题，它以知识处理技术为基础，在知识的层次上，实现辩证逻辑与数理逻辑的集成、符号处理与数据处理的统一、推理过程与算法过程的统一、知识库与数据库的交互等。应用基于知识的诊断推理，可以解决很多复杂系统的故障诊断问题，尤其是实时运行的多台设备的故障诊断问题。

二、专家系统关键技术

专家系统（expert system）产生于20世纪60年代中期，是人工智能最为成功的一个研究领域。同时，专家系统是计算机应用的一个前沿领域，使人工智能问题可用计算机解决。其主要思想是，将该领域专家的经验和知识抽象成知识库、规则库和推理机，根据知识、规则和推理机制进行故障判断，无须对系统建立模型，可以较方便地解释和理解诊断结果。目前专家系统已进入商品化阶段，广泛应用于化学分析、地质勘探、医学诊断、天气预报、财务预算以及设备监测诊断等诸多领域，并已取得了巨大的经济效益和社会效益。其中故障诊断专家系统以其在实际应用中发挥的作用和取得的效益受到了工程界的普遍重视，专家系统已成为故障诊断技术发展的主流。

1. 系统结构

专家系统是一种计算机程序系统，能够在专门领域达到专家的水平。一个计算机程序要想表现其"专长"，必须能够通过推理解决问题，并得出相当可靠的结果。程序必须能存取事实集，即所谓的知识库。程序还必须能在咨询会话时，从知识库可利用的信息中推出结论。有些专家系统还能在会话期间添加新的信息，有自学功能。

专家系统可以看作由知识库、推理机以及用户接口三个部分组成，其一般结构如图6-2所示。

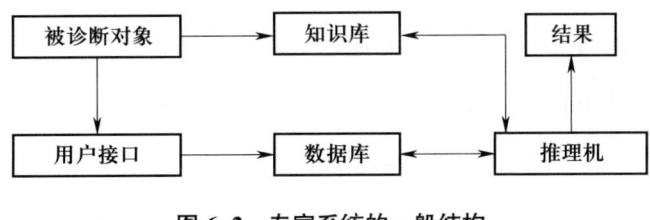

图6-2　专家系统的一般结构

（1）知识库

知识库是专家系统的核心部分。它包含描述关系、现象、方法的规则，以及在专家系统知识范围内解决问题的知识。知识库可以认为是由事实性知识和推理性知识组成的。例如，陈述句"John F. Kennedy was the 35th President of the United States"是事实性知识的一个例子，而"If you have a headache, take two acetaminophen tablets"是推理性知识的一个例子。知识库一般存放在磁盘或其他存储设备上。

知识表示是一组用于描述知识对象的语法和语义约定。设计知识表示的经验法则是：知识的表示形式应该自然简单，又容易存取。当运用知识表示时，必须牢记的一个原则是保证它的简单和精确。

通常由知识工程师（或专家系统设计者）建造系统。知识工程师与领域专家一起把专家的知识编成知识库中的代码。知识工程师必须能使用所给的知识，并且与领域专家一起工作。这些活动构成了正在发展中的知识工程研究领域。

在 Turbo Prolog 专家系统中，知识通常用以下两种方法之一来表示：一种方法是把事实和数据（事实性知识）分类，放到 Turbo Prolog 规则中。这种表示适用于基于规则的专家系统，基于规则的专家系统是当前最普遍的系统。这类系统已被开发并广泛应用于科学、工程、商业等领域。另一种方法是把事实和数据构成子句，形成子句知识库。这种子句表示适用于基于逻辑的专家系统。

还有其他的知识表示系统，例如基于框架的系统和基于模型的系统。基于框架的系统使用基于对象属性的逻辑组合表示知识，在框架中描述的逻辑组合是为存储和检索服务的。

（2）推理机

推理机包括操作规则和原理。推理机"知道"如何使用知识库，以便从知识库的信息中得出合理的、前后一致的结论。当询问专家系统时，推理机进行判断推理决定采用哪种技术以及如何应用知识库中的规则来求解询问中所提的问题。实际上，推理机是通过决定激活和访问知识库中哪条适用的规则来驾驭专家系统的。推理机执行这些规则，确定是否找到可接受的解，并把结果送到用户接口。

在基于规则和基于逻辑的系统中，用户的问题都是根据适合于系统的逻辑来回答的。在基于规则的系统中，用户的询问都被转换成与知识库规则中相应部分相匹配的形式。随着匹配过程的延续，去激活适当的规则，直至发现匹配或整个知识库都找遍仍未发现匹配。在基于逻辑的系统中，转换后的查询即为和知识库子句匹配所得的值。

当推理机发现不止一个规则可被激活时，必须作出优先选哪一条规则的决定。通常优先权给予那些较为明确的规则或首先考虑更多数据的规则。这一过程称为冲突消解。

（3）用户接口

用户接口是专家系统中与用户通信的部分。用户接口既可接受来自用户的信息，又可向用户发送信息。简而言之，当用户提出问题时，用户接口能确保收到所有必需的信息。根据用户输入问题的类型和性质，用户接口把有关的信息传输给推理机。当推理机将从知识库中推理得到的有用知识返回时，用户接口采用适当形式将得到的知识再回送给用户。用户接口为专家系统和用户提供通信。这种人–机通信通常包括以下几种功能：

1）用户接口应有效地处理输入和输出。这要求用清晰简洁的形式快捷处理输入/输出数据，包括选择存储设备诸如打印机、存储磁盘和辅助数据文件等。

2）用户接口必须支持用户和专家系统之间流畅对话。对话是与专家系统咨询的一般形式。咨询结束必须以系统规定的目标清晰地给出结果，同时对推出这些目标的理由给出恰如其分的解释。

3）用户接口还必须能识别各种错误或用户与系统之间的认识差异，并能顺利地处理这些错误和差异。例如，如果当要求回答"y"或"n"时用户却键入"1"，或当用户问一个不相干的问题时，应给予适当错误提示或回复。

4）用户接口应该是与用户友善的。例如，能显示用户可选择作业的菜单系统，用户可应用自然的方式与专家系统交互，最理想的是用户能使用自然语言。

2. 知识图谱

2012年，知识图谱由 Google 正式提出并被用于提升搜索引擎返回的答案质量和用户查询信息的效率。知识图谱是一种揭示实体之间关系的语义网络，可以对现实世界的事物及其相互关系进行形式化的描述。近年来，知识图谱已在智能搜索、深度问答和社交网络，以及金融、医疗等行业中有所应用。在可靠性研究方面，知识图谱技术在知识积累与融合方面具有优势，一些学者将其应用于故障诊断与分析，提高了故障诊断的效率。

知识图谱借鉴以可靠性为中心的维修（RCM）和故障预测与健康管理系统（PHM）的系统化思路，以产品信息模型作为信息组织模式，利用故障树、系统报警与故障模式之间的关联关系和历史故障数据，建立相关规则来进行智能关联与匹配。

三、典型专家系统基本组成及工作原理

1. 基于产生式规则的专家系统（见图 6-3）

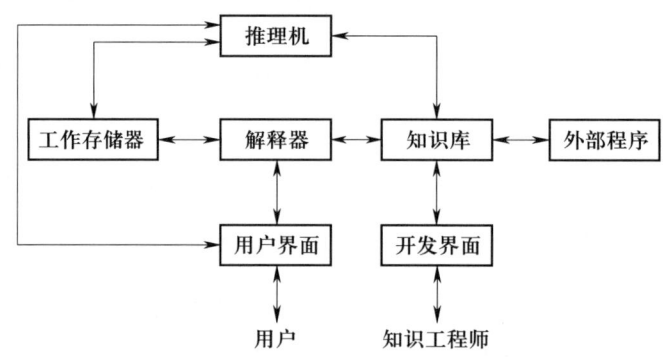

图 6-3 基于产生式规则的专家系统

在基于产生式规则的专家系统中，大部分知识都表示成规则，即条件语句，这些条件语句把事实的陈述相互联系在一起。通过假言推理，系统可以把新事实加到数据库中，从而扩充数据。

例如，如果 B 为真且 B 蕴含着 C，则 C 为真。

（1）概念

从概念上讲，基于产生式规则的专家系统的基本结构较为简单。为了处理现实世界的复杂问题，需要对基本结构进行改进使得结构变得较为复杂。例如，B-C 这条规则常被解释成 B 提示 C。

（2）基于产生式规则的专家系统结构

基于产生式规则的专家系统是从更一般的计算模型即所谓产生式系统发展起来的。产生式系统并不把计算看作是预定顺序的操作，而是看作以某种顺序使用转换规则的过程，这种顺序是由数据决定的。在某些基于规则的系统中非常严格地使用产生式系统的形式表述。一个典型的产生式系统有以下三个主要部分：全局数据库，它包含解决特定问题的事实或断言；规则库，它包含关于问题领域的一般性知识；执行问题，求解过程的规则解释程序。

在全局数据库中，事实可以用任何方便的形式进行表示，诸如数组、符号串和表结构等。规则形式：如果〈条件〉，则〈动作〉。

一般来讲，规则的左部或规则的条件部分可以是任何能和数据库进行匹配的模式。通常允许包含一些变量，这些变量可能以不同的方式被约束，依赖于如何进行匹配的方式。一旦匹配成功，则执行规则的右部或者规则的动作部分。动作可以约束变量的任一过程，可以产生一些新的事实加到数据库中，或者修改数据库中的旧事实。

规则解释程序的任务是决定哪些规则是可用的。它确定所选定的规则的条件部分如何与数据库匹配并监控问题求解过程。当被用于会话程序时，它能够回答用户并向用户提问一些可能允许应用某些规则的信息（事实）。规则解释程序所使用的策略叫作控制策略。一个经典产生式系统的规则解释程序，通过"识别-作用"的周期来执行规则。规则解释程序循环地通过规则的条件部分，以寻找能和当前数据库匹配的规则，并对（所有或部分）匹配的规则执行其相应的动作部分。

2. 基于规则的专家系统

（1）专家提出规则

基于规则的专家系统是目前最常用的方式，主要归功于大量成功的实例，以及简单灵活的开发工具。它直接模仿人类的心理过程，利用一系列规则来表示专家知识。例如对动物的分类：① IF（有毛发 or 能产乳）and [（有爪子 and 有利齿 and 前视）or 吃肉] and 黄褐色 and 黑色条纹，THEN 老虎；② IF [有羽毛 or（能飞 and 生蛋）] and 不会飞 and 游水 and 黑白色，THEN 企鹅。这里，IF 后面的语句称为前项，THEN 后面的语句称为后项。前项一般是若干事实的"与或"结合,每一个事实采用对象-属性-值(OAV)三元组表示。根据值的选择不同,可将属性分为3类:①是非属性,如"有爪子",该属性只能在{有、无}中二选一;②列举属性,例如"吃肉",该属性只能在{吃草,吃肉,杂食}中选择;③数字属性,如"触角长度3.5 cm""身高1.5 m""体重32 kg"等。

(2)算法生成规则

上述规则是通过专家集体讨论得到的。这样形成的规则存在以下三个缺点:①需要专家提出规则,而许多情况下没有真正的专家存在。②前项限制条件较多,且规则库过于复杂。比较好的解决方法是采用中间事实。例如,首先确定哺乳动物、爬行动物、鸟类动物,然后继续进行划分。③在某些情况下,只能选取超大空间的列举属性或者数字属性,此时该属性值的选取,需要大量样本以及复杂的运算。因此,更倾向于采用一套算法体系,能自动从数据中获得规则。决策树算法基本能够满足知识工程师的需要。

3. 基于故障树的专家系统

(1)定义

故障树分析是可靠性设计的一种有效方法,也是故障诊断技术的一种有效方法。故障树分析是一种针对某个特定的不希望事件的演绎推理分析,是一种将系统故障形成的原因按树枝状由总体至局部逐级细化的分析方法。也就是说,把所研究系统的最不希望发生的故障状态作为故障分析的目标,然后寻找直接导致这一故障发生的全部因素并把它们作为第二级,依次再找出导致第二级事件发生的全部直接因素作为第三级,如此逐级展开,一直追查到那些不能再展开或不需再深究的最基本的故障事件或因素为止。基于故障的层次特性,其故障成因和后果之间的关系往往具有很多层次并形成一连串的因果链,加之一因多果或一果多因的情况就构成了树或网,这就是故障树提出的背景。通常把最不希望发生的事件称为顶事件,那些不能再展开或不需再深究的最基本事件称为底事件,介于顶事件与底事件之间的一切事件称为中间事件。用相应的符号代表这些事件,再用适当的逻辑门把顶事件、中间事件和底事件连接成树形图,即故障树,用来表示系统或装备的特定事件(不希望发生的事件)与它的各个子系统或各个部件故障事件之间的逻辑结构关系。在整个树形图的因果链或其中的一段中，凡属"由因求果"就是正问题，是寻求可能发生什么样的系统状态或故障状态的过程；而"由果求因"就是逆问题，是寻求怎样才能发生某个特定的系统状态（通常是部件故障模式）的过程。因此，故障树分析法可以说是一种由果到因的演绎分析法。

（2）特点

1）直观、形象。故障树以清晰的图形表述系统的内在联系和逻辑关系，从故障树的顶端向下分析就可找出系统故障与哪些零件、部件的状态有关，全面弄清引起系统故障的原因和部位。如果从故障树的底端，即由各个底事件向上分析，则可分辨零件、部件故障对系统故障的影响及其传播途径，当各底事件的概率分布已知时，就可评价各零件、部件的故障状态及其对保证系统可靠性、安全性的重要程度。

2）灵活、方便。故障树既可用来分析系统硬件（零件、部件）本身固有原因在规定的工作条件所造成的初级故障事件，又可考虑一个零件或部件在它不能工作的环境条件下所发生的任何次级故障事件，还可考虑由于错误指令而引起的指令性故障事件等。而且当故障树建成后，对没有参与系统设计与试制的管理和维修人员来讲，易于掌握，可作为使用、管理、维修和培训的指导性技术指南。

3）通用、可算。故障树既可用于定性分析，又可进行定量分析，并可应用计算机进行辅助建树，有效地提高复杂系统故障树分析的效率，并成功用于故障监测与诊断专家系统知识库的建造。

故障树分析法的缺点主要是复杂系统的建树工作量大，数据收集困难，并且要求分析人员对所研究的对象有透彻的了解，具有比较丰富的设计和运行经验以及较高的知识水平和严密清晰的逻辑思维能力，否则，在建树过程中容易导致错漏和脱节。另外，大型复杂系统的故障树分析占用计算机的内存和机时很多，对于时变系统及非稳态过程需要与其他方法密切配合使用才能充分发挥其作用。

（3）分析步骤

应用故障树分析时应遵循以下步骤：

1）给系统以明确的定义，选择可能发生的不希望事件作为顶事件。

2）给系统的故障进行定义，分析其形成原因（如设计、运行、人为因素等）。

3）作出故障树逻辑图。

4）对故障树结构作定性分析，分析各事件结构重要度，应用布尔代数对故障树简化，寻找故障树的最小割集，以判明薄弱环节。

5）对故障树结构作定量分析，如掌握各元件、各部件的故障率数据，就可以根据故障树逻辑对系统的故障作定量分析。

4. 基于框架的专家系统

1975年Minsky提出了框架，它基本上等同于C语言里的结构体，是专家系统面向对象编程的应用。

框架被定义为槽（slot）的集合，槽等同于对象的属性。一般说来，槽可以包含下列信息：框架名、和其他框架的关系、槽值、默认槽值、槽的取值范围、处理过程等。通常有两种处理过程被附加到槽上：WHEN CHANGED 和 WHEN NEEDED。这样的处理过程被称为demon。

基于框架的专家系统还通过facet的应用对槽-值结构体进行扩展。facet是提供关于框架属性的扩展知识的一种方法。一般来说，基于框架的专家系统允许向属性附加"值""提示""推理"等facet。"值"facet指定属性的默认和初始值。"提示"facet让终端用户可以在和专家系统的会话里在线输入属性值，"推理"facet让用户可以在特定属性的值改变时停止推理过程。

（1）基本特点

根据问题的本质将其分解成框架，进而分解成槽和facet。框架既可以表示类，也可以表示对象。通常对象直接有三种关系：泛化（a-kind-of或is-a）、聚合和关联。具有如下特征：

1）面向目标编程与基于框架设计。

2）基于框架的专家系统建立在框架的基础之上。

3）采用面向目标编程技术。

4）框架的设计和面向目标的编程共享许多特征。

在设计基于框架系统时，专家系统的设计者们把目标叫作框架。继承的缺点在于，基于框架的系统不能区分本质属性（该类必须具备的属性）和偶然属性（该类所有实例刚好都具有的属性）。由于在继承层次的任何地方都可以覆写属性，在多重继承时并不能表示把几个类组合在一起的概念。多数基于框架的专家系统里，也会使用规则，这些规则通常使用模式匹配语句。规则在方法调用时触发，比如 WHEN CHANGED。

（2）基于框架专家系统的一般设计方法

基于框架专家系统的主要设计步骤与基于规则的专家系统相似，主要差别在于如何看待和使用知识。

在设计基于框架的专家系统时，把整个问题和每件事想象为编织起来的事物。在辨识事物之后，寻找把这些事物组织起来的方法。对于任何类型的专家系统，其设计是高度交互的过程。

基于框架的专家系统可看作是基于规则的专家系统的一种自然推广，是一种完全不同的编程风格。1975 年 Minsky 提出用"框架"来描述数据结构。框架包含某个概念的名称、知识、槽。当遇到这个概念的特定实例时，就向框架中输入这个实例的相关特定值。编程语言中引入框架的概念后，就形成了面向对象的编程技术。可以认为，基于框架的专家系统等于面向对象的编程技术。

5. 基于模型的专家系统

人工智能是对各种定性模型的获得、表达及使用的计算方法进行研究的学问。基于该观点人们提出了基于模型的专家系统。

（1）定义

一个知识系统中的知识库是由各种模型组合而成的，而这些模型又往往是定性的模型。由于模型的建立与知识密切相关，所以有关模型的获取、表达、使用就包括了知识的获取、表达和使用。

用这种观点看待专家系统的设计，可以认为一个专家系统是由一些原理与运行方式不同的模型综合而成。这样的专家系统称为基于模型的专家系统。

当前许多专家系统缺乏知识的重用性和共享性，其原因主要是对知识的假设和性能不够清楚。

（2）基于模型的优点和必要性

采用各种模型设计专家系统，一方面，它增加了系统的功能，提高了性能的指标；另一方面可独立地深入研究各种模型及其相关问题，把获得的结果用于改进系统设计。因而为了使知识能够重用和共享，模型的假定则是必不可少的。

（3）基于神经网络的专家系统

1）一般专家系统所存在的问题：知识获取的"瓶颈"问题；知识的"窄台阶"问题；专家系统的复杂性与效率问题；不具有联想记忆功能。

2）神经网络与之相对的优点。如图6-4所示为比较典型的基于神经网络的专家系统。其优点是：固有的并行性；分布式联想存储；较好的容错性；自适应能力。

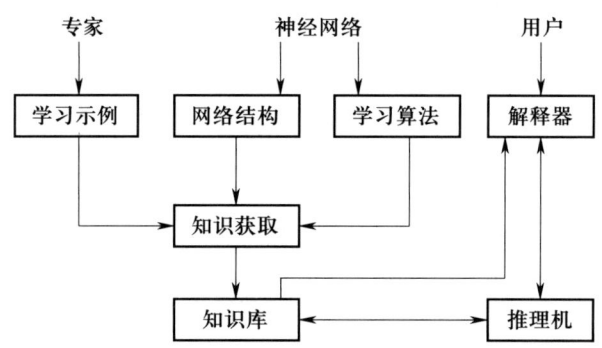

图6-4 基于神经网络的专家系统

3）神经网络模型与专家系统集成模式。①神经网络支持专家系统。以传统的专家系统为主，以神经网络的有关技术为辅。②专家系统支持神经网络。以神经网络的有关技术为核心，建立相应领域的专家系统，采用专家系统的相关技术完成解释等方面的工作。③协同式的神经网络专家系统。针对大的复杂问题，将其分解为若干子问题，针对每个子问题的特点，选择用神经网络或专家系统加以实现，在神经网络和专家系统之间建立一种耦合关系。

第三节　基于数据驱动的机器学习智能诊断方法

考核知识点及能力要求：
- 了解机器学习在故障诊断中的地位和作用。
- 熟悉基于机器学习的故障诊断方法的基本原理。
- 掌握典型机器学习在故障诊断中的应用。

一、机器学习简介

机器学习是研究怎样使用计算机模拟或实现人类学习活动的科学，是人工智能中最具智能特征、最前沿的研究领域之一。自 20 世纪 80 年代以来，机器学习作为实现人工智能的途径，在人工智能界引起了广泛的兴趣。特别是近几年，机器学习领域的研究工作发展很快，它已成为人工智能的重要课题之一。在 AI 领域，知识获取已经成为建造专家系统的"瓶颈"问题。知识的自动获取更是人工智能研究的难点。机器学习是解决知识获取问题的主要途径。机器学习研究的主要目标是通过构造智能学习机让机器自身具有获取知识的能力，使其能在实际工作中不断总结成功和失败的经验教训，对知识库中的知识自动进行调整和修改，以丰富、完善系统的知识。机器学习从内在行为看，是从未知到已知的过程，是知识增长的过程；从外在表现看，是系统的某些适应性改变，使得系统能完成原来不能完成的任务或把原来的任务做得更好。

机器学习不仅在基于知识的系统中得到应用，而且在自然语言处理、非单调推理、机器视觉、模式识别等许多领域也得到了广泛开展。一个系统是否具有学习能力已成为是否具有"智能"的一个标志。根据处理数据规模和学习能力的不同，可将现有基于机器学习的智能故障诊断方法分为基于浅层学习和基于深度学习两类，两类方法的诊断流程如图 6-5 所示。

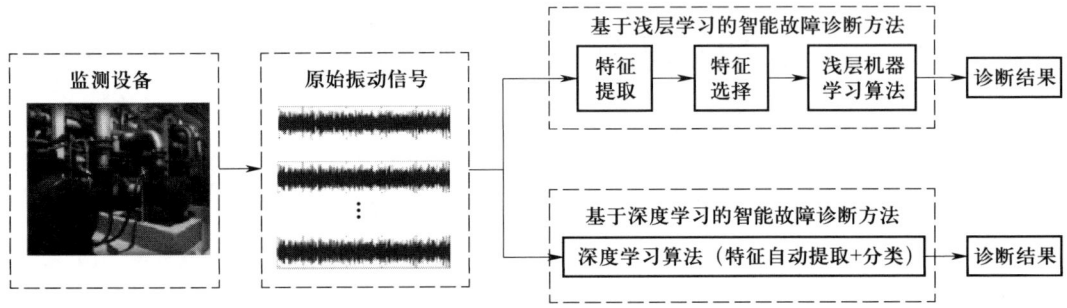

图 6-5　基于浅层学习和基于深度学习的智能故障诊断方法框架

基于浅层学习的智能故障诊断方法以信号处理技术和模式识别相结合的方式进行故障识别。首先采用信号处理方法从信号中提取故障特征，如时域统计分析、短时傅里叶变换（short time Fourier transform，STFT）、经验模式分解（empirical mode decomposition，EMD）和小波变换等。提取的特征集通常具有较高的维度，可能包含无用或不敏感的信息，影响诊断结果以及计算效率。通过主成分分析（principal component analysis，PCA）、距离评估技术和特征判别分析等信号处理技术，从提取的特征集中选择敏感和能够辨别故障的特征，以提升分类器诊断结果及计算效率。将挑选的敏感特征作为浅层机器学习模型的输入进行训练，如 K 最近邻（K-nearest neighbors，KNN）、人工神经网络（artificial neural network，ANN）和支持向量机（support vector machines，SVM）等算法，运用训练完成的机器学习模型进行设备状态模式识别。特征提取、特征选择和模型训练这三个步骤在整个诊断过程中是相互独立的。

与浅层学习方法不同，深度学习对大量机械数据具有较强的处理能力，不需要通过复杂的信号处理技术提取特征，而是通过深层的网络结构和特殊的算法使模型自动从数据中学习特征并进行故障识别，将相互独立的特征提取、特征选择和分类步骤集成在一个自适应学习框架中，实现从数据输入到故障识别的端到端故障诊断。

下面具体介绍两种机器学习故障诊断方法：灰色系统理论诊断方法、量子神经网络及其改进方法。

二、灰色系统理论诊断方法

1. 灰色系统理论的产生

灰色系统理论属于系统科学学科群，它的产生和迅速发展成为当代科学发展的一大景观，灰色系统指的是信息不完全的系统。信息不完全是指系统因素、因素关系、系统结构及系统作用原理这四个方面的信息缺乏，它以"部分信息已知，部分信息未知"的"小样本"、"贫信息"不确定性系统为研究对象，主要通过对"部分"已知信息的生成、开发，提取有价值的信息，实现对系统运行行为的正确认识和有效控制。灰色理论将一切随机变量看作是在一定范围内变化的灰色量，将随机过程看作是在一定范围内变化的，与时间有关的灰色过程，对灰色量的处理采用数据处理的方法，即数据生产，将杂乱无章的原始数据整理成规律性较强的生成数列进行研究。它着重研究概率统计、模糊数学所不能解决的"小样本、贫信息、不确定"问题，并依据信息覆盖，通过序列生成寻求现实规律。其特点是"少数据建模"。与模糊数学不同的是，灰色系统理论着重研究"外延明确、内涵不明确"的对象。

2. 灰色系统理论的内容

灰色系统理论的主要内容包括灰色系统分析、灰色系统建模、灰色系统预测、灰色系统决策和灰色系统控制等问题。该理论在社会、经济、农业、工业、生态等领域中已得到应用，并取得了明显的成果。

在灰色系统理论中灰色预测、关联度分析、灰色统计、灰色聚类和灰色决策都可能成为设备故障诊断的有力工具。下面以灰色关联度分析法为例介绍灰色系统理论的基本原理。

关联度分析法是灰色系统理论进行系统分析的一个重要方法，它是根据系统各因素之间的内部联系或发展态势的相似程度来度量因素之间关联程度的方法。其实现过程如下。

步骤1：根据评价目标确定评价指标体系，收集评价数据。

步骤2：确定参考模式向量。

设系统由参考模式向量构成的参考模式矩阵为：

$$[X^{(R)}] = \begin{bmatrix} \{x_1^{(R)}\}^T \\ \{x_2^{(R)}\}^T \\ \cdots \\ \cdots \\ \{x_L^{(R)}\}^T \end{bmatrix} = \begin{bmatrix} x_{1(1)}^{(R)} & x_{1(2)}^{(R)} & \cdots & x_{1(N)}^{(R)} \\ x_{2(1)}^{(R)} & x_{2(2)}^{(R)} & \cdots & x_{2(N)}^{(R)} \\ \vdots & \vdots & & \vdots \\ x_{L(1)}^{(R)} & x_{L(2)}^{(R)} & \cdots & x_{L(N)}^{(R)} \end{bmatrix} \quad (6-1)$$

式中，$\{x_i^R\}$ 表示第 i 个参考模式向量，$i=1, 2, \cdots, L$；L 是参考模式向量的数目；N 表示每种参考模式向量的维数，即特征分量的个数。

步骤3：确定待检模式向量，并对样本的指标数据进行无量纲化（如有必要）。

同样，系统的待检模式向量可构成的待检模式矩阵为：

$$[X^{(T)}] = \begin{bmatrix} \{x_1^{(T)}\}^T \\ \{x_1^{(T)}\}^T \\ \cdots \\ \cdots \\ \{x_M^{(T)}\}^T \end{bmatrix} = \begin{bmatrix} x_{1(1)}^{(T)} & x_{1(2)}^{(T)} & \cdots & x_{1(N)}^{(T)} \\ x_{2(1)}^{(T)} & x_{2(2)}^{(T)} & \cdots & x_{2(N)}^{(T)} \\ \vdots & \vdots & & \vdots \\ x_{M(1)}^{(T)} & x_{M(2)}^{(T)} & \cdots & x_{M(N)}^{(T)} \end{bmatrix} \quad (6-2)$$

式中，$\{x_j^{(T)}\}$ 为第 j 个待检模式向量，$j=1, 2, \cdots, M$；M 是待检模式向量的维数。

步骤4：计算关联系数，可定义待检模式向量 $\{x_j^{(T)}\}$ 与参考模式向量 $\{x_i^R\}$ 两状态之间的关联程度。

$$\xi_{ij(k)} = \frac{\min_i \min_k |x_{i(k)}^R - x_{j(k)}^T| + \zeta \max_i \max_k |x_{i(k)}^R - x_{j(k)}^T|}{|x_{i(k)}^R - x_{j(k)}^T| + \zeta \max_i \max_k |x_{i(k)}^R - x_{j(k)}^T|} \quad \begin{cases} i=1, 2, \cdots, L \\ j=1, 2, \cdots, M \\ k=1, 2, \cdots, N \end{cases} \quad (6-3)$$

$\xi_{ij(k)}$ 称为待检模式向量 $\{x_j^{(T)}\}$ 与参考模式向量 $\{x_i^R\}$ 在第 k 个分量上的关联系数。$\zeta \in [0, 1]$ 表示分辨系数，不同的 ζ 值只影响 $\xi_{ij(k)}$ 的绝对大小，并不影响 $\xi_{ij(k)}$ 的相对排列次序。随 ζ 值的减小，$\xi_{ij(k)}$ 值可变动的区间范围增大，一般取 $\zeta=0.5$。

步骤5：计算关联度。

$\{x_j^{(T)}\}$ 对 $\{x_i^R\}$ 的关联度定义为不同点关联系数的平均值，即

$$r_{ij} = \frac{1}{N} \sum_{k=1}^{N} \xi_{ij(k)} \quad \begin{cases} i=1, 2, \cdots, L \\ j=1, 2, \cdots, M \end{cases} \tag{6-4}$$

由 r_{ij} 可组成关联度矩阵：

$$[\boldsymbol{R}] = \begin{bmatrix} r_{11} & r_{12} & \cdots & r_{1M} \\ r_{21} & r_{22} & \cdots & r_{2M} \\ \vdots & \vdots & & \vdots \\ r_{L1} & r_{L2} & \cdots & r_{LM} \end{bmatrix} \tag{6-5}$$

步骤6：若各指标在综合评价中的作用不同，可对关联系数求加权平均值，即得出综合评价结果。

考察矩阵 $[\boldsymbol{R}]$ 的某一列 j，它表达了第 j 个待检模式向量 $\{\boldsymbol{x}_j^{(T)}\}$ 对不同参考模式向量 $\{\boldsymbol{x}_i^R\}$ ($i=1, 2, \cdots, L$) 的关联度，可按 r_{ij} ($i=1, 2, \cdots, L$) 的大小将 $\{\boldsymbol{x}_j^{(T)}\}$ 进行归类，其归属决策规则为：

$$\text{若 } r_{i^*j} = \max_{i=1, 2, \cdots, L} r_{ij}, \quad \text{则 } \{\boldsymbol{x}_j^{(T)}\} \in \text{第 } i^* \text{ 类} \tag{6-6}$$

考察矩阵 $[\boldsymbol{R}]$ 的某一行 i，它表达了第 i 个参考模式向量与不同的待检模式向量 $\{\boldsymbol{x}_j^{(T)}\}$ ($j=1, 2, \cdots, M$) 的关联度。只要选定合适的阈值 r_0，就可判断哪些待检模式应属于或不属于第 i 个参考模式类。

当参考模式向量和待检模式向量都是多个时，通过对关联矩阵 $[\boldsymbol{R}]$ 中元素间的比较分析，可以进行优势分析，即分析哪些因素属优势，哪些属劣势，从而探讨故障发生的主要原因和程度。通过多因素分析和判决，可提供现代机械设备状态监测与故障诊断更精确的结果。

该方法的优点是样本量需求小，且计算简单，缺点是关联度矩阵计算过程中各关联系数的权重确定具有主观性，可能影响分析结果的准确性。与数理统计方法相比，该方法的特点是：

1）对样本量的多少没有过分的要求。

2）不要求数据具有典型的分布规律。

3）计算工作量不大，即使对于超过10个变量（数列）的情况，也可手算。

4）获得的信息量更丰富，结果更全面。

5）不会出现与定性分析不一致的反常现象。

三、量子神经网络

现如今，大多数智能方法的主要思想是效仿自然或人类的智能特性，其中人工神经网络是智能方法中最有效的一种。人工神经网络被提出后，由于其具有并行性、容错性、联想性、适应性和广泛性等特点，在故障诊断中得到了广泛的应用。

1. 人工神经网络模型

人工神经网络模型是模拟人的大脑思维的产物，实际上是一种数学模型。它一般含有多个（或大量）简单计算单元、单元之间具有广泛的连接，而且连接强度（有时还包括单元的计算特性）可根据输入、输出数据调节。人工神经网络模型是由多个神经元按照一定的组织结构连接而成的系统。不同的神经元类型、神经元之间的连接方式以及连接强度调节的规律（学习算法）形成了不同的人工神经网络，主要包括前向型神经网络、竞争型神经网络、反馈型神经网络等。其中，在装备健康监测与故障诊断领域，前向型神经网络中的反传神经网络（BPNN）算法作为人工神经网络的经典算法，在信号处理、模式识别等领域应用广泛。

2. 量子神经网络

量子神经网络（quantum neural network，QNN）是基于量子力学原理的神经网络模型。在量子神经网络研究的计算方法中，科学家试图将人工神经网络模型与量子信息的优势相结合，以便开发更有效的算法。这样做的原因是经典的神经网络模型十分难以训练，特别是在大数据应用中。一些研究者希望量子计算的特征如量子并行性或干扰和纠缠的影响可以用作资源。目前量子神经网络研究尚处于起步阶段，许多研究是基于用量子比特取代经典二元或McCulloch-Pitts神经元的想法，导致神经单位可以处于激活状态和未激活状态的叠加。

为了解决传统反传神经网络收敛速度慢、分类正确率低等问题，相关专家学者将量子理论引入神经网络中，提出了量子反传神经网络（quantum back propagation neural network，QBPNN），简称量子神经网络。量子神经网络是将神经网络的输入或中间层输出量子化，使神经网络中的计算转化到量子域，从而借助量子理论的优势解决神经网络的不足。

由于量子特殊的表达方式，使得量子神经网络能够明显提高神经网络的逼近能力和信息处理效率，在函数逼近、优化 PID 控制参数、模式识别等方面取得了很好的效果。

（1）量子理论基础

量子比特是量子理论体系中描述量子世界的基本单位，它所表达的状态为一种叠加态，其数学表达式为：

$$|\phi\rangle = a|0\rangle + b|1\rangle \tag{6-7}$$

式中，$|0\rangle$ 和 $|1\rangle$ 为量子比特的量子基态，系数 a 和 b 为量子基态概率幅值，为实数或复数，概率幅的模平方为量子概率，$|a|^2$ 和 $|b|^2$ 分别表示量子基态 $|0\rangle$ 和 $|1\rangle$ 出现的概率。

根据量子理论，量子概率幅应满足归一化条件：

$$|a|^2 + |b|^2 = 1 \tag{6-8}$$

由式（6-7）和式（6-8）可知，量子比特描述的状态是不确定的，可以表示两种不同概率的两个基态组合而成的各种状态。以振动信号为例，如果 $|0\rangle$ 代表振动信号的一种状态，而 $|1\rangle$ 代表振动信号的另一种状态，则不同的系数 a 和 b 组合可表示振动信号单采样点的任何状态。

（2）振动信号的时域量子化

由于振动信号在装备故障诊断中应用最为广泛，以振动信号为例，阐述信号的量子化及量子神经网络。

量子比特是所有量子计算的基础，而振动信号的量子化结果将影响振动信号的最终处理效果。

1）量子概率幅值。在实际应用过程中，振动信号一般均为实数，因此，量子态概率幅值系数 a 和 b 同为实数，即 $a, b \in R$。由于量子概率幅值满足归一化条件，限定了量子概率幅值系数 $a, b \in [-1, 1]$。

假设量子基态 $|0\rangle$ 和 $|1\rangle$ 分别代表振动信号的两种不同的状态，基态 $|0\rangle$ 代表振动信号的非冲击状态，而基态 $|1\rangle$ 代表振动信号的冲击状态，此时，$|a|^2$ 和 $|b|^2$ 分

别代表两种状态出现的概率。

采用$|a|^2$和$|b|^2$可定量表述振动信号出现冲击的强弱,当$|a|^2$较大、$|b|^2$较小时,代表此振动信号为非冲击状态的概率较大;当$|a|^2$较小、$|b|^2$较大时,代表此振动为物理冲击的概率较大。由于$|a|^2$和$|b|^2$代表两种状态出现的概率,在计算中常采用概率来处理数据,a和b的符号对结果没有影响,且在实信号中,出现两种状态的概率均为正值,因此,概率幅值系数$a,b \in [0,1]$。

假设振动信号时间序列为$X=\{x(i),i=1,2,\cdots,N\}$,由于$x(i)$的幅值往往并不全在$[0,1]$之间,对信号$X$的每个采样点元素$x(i)$进行归一化处理,得到$y(i) \in [0,1]$,归一化变换为:

$$y(i) = \text{abs}\left(\frac{x(i)}{\max(\text{abs}(X))}\right) \tag{6-9}$$

2)线性量子比特与非线性量子比特。在量子理论中,所有满足概率幅值归一化条件的信号,都可表示为量子比特的形式,因此,不同领域出现了不同的量子概率幅值表示方法。在振动信号处理中,线性量子比特和非线性量子比特应用最为广泛,在实际应用中,应根据对象及目的决定采用何种量子比特表示。

(3)量子神经元

单个神经元的结构由输入、传递函数和输出三部分组成,改变三个部分中的任何一个就可以构造出不同类型的神经元,通常输入和输出为实数或复数。对于单个量子神经元,是在传统神经元的基础上,将输入转化到量子域,因此,神经元的输入为量子比特,传递函数为求模运算,输出为实数。在基于多特征的量子神经网络中,输入为多特征构成的多量子位系统,设其为$|X\rangle = (|x_1\rangle, |x_2\rangle, \cdots, |x_n\rangle)$。单个量子神经元如图6-6所示,图中$\Sigma$为求和算子,$f$为传递函数,由求模算子完成,能够将输出结果转换为实数。

根据量子神经元,其输入输出关系可表示为:

$$y = f(\Sigma|X\rangle) = \left|\sum_{i=1}^{n}|x_i\rangle\right| \tag{6-10}$$

(4)量子神经网络模型

量子神经网络模型由多个量子神经元和普通神经元按照一定的拓扑结构和连接规

则组成，包含输入层、隐含层和输出层。图 6-7 为具有一个隐含层的三层量子神经网络，输入层有 n 个特征值，隐含层有 p 个量子神经元，输出层有 m 个普通神经元。

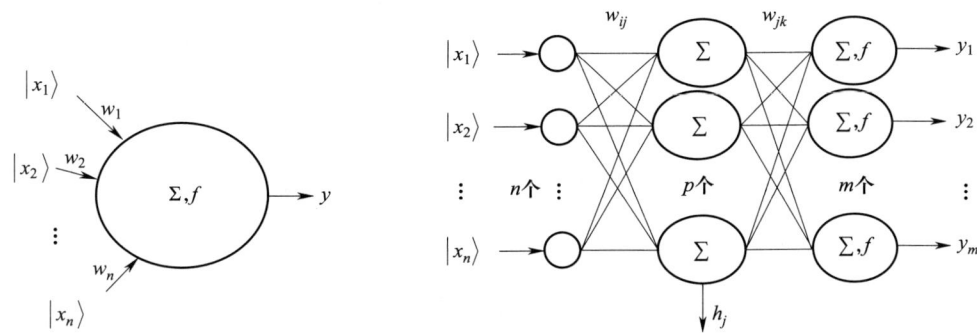

图 6-6　量子神经元　　　　　　图 6-7　量子神经网络模型

在量子神经网络模型中，$|X\rangle=(|x_1\rangle,|x_2\rangle,\cdots,|x_n\rangle)$ 为模型的输入，f 为传递函数，$h_j(j=1,2,\cdots,p)$ 为网络隐含层输出，$y_k(k=1,2,\cdots,m)$ 为网络输出，w_{ij} 和 w_{jk} 分别为输入层到隐含层和隐含层到输出层之间的连接权值。量子神经网络模型的输出输入关系为：

$$h_j=\sum_{i=1}^{n}w_{ij}|x_i\rangle \tag{6-11}$$

$$y_k=f\left(\sum_{j=1}^{p}h_j|w_{jk}\rangle\right)=\sum_{j=1}^{p}w_{jk}\left(f\left(\sum_{i=1}^{n}w_{ij}|x_i\rangle\right)\right) \tag{6-12}$$

在基于多特征的量子神经网络模型构建过程中，需要重点进行以下两个操作：

1）多特征组成的特征向量量子化。参照振动信号时域量子化，设由 n 个特征组成的特征向量 $\boldsymbol{X}=(x_1,x_2,\cdots,x_n)^T$，其对应的量子态为 $|X\rangle=(|x_1\rangle,|x_2\rangle,\cdots,|x_n\rangle)^T$，若采用非线性量子化，其变换公式为：

$$|x_i\rangle=\cos\varphi_i|0\rangle+\sin\varphi_i|1\rangle \tag{6-13}$$

式中

$$\varphi_i=\mathrm{abs}\left(\frac{x_i}{\max(\mathrm{abs}(X))}\right)\times\frac{\pi}{2} \tag{6-14}$$

此处，其可以表示为 $|x_i\rangle=[\cos\varphi_i\quad\sin\varphi_i]^T$。

2）网络模型中连接权值的更新。在量子神经网络中，连接权值 w_{ij} 和 w_{jk} 需要实时更新。此处定义神经网络的性能指数，即泛化误差为：

$$E = \frac{1}{2} \sum_{k=1}^{m} (\tilde{y}_k - y_k)^T (\tilde{y}_k - y_k) \quad (6-15)$$

式中，$\tilde{y}_k$ 为神经网络的期望输出值，y_k 为神经网络的实际输出值，若设 $e_k = \tilde{y}_k - y_k$，则性能指数可简化为：

$$E = \frac{1}{2} \sum_{k=1}^{m} e_k^T e_k \quad (6-16)$$

根据 δ 学习规则，连接权值 w_{ij} 和 w_{jk} 可根据以下公式更新：

$$w_{ij}(l+1) = w_{ij}(l) + \eta w_{ij}(l) \quad (6-17)$$

$$w_{jk}(l+1) = w_{jk}(l) + \eta w_{jk}(l) \quad (6-18)$$

式中，η 为学习速率，l 为训练次数。

由于量子神经网络的运算是在量子理论的基础上进行的，量子计算可以并行计算，因此，缩短了网络的运算时间。量子比特能够表达更丰富的信息，提高分类的正确率。

QNN 与经典神经网络相比，具有以下几个优点：更快的计算速度；更高的记忆容量；更小的网络规模；可消除灾变性失忆现象。因此，它十分适合于未来数据海量、计算要求高的任务。

第四节 基于数据驱动的深度学习智能诊断方法

考核知识点及能力要求：

- 了解深度学习在智能诊断中的地位作用。
- 熟悉卷积神经网络的基本结构。
- 掌握卷积神经网络智能诊断基本流程。

一、深度学习由来

深度学习最早由多伦多大学教授Hinton在2006年提出。在2012年的ImageNet图像识别比赛中，Hinton教授所在的课题组用卷积神经网络模型的基础模型搭建的AlexNet网络获得冠军，卷积神经网络（convolutional neural network，CNN）开始被人们熟知。其核心算法误差反向传播（back propagation，BP）算法是在1974年由Werbos提出的，同时也是人工神经网络算法的核心。Hinton教授在1986年改进了BP算法，应用在多层感知器中，而且提出Sigmoid激活函数改善了分线性的学习问题。1998年，纽约大学的Yann LeCun教授提出了LeNet-5模型，这奠定了CNN的基础架构。生成式对抗网络（generative adversarial network，GAN）是Goodfellow提出的一种无监督的深度学习方法，被"深度学习三巨头"之一的LeCun评价是"机器学习过去20年最重要的思想之一"。深度学习算法应用最初是为解决图片等高维数据的分类识别问题，随着近年来的发展，其在很多领域都有了一定的应用，诸如自然语言处理、视频分割、自动驾驶等。深度学习算法在机械故障诊断和故障预测领域也逐渐受到了研究人员的青睐，但是在应用之初多数研究人员延续了CNN的原始结构，将训练数据运用各种方式转化为二维结构输入CNN模型，最终实现故障诊断或者预测。

深度学习能够自动提取特征，实现由数据到结果的"端到端"故障诊断。对于有些复杂的故障诊断问题，可以抛开现有的经验，通过不断学习更新模型权重，得到传统算法难以达到的诊断准确率。CNN作为深度学习的主要方法之一，其深层的神经网络结构具有多个隐含层，本质上是多层次的非线性操作。它将每个层的原始输入特征转换为更抽象的高层表示，进一步发现输入特征中复杂的内在结构，其本质是一种前馈神经网络，现在已经是图片和视频识别领域应用最为广泛的方法。

二、卷积神经网络

卷积神经网络是一种特殊的多层感知器或前馈神经网络，具有局部连接、权值共享的特点。卷积神经网络的组成一般包含卷积层、池化层、全连接层和激活函数层。

卷积神经网络的实质是构造多个用来提取输入数据特征的滤波器，通过滤波器对数据进行卷积和池化操作，不断提取隐藏在数据集中的特征信息，特征信息不仅仅为图像色彩，同时也能获取图像上的边缘特征。

图像经过多个卷积层和池化层后，卷积神经网络连接着一个或多个全连接层。全连接层中的每个神经元与其前一层的所有神经元进行全连接，全连接层能够整合卷积层或者池化层中的具有类别区分性的特征信息。最后一个全连接层的值传递到输出层，进行逻辑回归分类。激活函数层主要对卷积层的输出进行一个非线性映射，由于卷积层的计算是一种线性计算，通过激活函数层的激励函数来加入非线性因素，来增加模型的表达能力。激活函数可有多种选择，常用的有 Sigmoid 函数、双曲正切函数 Tanh 和校正线性单元 ReLU 等。

传统的卷积神经网络结构模型 LeNet-5 如图 6-8 所示，由一个输入层、两组交替出现的卷积层和池化层，以及全连接层组成。卷积层中每一个特征图都对应一个卷积核，这些卷积核通过一组权重来卷积前一层的输入并组成一组特征输出，成为下一层的输入。与传统滤波器需要人工设定参数不同，卷积神经网络的权值和偏置通过 BP 算法进行训练。经过两组卷积层和池化层后，会接一个全连接层。与传统的神经网络类似，全连接层可以应用到不同的分类模型。全连接层后接一个隐藏层，最后由输出层完成分类。

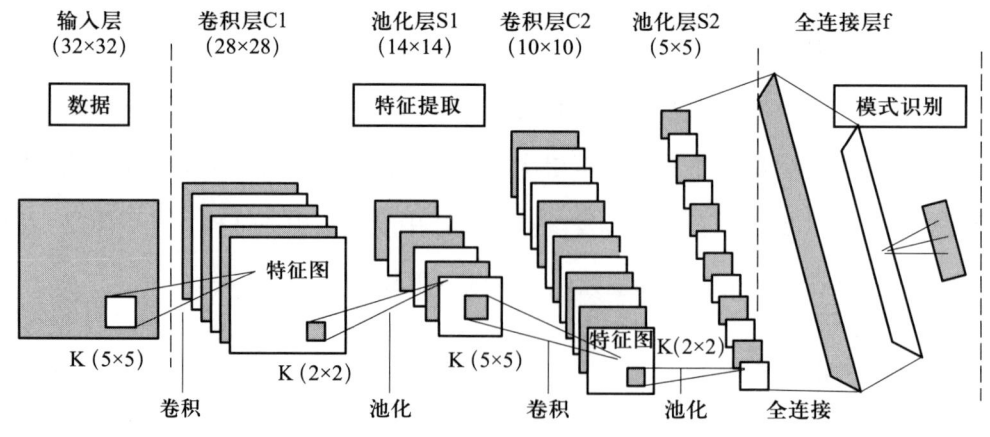

图 6-8 典型卷积神经网络结构图

1. 输入层

输入层是整个网络数据流入的开始。与传统的人工神经网络不同，CNN 设计之初是为了解决图片分类问题，因此输入的是二维的。以 LeNet-5 为例，输入层是 32×32 的单通道数据（若是彩色图片，通道数为 3）。32 是输入数据的宽和高。随着 CNN 在各领域中应用的推广，输入层发展为可以是一维、多维甚至是不规则的，本书重点介绍振动信号输入情况下的一维卷积神经网络（1-DCNN）。

2. 卷积层

卷积层是整个 CNN 的核心步骤。在数字信号处理中，卷积是两个变量在某个范围内相乘求和后得到的结果。对于序列 $x(n)$ 和 $h(n)$，则卷积结果 $y(n)$ 为：

$$y(n)=\sum_{i=-\infty}^{\infty}x(i)\times h(n-i) \tag{6-19}$$

此时卷积的结果是过去产生的所有信号经过系统处理后结果的叠加。而在 CNN 中，卷积的过程是由一组卷积核（可以理解为可训练的一组滤波器，在 LeNet-5 中，大小为 5×5）在输入的二维图像上进行一定步长（通常为 1）上滑动，将图像上的像素值与卷积核的对应元素数值进行点乘再求和，直至铺满整个输入图像，从而得到输出的特征图的过程。图 6-9 形象地展示了 CNN 的卷积过程。

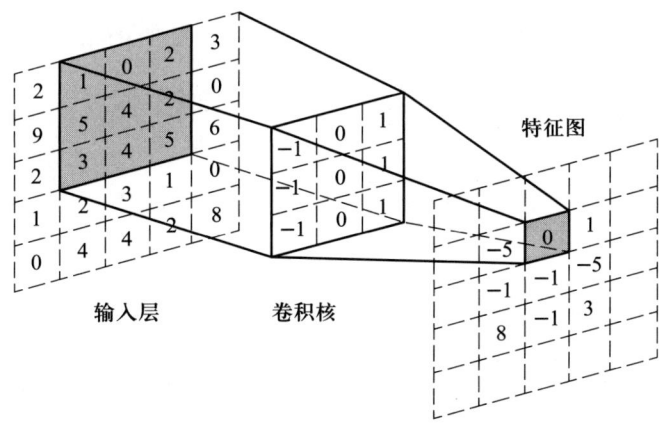

图 6-9 卷积过程示意图

若 $a_{i,j}^{l-1}$ 为第 $l-1$ 层 (i,j) 位置的输出，即第 l 层的输入，$z_{i,j}^{l}$ 为第 l 层的输出，卷积核 $W_{m,n}$ 表示卷积核的权重，$a_{i+m,j+n}^{l-1}$ 为第 l 层卷积核中局部感受野的值，b 为偏置

值，因此卷积的过程可以表示为：

$$z_{i,j}^l = \sum_{m=0}^{M}\sum_{n=0}^{N} W_{m,n} a_{i+m,j+n}^{l-1} + b \qquad (6-20)$$

区别于传统的神经网络算法，CNN 中的卷积实现了局部连接和权值共享，可以有效提取局部特征并有效减少训练参数的个数。

3. 激活函数

激活函数是为了 CNN 模型增加非线性的表达能力，如果没有激活函数，则每层卷积过程都是线性过程，失去了增加层数的意义。常用的激活函数有 Sigmoid、Tanh、ReLu 等。

（1）Sigmoid 激活函数

Sigmoid 函数也称 Logistics 函数，是取值在 [0，1] 之间的 S 型函数，如图 6-10a 所示，其表达式如式（6-21）所示。Sigmoid 单调连续易于求导，但在反向传播时容易陷入梯度消失（梯度为 0）的陷阱，而且均值不是 0，也会对求解梯度产生影响。因此 Sigmoid 激活函数常被用于在输出层作回归计算。

$$\sigma(z) = \frac{1}{1+e^{-z}} \qquad (6-21)$$

（2）Tanh 激活函数

Tanh 函数又称双曲正切函数，如图 6-10b 所示，其取值范围为 [-1，1]，表达式如式（6-22）所示。它是 Sigmoid 函数的改进版，将均值变为 0，但仍然会产生梯度消失的问题。

$$\sigma(z) = \frac{e^z - e^{-z}}{e^z + e^{-z}} \qquad (6-22)$$

（3）ReLu 激活函数

ReLu 函数也叫线性修正单元，是目前主流的激活函数，如图 6-10c 所示，当输入小于 0 的时候为 0，而输入大于 0 的时候是其本身，如式（6-23）所示。

$$\sigma(z) = \max(x, 0) \qquad (6-23)$$

ReLu 的优点在于计算简单，缺点在于若输入值都是负值，则输出全为 0，导致网络大面积坏死。

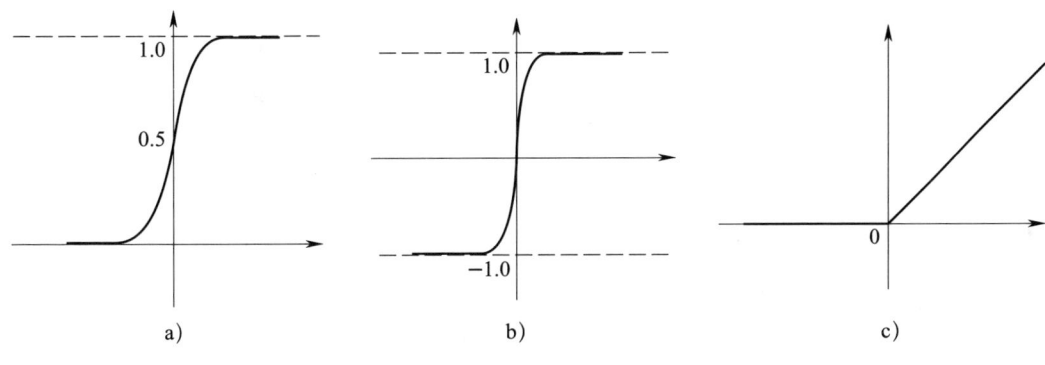

图 6-10 三种激活函数示意图
a）Sigmoid b）Tanh c）ReLu

4. 池化层

池化层也叫采样层，如图 6-11 所示。池化层主要是为了实现两个目的：一是大幅减少输入卷积层的空间维度，使权重参数减少 75%，从而降低计算成本。二是控制过拟合，使测试集准确度更接近训练集准确度。主流的池化方式有最大值池化、平均值池化和全域平均值池化。

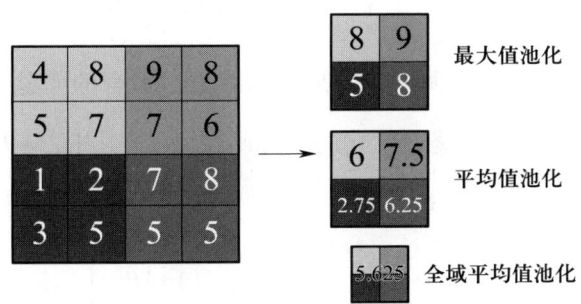

图 6-11 池化过程示意图

5. 全连接层与输出层

全连接层实际上是将前一层特征图所有的特征首尾相连，组成一个长度为所有特征点个数的向量。如图 6-8 后半部分所示，全连接层相当于一个输入层，与其后相连的隐藏层输出层一起组成一个传统的人工神经网络结构。此部分作为 CNN 的模式识别部分，当输出层为多个类别时，一般选用 Softmax 函数作为输出。假设有 K 类的分类问题，Softmax 回归的输出可以计算如下：

$$O = \begin{bmatrix} P(y=1 \mid a; \boldsymbol{W}_1, b_1) \\ P(y=2 \mid a; \boldsymbol{W}_2, b_2) \\ \dots \\ P(y=K \mid a; \boldsymbol{W}_K, b_K) \end{bmatrix} = \frac{1}{\sum_{j=1}^{K} \exp(\boldsymbol{W}_j a + b_j)} \begin{bmatrix} \exp(\boldsymbol{W}_1 a + b_1) \\ \exp(\boldsymbol{W}_2 a + b_2) \\ \exp(\boldsymbol{W}_K a + b_K) \end{bmatrix} \quad (6-24)$$

其中 $\boldsymbol{W}$ 和 b 分别是权重矩阵和偏置值，O 是 CNN 的最终输出。

6. 目标函数

目标函数是用来衡量模型训练结果的函数，为了使模型输出结果与真实结果相同，就需要不断学习优化目标函数。对于一个分类问题，模型最终给出的结果与实际值有偏差，就会产生损失（loss），抑或称为代价。对于单个输入 x，模型输出结果为 $f(x)$，真实结果为 y，那么损失函数（loss function）可以定义为式（6-25）。常用的损失函数包括交叉熵损失、平方损失、指数损失等。

$$L(y, f(x)) = (y - f(x))^2 \quad (6-25)$$

由于整个输入输出的 (X, Y) 遵循的联合分布是未知的，只能根据训练集估计。因此，模型优化的目标不是最小化损失函数，而是减少整个训练集的平均损失，又称为经验风险损失，即 $\frac{1}{N}\sum_{i=1}^{N} L(y_i, f(x_i))$，$N$ 为训练集样本数量。

但是仅仅减小经验风险损失仍会带来对训练集过拟合的问题，需要加入正则项，使结构风险最小化。因此，最终要优化的目标函数为 J。其中，$\lambda \theta(f)$ 用来度量模型的复杂度，常用的有 L1 范数和 L2 范数。

$$J = \min \frac{1}{N} \sum_{i=1}^{N} L(y_i, f(x_i)) + \lambda \theta(f) \quad (6-26)$$

7. 反向传播

CNN 的前向传播过程目的是求得单次训练的损失。而反向传播过程就是采用多种梯度下降算法将损失从后至前传播，在传播过程中，网络根据损失来调整卷积核的权重参数，直至模型收敛。

首先要求出目标函数对最后一层的梯度 $\frac{\partial J}{\partial z^L}$，然后层层反向传播，目的是更新权重和偏置。第 $l-1$ 层更新后的权重为 $W^{l-1} - \eta \frac{\partial J}{\partial W^{l-1}}$，偏置同理。其中 η 为学习率，$\frac{\partial J}{\partial W^{l-1}}$

的计算见式（6-27）。

$$\frac{\partial J}{\partial W^{l-1}} = \frac{\partial J}{\partial z^l} \cdot \sigma(z^l) \qquad (6-27)$$

CNN 模型训练流程如图 6-12 所示。

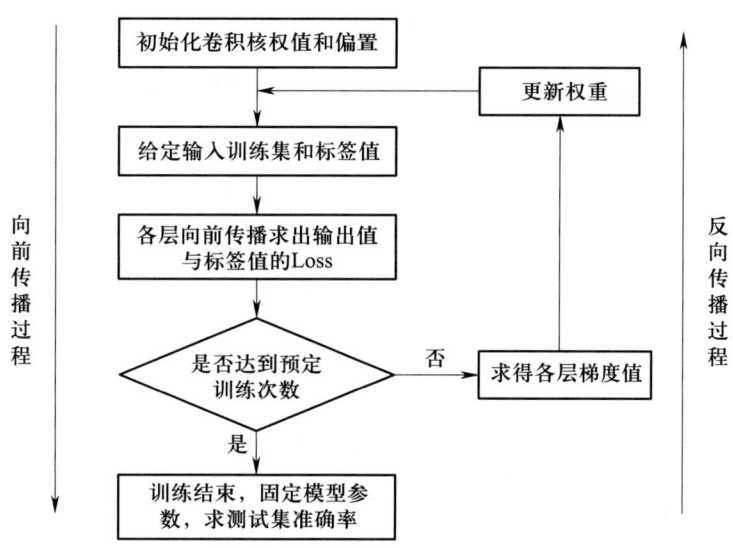

图 6-12　CNN 模型训练流程图

三、多尺度卷积神经网络

前面所提的 1-DCNN 模型可直接输入振动信号实现故障诊断，但构建模型训练集时，对信号的间隔点数有一定的要求，即信号间隔不能太长。为使模型更加准确，需要训练集样本具有较大的信号长度，以便在样本间隔较小的情况下获得更多的训练集样本数量，将会增多训练次数，增加模型训练时间。因此，这里基于 1-DCNN 引入多尺度的概念，提出多尺度卷积神经网络模型，该模型可降低训练集取样的重叠率，同时增加批量归一化层（batch normalization，BN），在保证模型诊断精确率的同时，有效减少模型的训练时间。

1. 批量归一化

CNN 学习过程的本质就是学习训练集样本数据的分布，若训练集样本数据与测试集样本数据的分布不同，会严重影响网络的泛化能力。根据 CNN 的训练机制，若每批训练样本数据的分布各不相同，那么CNN网络结构就要在每次迭代中学习以适应不同的分布，这样将会降低网络的训练速度。

BN是一种自适应的重参数化的方法。相对于预白化方法，BN计算更加简单，而且在CNN层中容易实现。BN减小了前层的参数更新对数值分布的影响程度，使输入值变得更稳定，减弱了前后层参数作用之间的联系，这有助于加速整个网络的学习。BN可应用于网络的任何输入层或隐藏层，具体计算步骤如下：

对于一次进入网络的批量数据$B=\{x_1, x_2, \cdots, x_n\}$和参数缩放因子$\gamma$和平移量$\beta$，计算$B$的均值：

$$\mu_B = \frac{1}{n}\sum_{i=1}^{n} x_i \tag{6-28}$$

B的方差：

$$\sigma_B = \sqrt{\frac{1}{n}\sum_{i=1}^{n}(x_i - \mu_B)^2} \tag{6-29}$$

归一化后：

$$\hat{x}_i = \frac{x_i - \mu_B}{\sqrt{\sigma_B^2 + \varepsilon}} \tag{6-30}$$

其中ε是一个取值很小的常数，主要是为了防止分母为0，导致除法异常而设置的参数。缩放和平移后得到：

$$y_i = \gamma \hat{x}_i + \beta \tag{6-31}$$

最终BN的输出为$Y=\{y_1, y_2, \cdots, y_n\}$。

2. 多尺度卷积神经网络

图6-13为步长为1时卷积核移动示意图，此时的步长是CNN默认的。为提高特征提取的维度，增加特征多样性，将多尺度的概念引入一维卷积神经网络模型中，提出了多尺度卷积神经网络模型。MSCNN增加了多种步长移动方式，以提取信号不同尺度的特征，扩充特征维度，如图6-14所示。其中，$convd_1$、$convd_2$、$convd_3$分别代表移动步长为1、2、3的卷积核。不同的CNN层组搭配不同移动步长的卷积核，可以使卷积后得到不同尺度的特征量。不同尺度的特征之间差异性相对较大，这增加了特征提取的丰富程度。

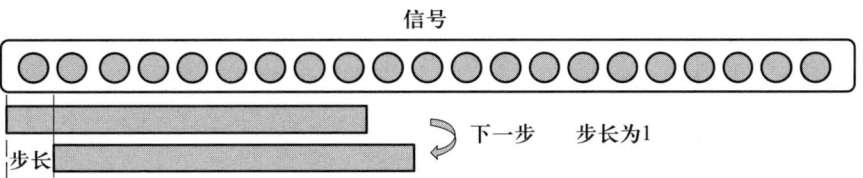

图 6-13 卷积核移动示意图

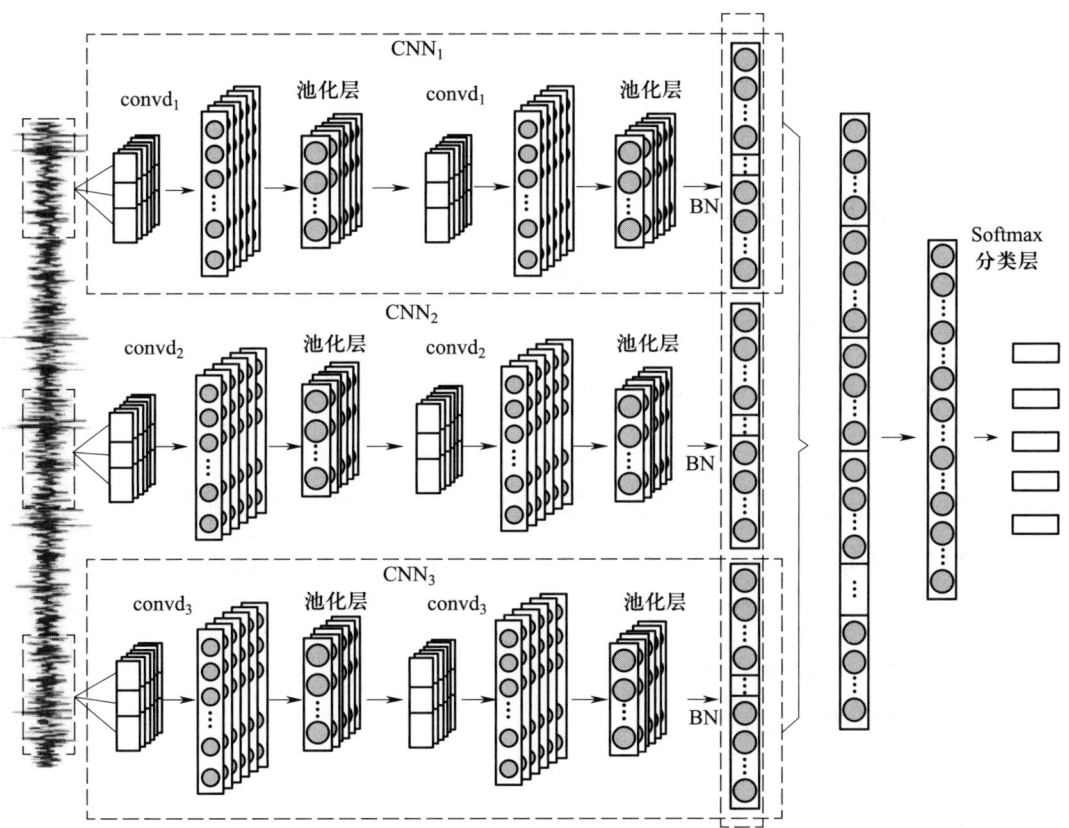

图 6-14 多尺度卷积神经网络模型

第五节 基于深度卷积网络的智能故障诊断应用

考核知识点及能力要求：

- 了解深度卷积网络智能诊断的建模过程。
- 熟悉智能故障诊断的评价指标方法。
- 掌握智能诊断的基本流程和应用。

本节主要通过一个实例介绍基于深度卷积网络的智能故障诊断方法的应用，包括实验数据的获取、建模过程和结论分析，最后通过实验对本方法进行训练和参数调优。

一、数据来源

选用国际公开齿轮箱典型数据集。

PHM 2009 挑战数据是 PHM 协会在 2009 年国际竞赛的全套齿轮箱数据，包括齿轮、轴承及轴的故障。如图 6-15 所示，箱体内部包含由输入轴 IS、中间轴 ID、输出轴 OS 构成的三根主轴。实验所采用的两组啮合齿轮分为两种模式：直齿轮模式，其齿数为 32 T：96 T，48 T：80 T；斜齿轮模式，其齿数为 16 T：48 T，24 T：40 T。振动传感器的采样频率为 66.67 kHz，每组信号段的采样时间为 4 s。

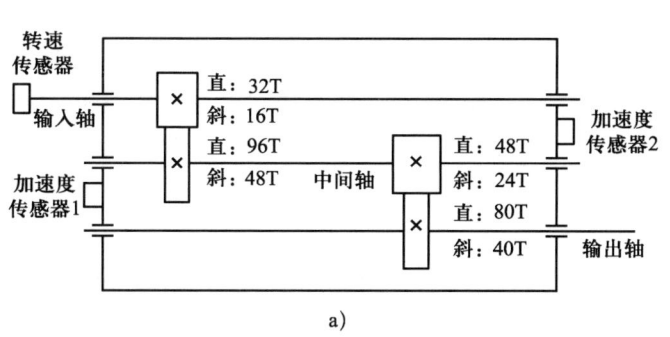 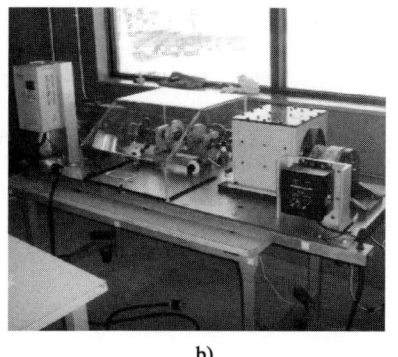

图 6-15 齿轮箱结构及实物图

a）齿轮箱结构 b）实物图

该数据集故障模式丰富，共涉及齿轮的齿面剥落、断齿、安装偏心等齿轮故障以及轴承的内圈、外圈、滚动体的故障。斜齿轮啮合模式下 8 种复合故障模式（见表 6-1），30 Hz、35 Hz、40 Hz、45 Hz、50 Hz 五个工作频率和两种负载状态（低负载和高负载）。

表 6-1 齿轮箱复合故障模式表

工况	齿轮				轴承			轴	
	32T	96T	48T	80T	输入轴输入端	中间轴输入端	输出轴输入端	输入	输出
Spur 1	正常	正常	正常	正常	正常	正常	正常	正常	正常
Spur 2	剥落	正常	偏心	正常	正常	正常	正常	正常	正常
Spur 3	正常	正常	偏心	正常	正常	正常	正常	正常	正常
Spur 4	正常	正常	偏心	断齿	滚动体	正常	正常	正常	正常
Spur 5	剥落	正常	偏心	断齿	内圈	滚动体	外圈	正常	正常
Spur 6	正常	正常	正常	断齿	内圈	滚动体	外圈	不平衡	正常
Spur 7	正常	正常	正常	正常	内圈	正常	正常	正常	键槽磨损
Spur 8	正常	正常	正常	正常	正常	滚动体	外圈	不平衡	正常

二、建模过程

1. 一维卷积神经网络建模

首先阐述以振动信号直接作为输入的 1-DCNN 模型结构，接着以 PHM2009 齿轮箱斜齿轮故障数据为例，分析 1-DCNN 模型中卷积核大小、CNN 层组数量等参数的选择原则。然后与小波包分解（WPT）、经验模式分解（EMD）、线性小波分解（LWT）分解扩充信号维度后提取的时域特征集与人工神经网络模型结合的传统故障诊断方法进行对比，并在某行星变速箱的数据中进行验证。

（1）一维卷积神经网络

前面介绍的 CNN 模型的输入是二维图像，它不适用于输入信号是一维的时间序列信号，如振动、压力等一维信号。在不改变信号组成形式的基础上，将模型修改为接收一维输入信号是解决模型和数据适配的合理方式。这里将图 6-8 中针对图像分类的 CNN 优化为图 6-16 所示的一维卷积神经网络模型，其中 CNN 层组的数量由所需分类数据的复杂度决定，图示模型包含 2 个 CNN 层组。第一个卷积核数量为 N_1，第二个卷积核数量为 N_2。

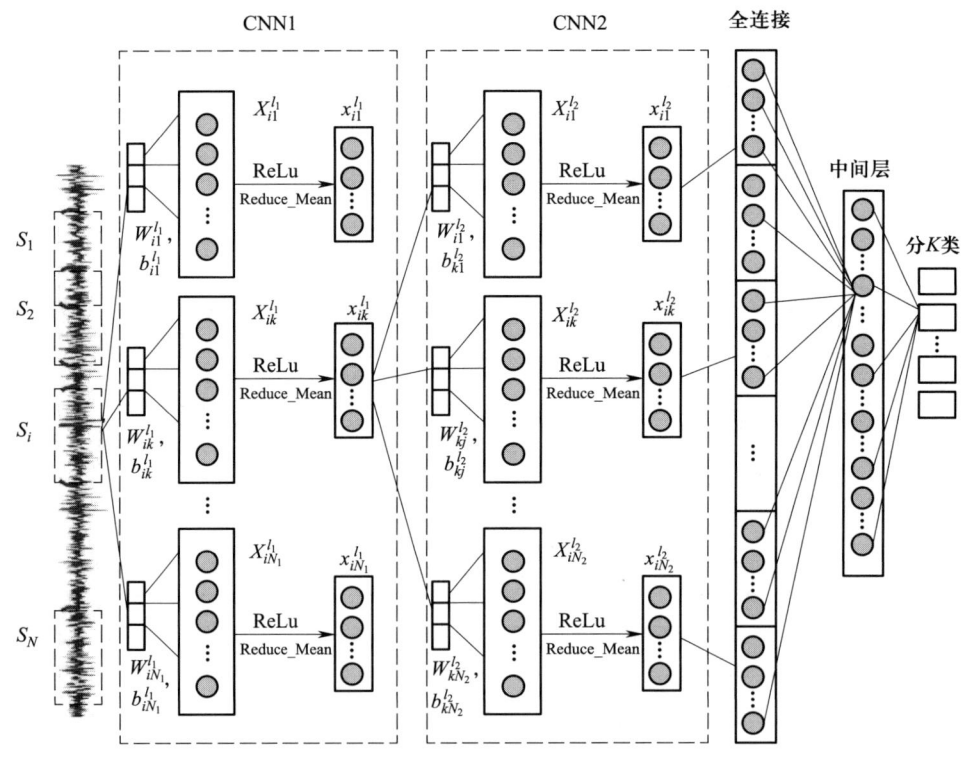

图 6-16　优化后 1-DCNN 网络结构图

首先对原始一维振动信号按照一定的间隔分成 N 段，相邻段之间可以有数据重叠，也可以没有重叠，这主要取决于原始振动信号的长度与需要的分段数。对截取的

信号 S_i，经过第一层卷积后得到 $[X_{i1}^{l_1}, X_{i2}^{l_1}, \cdots, X_{iN_1}^{l_1}]$，其中：

$$X_{ik}^{l_1} = b_{ik}^{l_1} + \mathrm{conv}1D(S_i, W_{ik}^{l_1}) \tag{6-32}$$

$\mathrm{conv}1D$ 代表一维卷积操作，是二维卷积在维度为 1 时的特例。在对 $X_{ik}^{l_1}$ 进行池化操作（$\downarrow Subconv$）之前，使用激活函数增加模型的非线性特性。激活函数采用应用最广的 ReLu 函数。为提高模型训练速度，在激活函数之前对 $X_{ik}^{l_1}$ 增加了去均值操作，因此，第一个 CNN 层组的输出为：

$$x_{ik}^{l_1} = \mathrm{ReLu}(X_{ik}^{l_1} - \overline{X_{ik}^{l_1}}) \downarrow Subconv \tag{6-33}$$

第二个 CNN 层组中的 $X_{ik}^{l_2}$ 是第一层的输出再经过卷积后得到 N_1 个输出的平均值，即：

$$X_{ik}^{l_2} = \frac{1}{N_1} \sum_{j}^{N_1} f(x_{ij}^{l_1}) \tag{6-34}$$

第二个 CNN 层的输出为：

$$x_{ik}^{l_2} = \mathrm{ReLu}(X_{ik}^{l_2} - \overline{X_{ik}^{l_2}}) \downarrow Subconv \tag{6-35}$$

将 $x_{i1}^{l_2}, x_{i2}^{l_2}, \cdots, x_{iN_2}^{l_2}$ 首尾相连得到全连接层。

本模型采用的损失函数是交叉熵损失函数。

（2）训练集构建

在对 PHM2009 齿轮箱故障数据进行分析时，提高数据样本组数，每种故障模式包含三种相近转速的数据，采用通道 1 中的三种转速（30 Hz、35 Hz、40 Hz）下低负载的振动信号。由于采样频率过高，达到了 66.7 kHz，因此，有限长度的振动信号承载的周期信息量较小。为降低样本长度，优化运算速度，使样本内包含更多周期的信号，对其降采样 1/3 处理。设置单个样本的长度为 1 600 点，包含 2~3 个周期的信号。

模型在训练时，要求样本信号的长度保持一致，样本长度的截取方法如图 6-17 所示。信号的间隔长度代表了样本的相位信息。降采样后，间隔点数（interval points，IP）设置为 170，即每隔 170 点为起点取一组样本，每种故障模式就得到 266 656/（3×170）×3 ≈ 1 500（组）样本，随机选取 900 组为训练集，余下 600 组为测试集。

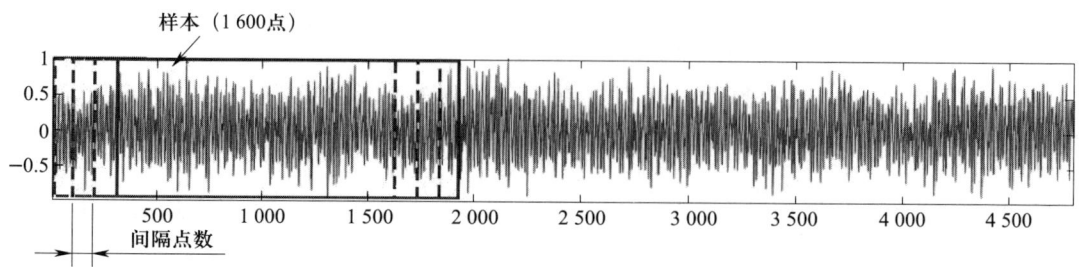

图 6-17 样本长度的截取示意图

（3）参数选择分析

1）卷积核长度。为确定卷积核长度的取值和准确率的关系，采用不同的卷积核长度组合分别进行训练，固定训练的步数为 500，得到长度 L 与准确率 P 的关系，见表 6-2。长度过小的卷积核，模型准确率较低，长度过大又会出现过拟合的现象，因此，在节约计算资源和时间的情况下，选择卷积核长度为 23 和 12。进行多次实验表明，卷积核长度在有限范围内的取值不影响模型最终的诊断准确率，本节所选用的卷积核长度只是一个范围内的代表值。

表 6-2　　　　　　　　卷积核长度和模型诊断准确率的关系

L	5-3	11-6	17-9	23-12	29-15	35-18	41-21	47-24
P	0.94	0.95	0.97	0.993	0.993	0.98	0.975	0.963

2）CNN 层组数量。搭建 CNN 模型时，首先会对卷积核的权重向量和偏置进行初始化，默认呈标准差为 0.1 的正态分布。在模型的训练过程中，卷积核的权重向量和偏置不断更新变化，通过训练后权值向量分布变化判断所需的 CNN 层组数量。

图 6-18 的模型采用了 4 个 CNN 层组，经过 500 次训练后各 CNN 层组权重出现频次的分布图。其中，第 3 个和第 4 个 CNN 层组的权重仍近似于初始化时的正态分布状态，而且采用 4 组 CNN 层组并没有提升模型准确率，说明这两个层组对诊断模型的贡献度不高，CNN 层组数增加会加重训练负担，降低模型的效率，因此对于此数据集，最优的 CNN 层组数量为 2。

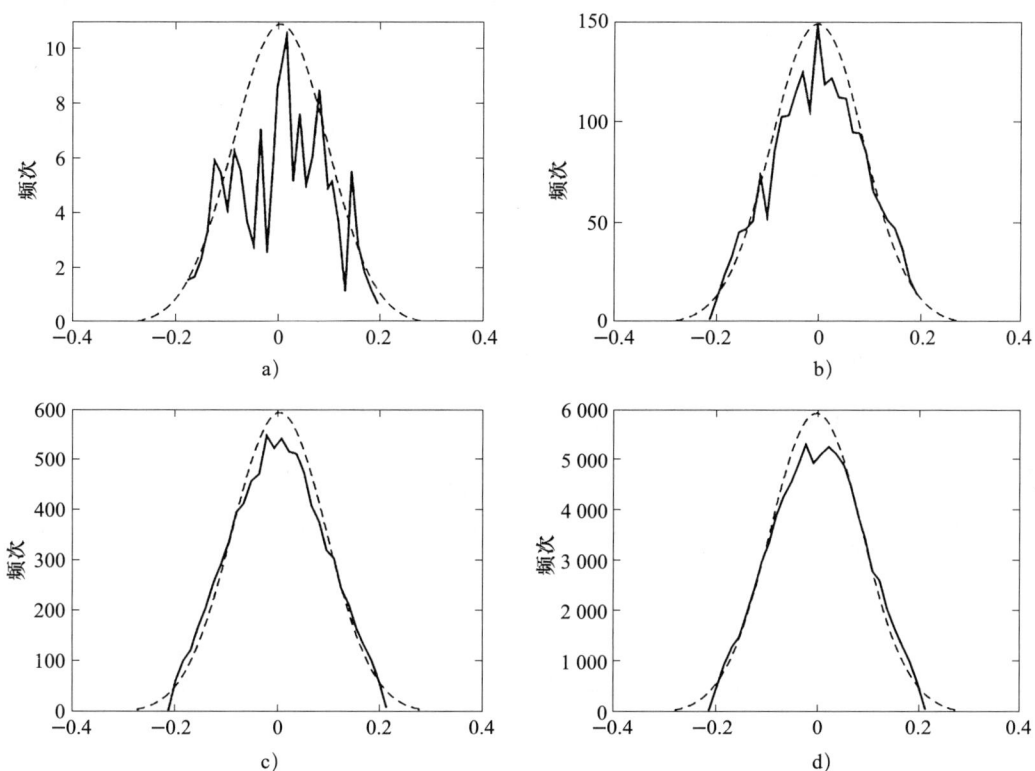

图 6-18 500 次训练后各层权重频次分布图

a）CNN1 层权重 b）CNN2 层权重 c）CNN3 层权重 d）CNN4 层权重

2. 多尺度卷积神经网络建模

为使模型更加准确，需要训练集覆盖更多的信号长度，导致在间隔较小的情况下需要更多的训练集数量，增加了所需的训练次数及模型训练时间。

在齿轮箱故障数据中设置不同的间隔长度来构造多个训练集，并在每个训练集中应用 1-DCNN 和 MSCNN 来诊断故障。通过模型的精确率指标来验证所提方法的优越性。

根据训练集构建方法，本次实验设置不同的 IP，比较模型训练准确率的变化。在保证整周期总长度不变的情况下，假设某一故障模式的训练集所截取的信号总长度为 36 000 点，设置不同的样本间隔点数（IP）与训练集数量的关系（见表 6-3）。

表 6-3　　　　　　　　样本间隔点数与训练集数量之间的关系

样本间隔点数	30	50	100	200	500	1 200
训练集样本数量	1 200	720	360	180	72	30

两种深度学习网络卷积核大小都设置为 21 和 11，学习率为 5e^{-4}。1-DCNN 两个层组的卷积核数量为 8 和 15，MSCNN 为 6 和 10，这样在全连接层的神经元数量都为 6 000，保证了特征提取数量的一致。MSCNN 是由三组两层的 CNN 结构组成，所以在每组的第二层卷积核设置上少于单个 CNN 模型，使得全连接层的参数一致。

三、结果分析与讨论

1. 评价指标

精确率（Precision）表示的是预测结果是正的样本中所含真正样本的数量，而召回率（Recall）表示样本中包含的正例样本被预测正确的比例。如表 6-4 混淆矩阵所示（N 为多数类，P 为少数类），在二分类问题中，精确率、召回率如式（6-36）、式（6-37）所示。

表 6-4　　　　　　　　　　　　混淆矩阵

	测试正（True）	测试负（False）
预测正（Positive）	TP	FP
预测负（Negative）	FN	TN

$$\text{Precision} = \frac{TP}{TP+FP} \quad (6-36)$$

$$\text{Recall} = \frac{TP}{TP+FN} \quad (6-37)$$

对于多分类问题，整个模型的精确率和召回率可拆分成多个二分类问题再求平均值即 Precision$_m$ 和 Recall$_m$。

2. 实例分析

（1）一维卷积神经网络结果分析

在一维卷积神经网络建模中介绍了利用 PHM2009 齿轮箱构建训练集的方式，要区分 8 种齿轮箱的故障模式，每种模式的振动信号时域如图 6-19 所示。

设置每个模型的训练权重更新次数为 500，每完成一次权重更新，从测试集中随机选取 100 个样本测试，得到此时模型的准确率（Accuary），500 次测试后准确率变化曲线如图 6-20 所示（浅色部分为原始曲线，深色部分曲线经过 smooth 函数拟合）。

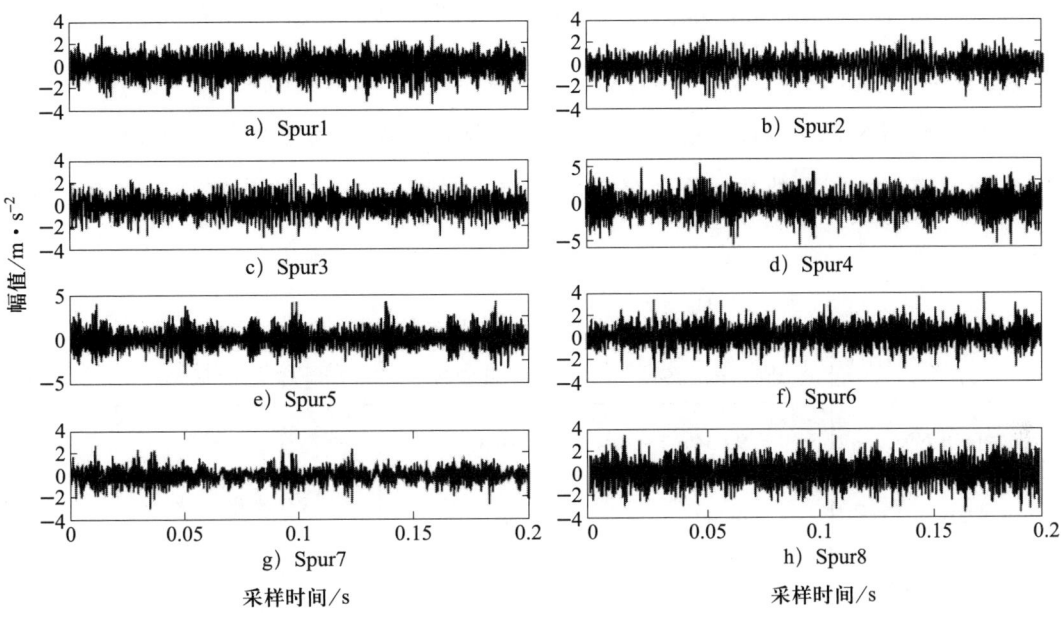

图 6-19 8 种故障模式的振动信号时域

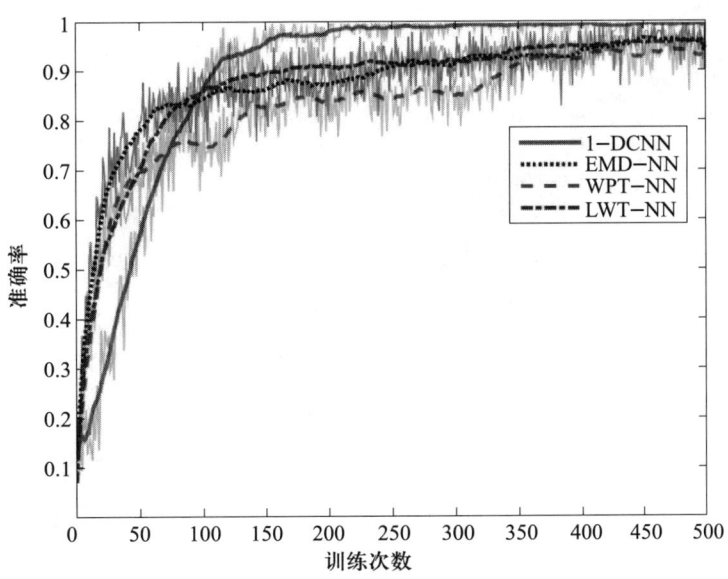

图 6-20 第二次训练准确率随训练步数的变换

模型训练完毕，将全部的 4 800 个测试样本输入模型中，得到最终的诊断结果。以此方式完成 10 次的模型训练，取平均值后得到模型的精确率和召回率见表 6-5。图 6-21 是 10 次模型训练中第二次模型训练完毕进行测试时的多分类混淆矩阵。由表 6-5 及图 6-21 可知，1-DCNN 的准确率及召回率均高于另外三种模型，而且用最少的模型更新次数就达到了最高准确率，准确率稳定后变化平缓，模型相对稳健。

表 6-5　　　　　　　　模型诊断结果统计和共用参数选择

	$Precision_m$ /%	$Recall_m$ /%	共用参数
1-DCNN	99.34	99.33	学习率：0.000 4 训练步数：500 训练集数量：900×8 测试及数量：600×8 训练批次大小：100 损失函数：Cross entropy 优化器：AdamOptimizer 中间层神经元个数：1024
EMD-NN	96.32	96.29	
WPT-NN	94.47	94.06	
LWT-NN	96.09	96.04	

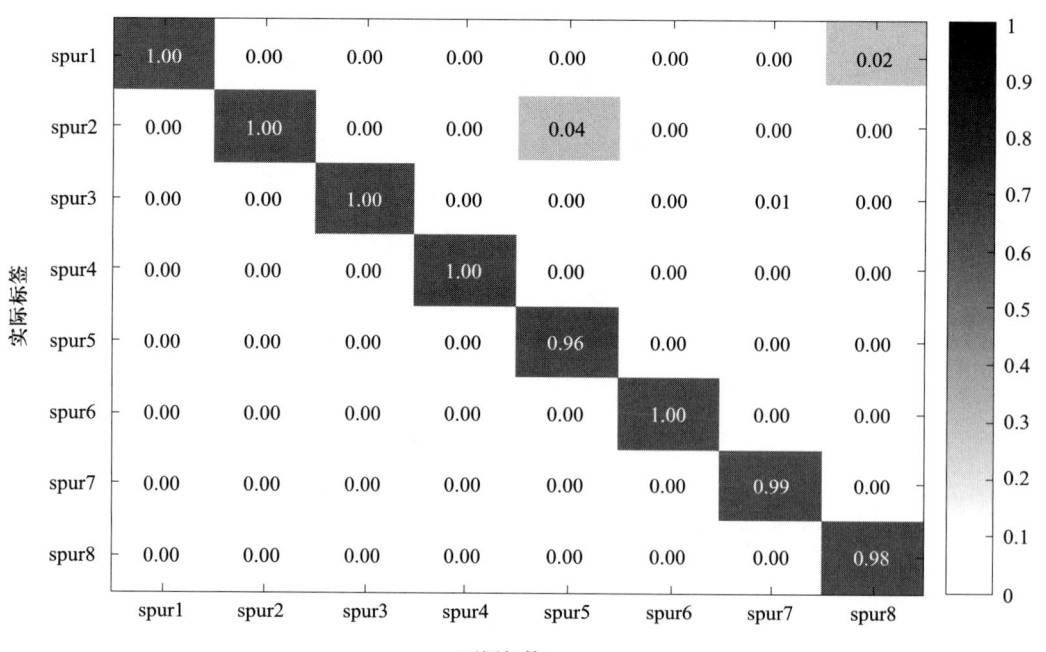

图 6-21　1-DCNN 方法的多分类混淆矩阵

（2）多尺度卷积神经网络结果分析

对于 PHM2009 齿轮箱数据集，设置的训练集样本长度为 1 600 点。分别使用 1-DCNN 和 MSCNN 来分类识别 8 种故障模式，得到图 6-22 和图 6-23。这里实验分别设置 50 点、100 点、200 点、500 点、800 点长度的间隔点数（由于本次实验是定性实验，没有具体到哪个 IP 为诊断临界点，因此，根据准确率变化情况只取了上述几个值），即取样重叠率为 96.9%、93.7%、87.5%、68.7%、50%。

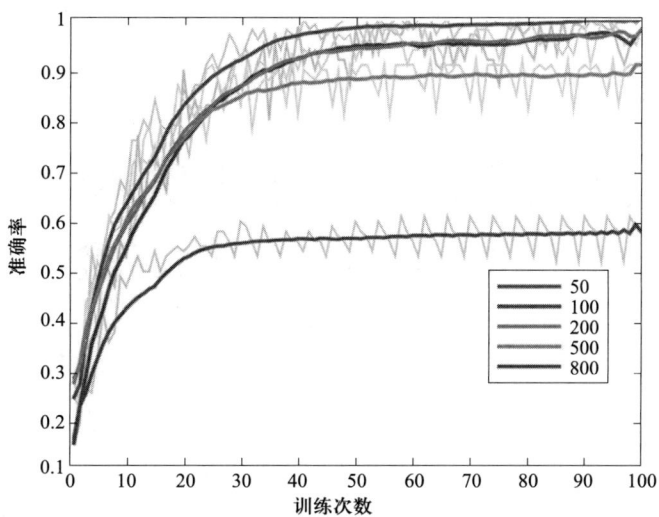

图 6-22　PHM2009 齿轮箱 1-DCNN 模型 IP 与准确率变化

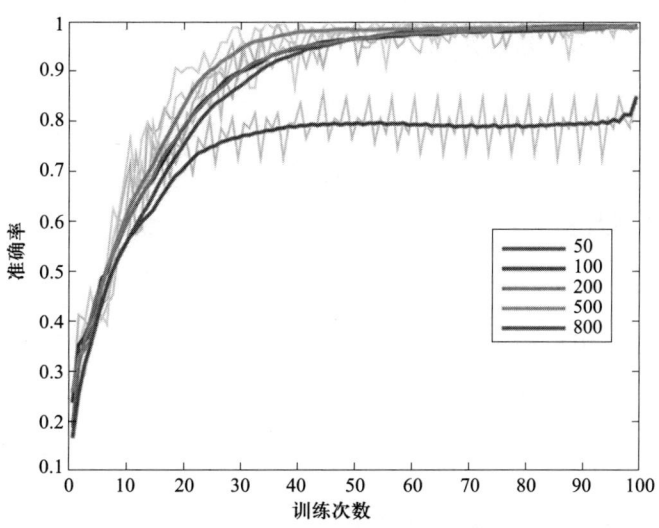

图 6-23　PHM2009 齿轮箱 MSCNN 模型 IP 与准确率变化

在 IP ≤ 500 时，MSCNN 保持着接近 100% 的故障诊断准确率，而 1-DCNN 只有在 IP ≤ 50 时，准确率较高。当 IP>200 时，1-DCNN 诊断准确率快速下降。而 IP 达到 800 时，两种模型的诊断准确率都低于 80%，1-DCNN 甚至达到 60% 以下。由此可知，MSCNN 相对于 1-DCNN，在此数据集中对 IP 变化的鲁棒性较高，但是当 IP 达到一定数值时，两种模型都会失去诊断意义。

实验：深度卷积神经网络模型的训练与参数调优实验

（一）评价指标

1. 掌握卷积神经网络模型基本结构。
2. 掌握网络模型参数调整方法。

（二）实验环境

安装有 MATLAB 或者 Python 的计算机一台。

（三）实验内容及主要步骤

实验内容：

1. 根据数据类型构建卷积神经网络模型。
2. 根据训练结果调优网络模型参数。

实验步骤：

1. 分析数据类型，构建卷积神经网络。

2. 根据模型准确率和卷积核权重向量分布，确定卷积核长度、CNN层组数。

3. 结合测试和训练错误率，优化学习率、迭代次数、批次大小等参数。

思考题

1. 试述智能诊断的基本概念、方法和分类。
2. 试述基于知识和基于模型的智能诊断分析方法的区别。
3. 常见的数据驱动机器学习故障诊断方法有哪些？
4. 试述深度卷积网络的基本结构和特点。
5. 谈谈未来智能诊断技术的发展方向。

第七章
民用飞机智能运维系统

- **职业功能：** 装备与产线智能运维。
- **工作内容：** 配置、集成装备与产线的智能运维系统。
- **专业能力要求：** 能构建故障状态指标，进行指标阈值配置，并建立安全告警指标与阈值体系；能进行装备与产线的远程维护作业。
- **相关知识要求：** 告警指标与阈值体系、敏捷连接、数据优化、安全等技术；知识工程。

民用飞机智能运维系统是以健康管理技术为核心，基于状态维修、自主式后勤保障等理念，发展出来的一种综合维护系统，它包含完善的自检和自诊断能力，包括对大型装备进行实时监督和故障报警，并能实施远程故障集中报警和维护信息的综合管理分析。作为智能运维系统开发者，需要能够根据客户服务模式与需求分析来进行系统功能、架构、模块的设计与集成。

本章介绍了民用飞机智能运维系统的系统设计方法和集成方法，通过机载系统、空地传输系统以及地面监控系统实现系统功能，并通过案例展示了智能运维系统的诊断案例。

第一节　民用飞机智能运维系统设计

考核知识点及能力要求：

- 了解民用飞机制造客户服务模式及其总体使用目标。
- 熟悉民用飞机智能运维系统组成和功能模块。
- 掌握通过服务模式分析与需求分析开发智能运维系统的过程。

一、制造商客户服务模式分析

民用飞机主制造商需要充分挖掘公司运营管理和产品全寿命周期中所产生数据的价值，借助大数据处理与分析技术，依托云计算平台，将客户端的价值需求作为整个产业链的出发点，帮助分析企业运营管理和产品全寿命周期过程的各种行为活动，提供决策支持。民用飞机主制造商可以借助大数据应用实现全产业链的协同及全产品生命周期闭环，回答好大数据能否用、哪里用、怎么用这三个问题。此外，基于云计算和大数据技术对于民用飞机实现预测式维护，有助于主制造商提供基于飞行小时付费模式的一站式维修解决方案，实现民用飞机主制造商服务化的转型。当前航空业内部分制造商/供应商的客户服务已呈现出一种新趋势——由面向产品的服务转向预测性服务：发动机制造商 GE 公司运用机载传感器搜集记录发动机空中数据，经智能软件系统分析后，可以为客户提供关于发动机运行状况、故障预测、预维修提示等预测性服务；波音公司 E-enabled 战略在飞机与机场塔台、飞行管理中心、机务中心、航材库和机库之间构建实时数字化环境，依托大数据技术对系统进行统计分析给出预测。这些分析预测都已超出现有的民用飞机客户服务范围,这种趋势将引领出新一轮的客户服务变革。

二、智能运维系统总体使用目标

智能运维系统的主要目的是在保证飞机既有安全水平的前提下实现飞机运营与维护效率最大化,其设计目标是帮助用户能够在维护飞机获得成本-效率-收益最大化,主要体现在以下三个方面:

1)延长维修间隔,缩短维修用时,提升运营效率。

2)提高故障隔离效率,降低维护成本。

3)简化维修程序,减少相应的维修培训课程。

为了满足用户实现经济、实用维修飞机的需求,健康管理系统可作为飞机维护的一种方式或辅助工具,用来提升飞机维护工作的品质,提高飞机维修的效率,缩短维修时间。基于用户的经济性要求,从用户的维修目标出发,智能运维系统的设计目标应至少满足以下要求:

1)具备故障及时维修的能力。

2)具备提前安排维修计划的能力,以保持系统或设备运行在预定设计状态下。

3)具备预测系统或设备的剩余使用寿命,或预测设备的未来性能的能力。

4)提供状态监控功能。

5)缩减功能测试时间和维修人员数量。

6)减少非计划维修次数。

7)简化维修程序,降低维修培训成本。

8)减少飞机延迟或航班取消次数。

三、智能运维系统的诊断和预诊断需求

为了民用飞机健康管理系统的设计目标和需求,智能运维系统需求应至少具备以下能力:

1)具备状态监控的能力。

2)具备预测系统或设备的剩余使用寿命,或预测设备的未来性能的能力。

3）具备集中式自动计算处理能力。

4）具备故障隔离、故障探测的能力。

5）具备显示故障最近最少使用（LRU）的标识、LRU 拆卸安装程序、派遣偏离指南、替换验证测试和维修指南等信息，显示信息为简明英文格式。

6）具备简单直观的用户输入能力。

7）具备提供维护信息、数据给地面系统的能力，方便地面维护人员提前制订维修计划。

系统需求可以概括为诊断和预诊断，其中，诊断是提供系统或设备失效和故障诊断的能力，预诊断是提供预测系统或设备剩余使用时间或性能的预诊断能力。

四、健康管理系统总体方案架构

民用飞机健康管理系统主要由机载系统、数据链路系统、地面系统以及航空公司的运营支持系统构成。民用飞机健康管理系统顶层架构初步设计如图 7-1 所示。

（1）机载系统

民用飞机机载健康管理系统是整个系统的前端，负责采集机上各系统运行的信息，同时针对采集的信息进行实时处理与存储，并在飞机飞行过程中将处理结果以及机上重要信息进行下传；当飞机回到地面以后，可以通过民用飞机机载健康管理系统将采集存储的信息内容通过无线或有线的方式进行大批量的输出。系统主要实现飞机的状态监测、故障检测、故障隔离、性能监控以及故障诊断功能，并支持软件的客户化能力。

（2）数据链路系统

由空地数据链路和地面数据链路两部分组成，分别满足飞行中的实时数据下传和回到地面后的数据传输。随着无线通信技术的飞速发展，民用飞机的通信链路由传统的飞机通信寻址与报告系统（ACARS）下传模式正在向无线传输模式转化，无线宽带是国外较新的传输模式。通信系统的搭建基于该传输模式开展，国外已建立了比较稳固的空地数据通信网络，这种网络覆盖飞机健康管理机载系统、飞机健康管理地面系统、地面手持终端等，搭建了稳定的空地通信系统。

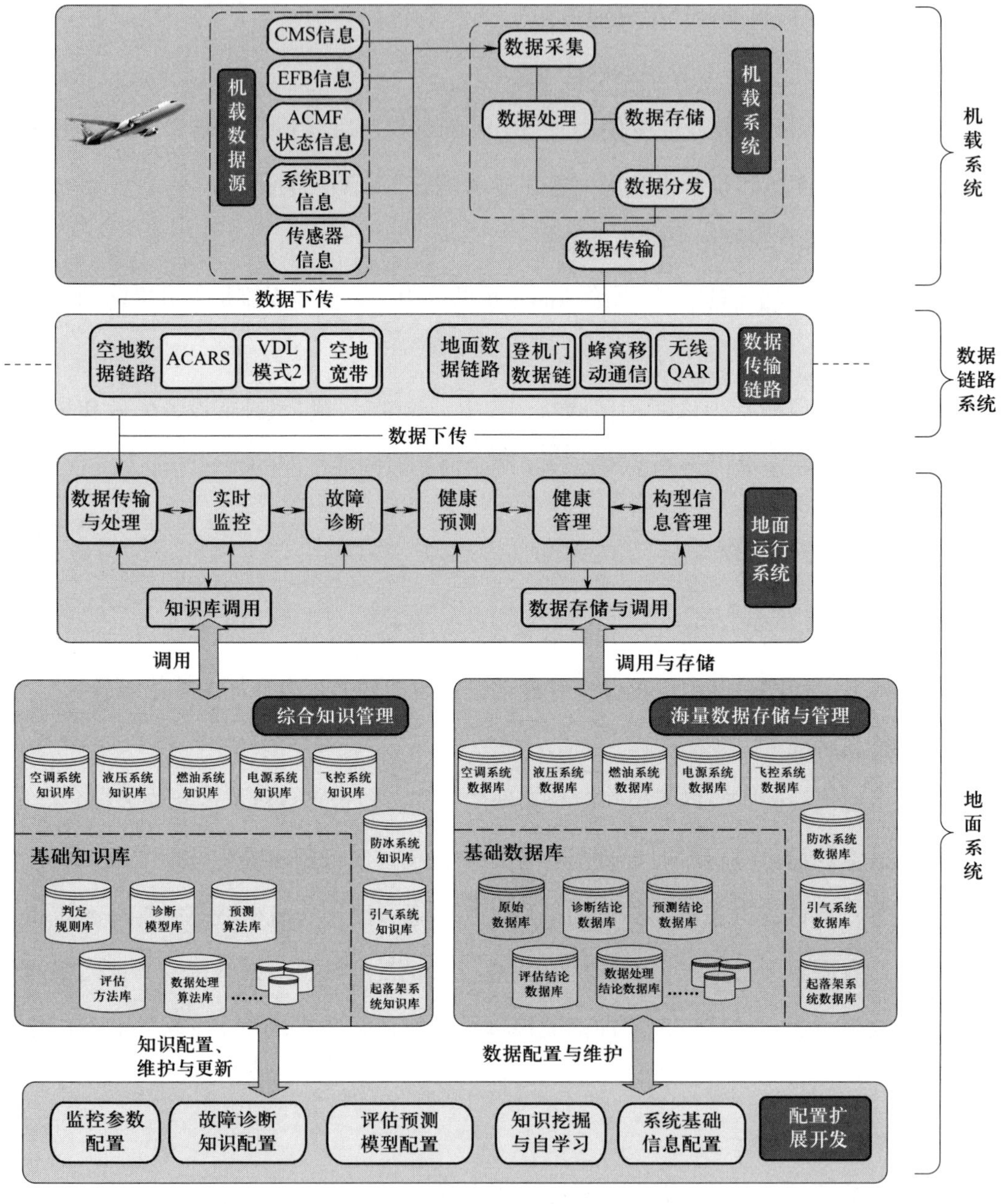

图 7-1 民用飞机健康管理系统顶层架构初步设计

（3）地面系统

地面系统是整个系统的核心部分，一方面可以针对接收到的机载信息内容，通过故障诊断、健康预测、健康管理组成的飞机健康管理系统进行深层次的分析与处理，并具有与其他系统信息交互的能力；另一方面，提供客户化配置工具，实现用户针对机载数据处理规则方法、地面诊断方法、健康评估方法、健康管理方法等多种处理方法的维护、管理与配置，满足整个系统通用化配置和具有功能扩展性的要求。为保证数据库的可维护性，构建两类基于数据层面的管理及应用，将地面系统应用的故障模型、诊断规则、预测算法、健康管理方法等知识库内容进行统一管理，将采集处理的数据、诊断输出结论、故障预测结果等信息进行统一的管理。

民用飞机健康管理系统应具有故障诊断、故障预测和健康评估能力。对故障诊断能力的评估可分为两个层次：一是对故障征兆的判断，即要求对微弱故障信息有足够高的分辨灵敏度。二是对故障有效检测和精确定位，误报和漏报应尽可能少，对故障征兆的判断准确；检测隔离的速度应尽量快，即延迟时间短；对背景噪声和工况变化应足够稳定；诊断置信度高。根据上述能力分解情况，提出以下主要参数：

1）平均故障检测时间要求。

2）故障检测率：检测到的故障占所有故障的比例。

3）故障虚警率：故障报警在所有的非故障事件中所占的比例。

4）稳定性：稳定性用以衡量某故障严重度在峰–峰值变化过程中相应置信水平的变化范围。

5）工况敏感度：工况的敏感度用以衡量在不同的工况状态下，健康监测系统算法的输出差异。

五、功能模块设计

1. 机载系统

民机机载系统主要由传感器、预处理软件、中央处理软件、数据分析软件和综合分发接口软件等组成，通过传感器获取系统或部件的原始状态信息，由分散于各系统中的预处理软件进行数据的初步处理和计算，以提高数据的有效性和传输效率，借助中央维护计算系统，可以将来自各系统或机械结构部件的预处理后的数据进行综合处理、融合与优化以提取根故障，数据分析软件在获取根故障或大量状态参数的基础上进行进一步的分析计算，确定系统状态的变化趋势并通过综合分发接口软件为飞机运营监控人员、维护人员等给出行动建议。

民用飞机机载系统架构的核心是基于故障模型的故障诊断技术，通过分析检查各成员系统的基本故障模型中的故障隔离关系及传递关系实现飞机级的故障建模，为实现民用飞机机载健康管理系统设计的模块化、跨平台、开放性提供技术基础。

民用飞机机载系统装置在网络服务系统（network server system，NSS）中，它接受来自航电系统（通过一个安全的通信接口）和驾驶舱中其他各个系统的数据，维护数据可以通过 NSS 进行存储，并在飞行过程中传送给地面控制中心和服务人员。民用飞机机载健康管理系统架构如图 7-2 所示，具备三个主要功能：故障诊断、飞机状态监控、数据加载。

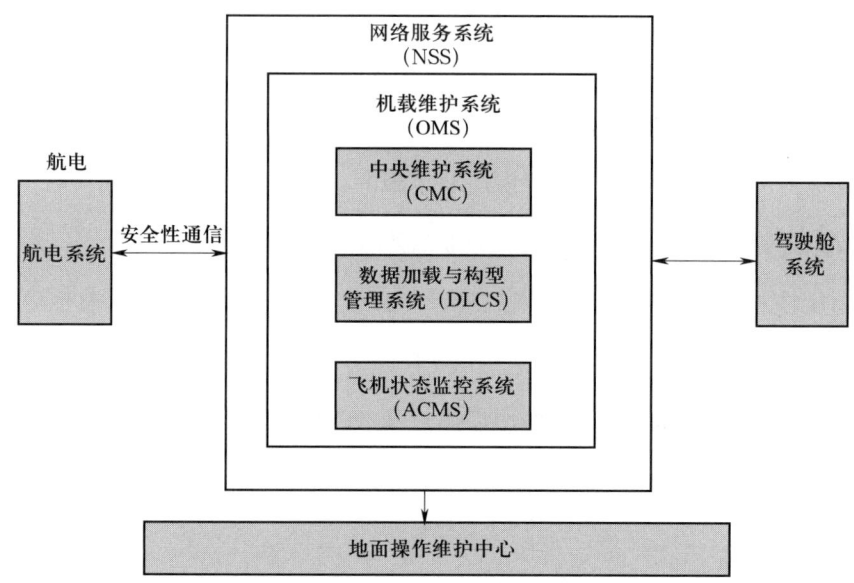

图 7-2 民用飞机机载健康管理系统架构

民用飞机机载系统为机上维护相关的信息提供了一个综合的框架，从系统的角度来讲，系统起到综合信息的作用，并将其更加方便快捷地提供给维护技术人员，维护系统对 LRU 监控的广度和深度由各个系统决定，根据飞机上各个系统的要求，将收集的相关信号通过故障方程进行判断并记录为相应的故障信息。

机载系统也应具有软件客户化的功能，以方便运营商以及飞行员更有效地处理飞行中的故障数据。机载软件客户化的核心业务为：当用户在使用过程中发现新的监控、分析等需求时，应用机载软件客户化地面工具对机载软件内部逻辑、显示内容等进行编译，仿真验证通过后利用打包封装工具生成可加载机载软件客户化配置文件，并通过维护笔记本、无线连接等形式加载至相应飞机系统，从而使飞机形成新的监控逻辑、显示内容及报文等。之后开展相应的飞行测试验证客户化效果，经过多次优化迭代，完成机载软件客户化工作。

2. 数据通信系统

数据通信系统的设计遵循以下原则：与民用飞机型号的通信系统方案、导航系统方案、信息系统方案、客舱系统方案、维护系统方案中定义的系统状态相吻合；旨在研究和突破前置型号积累不足或未曾实施的技术，为民用飞机的型号发展做出必要支持，对前置型号上已经较为成熟的技术不做过多涉及；具备一定的前瞻性，对民用飞机系统方案中做出未来可发展规划的技术进行研究和设计；系统基于综合模块化航电（integrated modular avionics，IMA）技术的通用性、开放式、模块化系统构架；系统设计研制采用世界民用飞机项目通用的工业标准和规范。

数据通信系统有以下主要功能：

1）数据链通信系统应用软件。驻留在 IMA 平台上，包括 FANS 1/A+、FANS 2/B、ARINC623ATS、机场运行控制（airport operation control，AOC）。

2）数据链通信系统路由。驻留在 IMA 平台上，包括 ACARS 路由栈和航空电信网（aviation telecommunication network，ATN）Baseline1 路由栈，可实现数据处理、数据存储、数据传输、路由策略管理、链路监控和选择等功能。

3）信息系统路由。驻留在信息系统服务计算机上，具有数据预处理、数据存储、链路选择、路由网关、文件传输、链路状态监控等功能。

4）数据安全及防火墙技术。针对不同网络的安全等级要求，采用有效安全隔离、地址隐藏、网络拓扑隐藏、路由信息和 IP 数据包加密等措施，防止窃听、中断、篡改或伪造等来自外部网络的入侵；研究能实现身份鉴别、数据签名和数据完整性验证，具有灵活的密钥配置、支持集中式密钥与分布式密钥管理的飞机健康数据传输网络的安全管理技术。

5）地面处理系统。飞机健康管理数据压缩后，通过空地链路及地面站传输到飞机健康管理地面系统，通过数据协议解析、数据解压缩、解码、解密等处理后，与现有数据处理中心进行数据的融合后再进行综合处理、管理和分发。

3. 地面系统

地面系统在建设过程中以业务需求为导向，采用构件化建设思路，基于云计算和大数据技术架构，设计和构建适用于民用飞机的飞机健康管理地面系统。地面系统总体架构如图 7-3 所示。

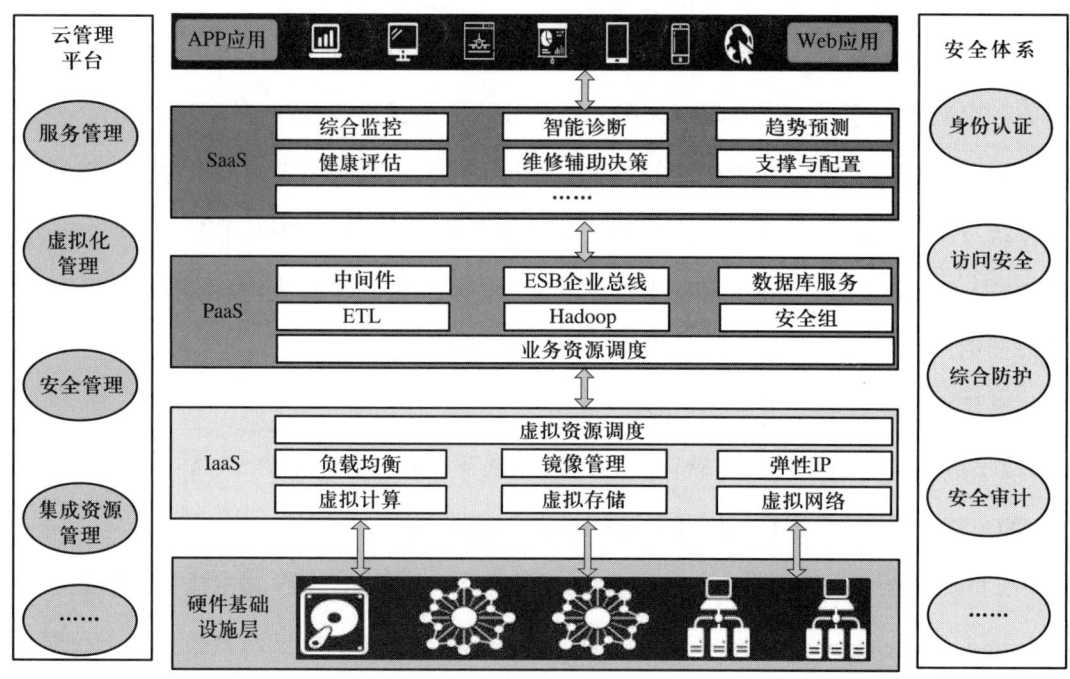

图 7-3 地面系统总体架构

地面系统通过空地双向数据通信链路实现飞机机载系统信息数据与地面系统信息数据的双向传输，对整个航程中飞机的飞行状态进行全程综合监控；同时根据故障信息，按照一定的处理逻辑，基于飞机健康管理地面智能诊断与推理方法，实现对民用飞机典型系统及其关键部件的深层次诊断，并将故障诊断信息转化为维修活动管理与维修决策信息，保障民用飞机的运行、维护等相关活动；通过对航后数据的收集、整理与分析，结合典型系统的趋势和故障预测模型，分析系统的性能变化及周期性变化规律，基于近一段时间内系统性能所处趋势阶段，预测未来趋势走向与系统的工作能力，判断系统关键部件的故障发生时间，以便维修人员提前做好维修准备，实现维修精益化管理。结合飞机的参数信息、可靠性数据信息评估单机和机队的健康状态，从而为机队及机队中的每一架飞机提供维修决策建议。

地面系统采用构架化设计思路，拟划分成为基础构件（主要包含运算构件、基础服务构件）、业务构件以及第三方构件。基础构件重点实现支撑地面飞机健康管理平台运行的最基础的运算构件功能和共性支撑服务。运算构件包括配置信息构件包、定时器管理构件包、日期操作构件包、文件上传构件包、信息发送构件包、事件管理构件包、数据库构件包、可扩展标记语言（extensible markup language，XML）操作构件包、数据计算构件包等；共性支撑服务提供系统本身在安全性、可靠性、流程控制等方面的服务，包括数据构件、报表构件、工作流构件、权限控制构件、用户登录构件、性能监控构件、系统日志构件、邮件服务构件、短信服务构件、地理服务构件、消息服务构件、页面构件等基础服务相关构件。第三方构件主要为支撑系统运行的IT支撑、基础计算、公用工具等。

民用飞机健康管理地面系统业务主要通过基础业务构件实现民用飞机的地面健康管理功能，构件包如图7-4所示。

地面系统运行在云计算大数据平台体系架构之上，针对不同应用场景和业务功能的软件工具集，系统支持在移动终端、PC终端等不同模式、不同场景下的应用，以满足未来平台开放性、灵活性、可伸缩性和实用性的云服务模式原则。系统重点实现以下几方面功能应用需求。

（1）综合监控

在前期基于传统实时传输手段的实时监控应用基础上，针对未来民用飞机实现综合监控应用。一方面，完成适应性修改与基于传统实时传输手段的实时航行动态、故障监控应用，实现多维度可视化展示；另一方面，实现适应未来先进通信链路，如空地宽带通信（air to ground，ATG）等模式下的新型功能应用。

多维度可视化展示综合监控也是必要的，在飞机运行数据库的支撑下，对飞机运行信息进行统计分析及多维度可视化展示（柱状图、折线图、饼图、面积图等），以及对飞机典型系统关键参数历史趋势进行多维度可视化展示，可视化结果随数据的更新自动更新，并支持用户从时间、参数、特征等维度进行筛选定制。

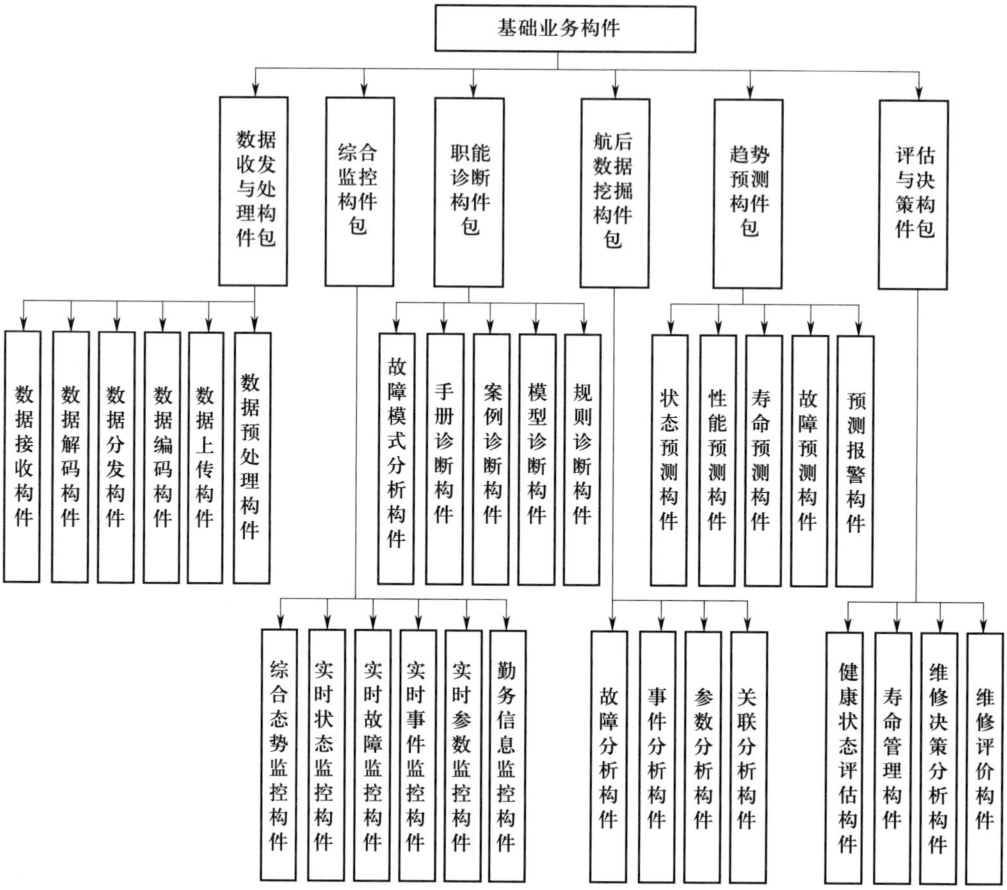

图 7-4 基础业务构件包

（2）智能诊断

智能诊断的主要目标应实现典型系统的地面智能诊断功能，并基于大数据分析手段实现智能诊断。地面智能诊断与推理技术是整个飞机健康管理系统的重要组成部分。随着民用飞机集成度、复杂性的增加，传统的基于案例推理与手册的故障诊断技术已经不能满足智能诊断的需求。在前期大型客机基于案例与手册的故障诊断工程研制基础上，通过研究、飞机健康管理地面智能诊断与推理方法，针对民用飞机发动机、辅助动力装置（auxiliary power unit，APU）、气源、空调、液压、燃油、飞控等典型系统，实现对民用飞机典型系统及其关键部件的深层次诊断，并将故障诊断信息转化为维修活动管理与维修决策信息，保障民用飞机的运行、维护等相关活动。

（3）趋势预测

民用飞机趋势预测技术是飞机健康管理技术区别于传统监测/诊断技术的重要标志，也是飞机健康管理能力及优越性的核心之一。在故障诊断建模与分析技术能力提升的同时，也应开展趋势预测技术的相关研究，以此提升和突破性能退化预测应用的成熟度及关键技术。通过分析飞机系统未来健康状态的演化规律与趋势，为制定民用飞机的运行维护与勤务计划提供支持。其中，性能衰减趋势预测应实现基于状态与数据的趋势预测，采用基于状态与飞行数据的趋势预测技术，选取状态变化趋势明显的民用飞机典型系统为对象，分析系统的性能变化及周期性变化规律，基于近一段时间内系统性能所处趋势阶段，预测未来趋势走向与系统的工作能力，为维修决策提供有力的依据。故障失效预测应以民用飞机发动机、APU、液压系统、起落架、气源系统、空调、电源、飞控和燃油等典型系统中的关键部件为研究对象，利用经过预处理的海量历史数据、实时飞行数据等信息，加载故障预测模型，实现对民用飞机典型系统关键部件的故障预测，从而及时获知关键部件的故障发生时间及剩余寿命，以便维修人员提前做好维修准备，实现维修精益化管理。故障失效预测的功能是进行飞机关键参数的故障失效预测和分析，为后续的预测和维修过程提供依据。故障失效预测模块利用飞机大量的历史数据、故障信息以及相关的预测模型和知识，通过对飞机部件当前状态、数据与历史状态变化模式的对比分析，从而确定飞机部件和系统的当前状态，对其是否进入故障潜伏期进行评判，实现故障的预测。

（4）健康评估

在民用飞机故障诊断建模与分析基础上，构建民用飞机健康状态评估体系，实现多级健康状态评估。结合飞机的参数信息与可靠性数据信息，从健康目标层、健康指标层、健康评估层、健康指数层、健康等级层五个方面构建健康评估指标体系，评估单机和机队的健康状态，从而为机队及机队中的每一架飞机提供维修决策建议。主要功能包括：

1）单机健康状态评估。在监控状态评估体系构建技术的基础上，进一步对民用飞机单机健康状态进行评估，分析民用飞机典型系统及其关键部件的健康状态，分析故障发生的概率，确定健康管理初步实施方案。单机健康评估模块的主要功能是根据评估模型和测试数据、基本数据等信息生成部件级、分系统、整机的健康状态评估结果，以及整机健康状态历史信息分析结果。

2）机队健康评估。在上述内容的基础上，进一步对机队健康状态进行评估，结合机队单机的役龄、维修历史、任务规划等因素，给出单机综合健康状态，进一步给出机队内单机维修风险的优先级，为机队及机队中每一架飞机的使用提供决策建议。机队健康评估模块融合机队中所有飞机的健康信息，形成全机队的健康指数，并以直观的方式显示出每架飞机的健康状态指标。

3）维修辅助决策。在飞机健康管理系统智能诊断、性能趋势预测与健康评估的基础上，以降低维修难度为目标，实现民用飞机智能维修决策，分析民用飞机维修的影响因素，制定维修策略，构建飞机健康管理地面维修决策平台，为机务维修人员的维修工作提供辅助决策支持。同时，在分析民用飞机故障信息、剩余寿命、产品支援信息、设备历史信息与任务状态以及维修影响因素的基础上，结合现有民航维修体制，以及主制造商、系统供应商和客户需要提供的技术服务内容与服务策略；综合权衡系统可用度、时间、费用与风险等维修目标，以及维修能力和资源等约束条件，建立维修决策因素及策略体系。在此基础上基于系统当前健康状态信息和性能衰退趋势进行维修决策。综合维修目标与约束条件，结合故障诊断与健康预测信息，建立民用飞机维修决策模型，为地勤人员及机组管理人员提供快速有效的维修决策与运营管理信息支持。

4）应用支撑与扩展配置。应用支撑与扩展配置提供基础的应用支撑平台及配置工具，主要包括共性支撑服务、扩展配置服务、知识管理服务。其中，共性支撑服务为上层业务系统提供基础的软件服务，实现系统中所涉及的基础功能，包括基础服务、报表处理服务、报告生成服务、地理信息服务、系统运行安全监控服务等。扩展配置服务对地面接收数据的解码、分析逻辑、健康管理算法功能进行配置和扩展开发，使系统具备持续完善的能力，包括监控参数配置管理、飞机健康管理信息构型配置管理、基础信息配置管理等。

第二节　民用飞机智能运维系统集成

考核知识点及能力要求：
- 了解民用飞机故障诊断原理及方法分类。
- 熟悉民用飞机系统接口和功能模块、空地传输模块设计方法、地面监控与维护系统设计方法。
- 掌握通过民用飞机数据信息需求分析实现其接口设计的流程。

一、数据信息需求分析及接口设计

健康管理系统接收两类数据信息作为数据源，分别是：能够自动接收并处理飞机在飞行过程中的实时数据信息，如 ACARS 报文、卫通维护数据、ATG 通信维护数据等；能够接收并处理航后发送的数据信息，如航后报（post flight report，PFR）、无线 QAR 数据、电子飞行记录本（ELB）数据、来自信息系统的存储数据等。

健康管理系统应该能够存储并管理原始数据，支持 PB 级数据存储，并具备扩展能力。通过系统可以方便地访问原始数据，包括查看、按条件查询、导出等。在接收到新的源数据后，能够自动处理源数据，并自动将处理后的计算结果更新到显示终端，自动刷新用户相应的显示内容。综上分析得出，整个系统需要记录两大类数据内容，分别是飞机在飞行或回到地面之后向该系统输入的原始数据，以及经过该系统处理后的结果数据。原始数据信息按以下原则进行选择：影响飞机签派放行的信息、在地面难以复现的故障信息、机载设备已经监控的故障信息、基础性信息。原始数据主要包括以下几类：

1. 飞机运行基本信息

飞机运行基本信息主要是指飞机在投入运行后的基本状态信息，这些信息是飞机运行的基本信息，其中主要涉及的信息有以下几类。

（1）飞机基本信息

飞机机型、注册号、航空公司 IATA 和 ICAO 代码、制造商序列号（MSN）、具体型号、发动机序列号、APU 序列号以及所有软硬件的件号/版本号。

（2）航班基本信息

航班号、起飞/到达机场（City Pair/Code）、飞机全重、飞机油量。

（3）时间信息

UTC 时间、当地时间（Local Time）、预计到达时间、日期（Date）。

（4）运营基本信息

飞行小时数、飞行循环数、发动机运行小时数、发动机循环数、APU 运行小时数、APU 运行循环数。

2. 实时航行动态信息

实时航行动态监控是指通过空地数据链实时获取飞机飞行轨迹以及飞行状态的相关参数信息，从而实现对飞机当前状态的实时监控，其中主要涉及的信息有以下几类：

（1）飞机滑出/起飞/着陆/滑入相关信息

该类信息至少包括以下参数：滑出/起飞/着陆/开舱门时间、起飞/到达机场、当前剩余油量、预计到达时间。这些信息在飞机到达相应的运行阶段时实时采集并下传。

（2）飞机飞行位置信息

该类信息至少包括以下参数：时间、当前剩余油量、经度、纬度、飞行高度、预计到达时间、风向、风速、总温、静温、马赫数或者校正空速。这些信息是飞机在飞行过程中以固定的时间间隔（如 10 min）实时采集并下传到地面。

3. 飞机实时状态信息

（1）超限状态实时监控信息

超限状态实时监控是指当飞机各个机载系统某些系统参数到达所设定的阈值时实

时采集并下传的信息。

（2）异常事件监控信息

在系统研发周期内，将实现对异常事件的监控，系统平台具有可扩展能力，可以编辑新的监控逻辑以实现对新事件的监控。

（3）勤务信息

通过收集飞机的勤务信息，对飞机的勤务工作进行提前预警，减少例行检查工作。同时，主制造商还可以通过对勤务信息的分析，实现机队燃油/润滑油等消耗情况的对比，发现潜在的故障。

（4）系统状态实时监控信息

通过对民用飞机空调系统、电源系统、飞控系统、燃油系统、液压系统、防冰除雨系统、起落架系统、引气系统以及 APU 系统九个系统的状态进行实时监控，一方面可以辅助维护人员对飞机现有故障进行排除，另一方面也可以用于提前发现系统的异常状态信息并进行预防性维护。

（5）发动机状态实时监控信息

发动机状态监控主要是通过收集发动机的状态信息，对发动机在飞机各个飞行阶段的状态进行持续监控。民用飞机目前选用的是 GE 的发动机，GE 发动机收集的典型状态信息主要包括以下几类：

1）发动机运行基本参数信息；N1、N2、废气温度（exhaust gas temperature，EGT）、涡轮气体温度（turbine gas temperature，TGT）、润滑油温度/压力、燃油流量、反推响应时间/动作到各个位置时间/完全打开时间、N1/N2 震动、发动机慢车位、发动机启动时间。

2）发动机启动状态（normal engine start）。

3）发动机不正常启动状态（abnormal engine start）。

4）起飞状态（takeoff）。

5）爬升状态（climb）。

6）稳态巡航状态（engine stable）。

7）发动机超限状态（engine limit exceedance）。

8）发动机超限历史状态（engine exceedance history）。

9）EGT/TGT 状态（EGT/TGT divergence）。

10）发动机数据状态（engine data）。

11）发动机润滑油监控状态（engine oil monitoring）。

12）发动机空中/不正常停车状态（engine in-flight/abnormal shutdown）。

4. 飞机故障信息

飞机的中央维护系统会实时收集飞机各个机载系统的故障信息，并根据故障信息的影响程度对其进行存储或者通过实时故障报文的形式下传到地面。目前飞机在运行过程中实时下发到地面的故障信息按航空运输协会（ATA）章节的分类。

故障信息的类型主要包括：驾驶舱效应信息；影响飞机飞行安全的信息；对飞机的签派放行有影响的信息。

同时，航空公司可以根据自身需要对实时下传的故障信息进行客户化修改，以满足其不同的运行需求。

二、系统接口和功能模块

1. 民用飞机机载健康管理系统级功能接口定义的原则

（1）系统功能接口应包括本系统范围内的功能之间的接口，以及本系统功能与各成员系统功能的接口。

（2）对于民用飞机机载健康管理系统内部功能接口，定义应明确各系统级功能之间接口关系描述、存在接口关系的各系统级功能之间的输入输出关系。

（3）对于民用飞机机载健康管理系统外部功能接口，定义应明确系统级功能在民用飞机机载健康管理系统和各成员系统间信息的传递方向、系统之间所传信息的内容含义、与各系统级功能具有接口关系的成员系统名单。

（4）应明确系统功能接口的失效影响等级。

2. 系统接口和功能模块构成

（1）民用飞机机载健康管理系统级内部功能接口

民用飞机机载健康管理系统级内部功能接口是指系统内部存在交联关系的各系统

级功能之间的功能接口。提供人机接口、地面测试功能、故障历史获取/重置功能、生命周期报告功能、数据加载功能、提供打印、下传维护报告、生命周期报告功能、飞机状态监控功能以及支持机上数据加载。

（2）民用飞机机载健康管理系统级外部功能接口

为保障飞机的飞行、维护、运营、检测等相关活动，民用飞机机载健康管理系统需要与飞机绝大部分子系统产生数据交互活动，以支持各子系统的状态监控、故障报告、数据加载、构型管理、生命周期数据管理等功能。与民用飞机机载健康管理系统存在交联关系的飞机子系统称为成员系统，民用飞机机载健康管理系统也是其自身的一个成员系统。

（3）部件级状态数据的采集和总线传输

在目前主流的大型民用飞机上，比较重要的机载系统如发动机、APU、飞控、电源等，都具有自身独立的控制器对系统内部各个组件的状态进行监控。控制器与部件之间主要依靠内部数据总线进行交互，常用的数据总线技术主要包括ARINC429总线和CAN总线两种。

（4）故障诊断

故障诊断是通过民用飞机机载健康管理系统中央维护功能来进行的，其主要是基于机载健康管理分析算法实现的。中央维护功能收集飞机系统机内自检设备（BITE）或布置在机械结构的传感器发送的故障信息，对故障数据进行延时及抑制、整合、去除级联故障和分类等处理，以生成维护消息协助维护人员隔离飞机故障。中央维护功能可以接收并记录各成员系统提供的件号、序列号等构型数据。原始的故障数据、经过飞机健康管理系统处理后生成的维护消息和状态监控功能（CMF）记录的构型数据将存储在网络服务系统数据库中，供显示、下载、打印和远程访问。中央维护功能可以实现维护消息与相应驾驶舱效应（FDE）、定期维护任务、维护服务消息等信息的关联，也可以将维护消息链接到相应的电子维护手册上，并通过维护手册中的信息指示启动相关地面测试调整操作，以方便维护人员的排故活动。飞机处于地面维护模式时，维护人员可以通过中央维护功能启动飞机系统执行特定的测试调整功能，从飞机系统处获取生命周期数据和故障历史数据，或者对飞机系统故障历史数据进行重置操作，当部分成员系统无法提供生命周期数据时，CMF可以根据该飞机系统的周期性故障报告等信息执行生命周期数据计算服务并提供给维护人员。中央维护功能可以为飞机系统提供飞机状态信息，帮助其记录故障发生时的飞机状态。

（5）飞机状态监控

飞机状态监控功能（ACMF）提供给系统用户实时掌握飞机的运行状态的功能，及时了解飞机的故障及超限情况，提前做好维修准备，保障航班的安全、准点运行。ACMF可以记录和监控飞机系统主要部件/LRU的参数信息以及机械结构的传感器信息，以支持飞机状态监控或支持地面维护人员开展健康数据分析和维护计划等活动。ACMF可以根据预先定义的参数列表连续收集飞机系统参数或基于特定的触发事件记录一定时间内的飞机系统参数，捕获的参数数据和事件数据将存储在飞机健康管理系统的存储器中，以供维护人员在飞机落地后进行查看、下载、打印或远程访问，也可以在飞机飞行过程中基于预先设定的逻辑或从地面系统上传命令将重要的参数信息打包成报文数据，通过通信系统的数据链路发送到地面系统，以支持维护人员提前开展维护计划制订和飞机健康数据分析活动。

飞机状态监控功能支持系统供应商按照标准的ACMF应用接口，来设计本系统监控模型并驻留在ACMF功能中。此外，ACMF支持将自身功能故障报告或将第三方系统/设备故障报告按照CMF接口要求发到CMF进行处理。

（6）数据加载

数据加载功能主要包括两个方面：空地实时数据处理、航后数据处理。

空地实时数据处理模块处理和发送飞机飞行中经ACARS链路数据等实时下传的数据，一方面实时解析和存储，另一方面传输至系统各业务模块调用。以上信息由各个机载系统实时采集并同时发送到机载OMS系统和健康管理数据采集装置，经处理后，通过通信系统以实时报文的形式下传到地面监控系统。

航后数据处理模块是健康管理系统的扩展数据监控接口，该接口能够接收经航后数据处理系统（如航空公司常用的QAR译码软件）按预先协调的方法处理后的输出数据，并利用这类数据进行监控应用。同时，本模块应实现对VDL模式2、ADS-B等数据传输模式的处理；预留新型实时数据链数据的接口，具备扩展处理未来空地宽带数据链数据等的扩展接口。

民用飞机机载健康管理系统能通过实时获取飞机的数据，将各子系统信息进行预分析，对故障进行诊断与隔离，并通过数据加载功能对故障信息进行存储，同时生成 ACARS 报文将信息传输至地面。这一功能将有效帮助维护人员及时、准确地掌握飞机的技术状态，在飞机降落前获取相关故障信息并及时做出维修决策。

三、空地传输需求分析及设计

1. PHM 数据通信顶层需求

（1）客户服务对 PHM 数据通信的需求

实时监控服务：提供实时监控软件系统，向客户提供飞机实时健康状态监测数据，并通过数据分析功能向客户提供飞机性能、可靠性、维修支持服务。

故障诊断与维修智能决策服务：提供故障诊断与维修智能决策专家系统，具有排故与修理知识库，能够及时形成排故/修理技术方案。

健康管理服务：提供飞机在役健康评估分析，包括机载系统、发动机、起落架等重要系统的健康分析和维修工程管理，实现技术支援工作或用户飞机排故、维修工作的辅助支持，保持客户飞机的正常安全运行。

（2）航空公司对 PHM 数据通信的系统需求

缩短飞机技术状态信息（故障报、超限报、状态报等）获取的时间差，并集成维修相关资源，以减少工程师对飞机故障的确认与处理时间；通过空地数据链路接收处理及故障告警，完成故障诊断、故障预测和故障隔离后，实现各类手册、案例库、技术预案的链接等维修决策功能。

为维修控制决策流程提供电子化辅助工具，缩短流程时间，并提高维修控制相关部门的协调效率，并书面记录在案。

飞机运行管理需求：公司高层或 AOC 值班经理对本公司机队技术状态及运行情况的掌握；利用 PHM 数据进行相关的飞机技术问题分析。

通过飞机 PHM 系统提供的功能和服务，缩短维修流程时间，提供飞机技术问题的深度分析，从飞机本身技术状态的角度保障航空公司运营的安全性与经济性。

（3）主制造商对PHM数据通信的需求

1）以PHM系统为手段，获取飞机运行的技术状态数据与航空公司运营数据，在此基础进行数据分析及应用，主要数据为飞行数据、飞机原始的技术状态数据，包括ACARS报文、QAR数据、飞机故障信息、航空公司生产数据（包括机队信息、航班计划、维修控制流程及维修计划、航材资源）、航空公司知识库（包括故障案例库、针对某个/类故障的技术预案）等。为飞机设计改进提供数据支持；飞行品质监控及服务；飞机维修品质分析及服务。

2）PHM系统在数据交换、诊断、预测等方面的相关民用飞机规范、标准、适航规章；CAAC/FAA/EASA相关规章及咨询通告、RTCA标准及航空无线电通信公司（ARINC）系列标准中有多项相关标准与飞机健康监控相关，涉及数据传输、数据线、机载维护系统的设计细节、接口、中央维护计算机与各成员系统之间的通信、机载维护文档的设计、状态监控系统的设计要求等。

3）PHM系统数据传输需求，PHM系统核心数据类型、数据安全等级、数据传输周期等；飞行安全相关的用例（含飞机位置数据-实时、关键飞机系统参数-实时、FOQA/FDA/FDM-实时、MOQA-实时）；非飞行安全相关的用例（含发动机状态监控、飞机系统状态监控-起落架、机舱压力、燃油系统、Bleed Air等）。

2. 功能模块一：数据通信系统

（1）机载ACARS数据链系统

数据链是地空数据通信系统的通称，该系统用于飞机机载设备和地空数据通信网络之间建立飞机与地面计算机系统之间的连接，实现地面系统与飞机之间的双向数据通信。随着新航行系统技术发展，数据链技术得到越来越广泛的应用，数据链是空中交通管理高度自动化的前提，也是保证空中交通安全有序的同时减轻驾驶员和管制员工作负担的有效手段。

飞机通信寻址与报告系统（ACARS）是由美国ARINC公司开发的数据链通信系统。基于ACARS网络的数据链可以通过契约式自动相关监视ADS-B应用、航空操作通信AOC等数据链应用实现飞机位置及状态信息传输。ACARS数据链主要通过HF、

VHF 和卫星通信信道实现数据链报文传输。

（2）机载 ADS-B 系统

广播式自动相关监视 ADS-B 是国际民航组织确定的未来主要监视技术。ADS-B 能够提供更加实时和准确的航空器位置等监视信息，ADS-B 技术将卫星技术、通信技术、机载设备以及地面设备等先进技术相结合，提供了更加安全、高效的空中交通监视手段，有效提高管制员和飞行员的运行态势感知能力，扩大监视覆盖范围，提高空中交通安全水平、空域容量与运行效率。与雷达系统相比，ADS-B 能够提供更加实时和准确的航空器位置等监视信息，为航空器提供相关交通信息，传送天气、地形、空域限制等飞行信息，使机组更加清晰地了解周边的交通情况，提高情景意识，可增加无雷达区域的空域容量，减少有雷达区域对雷达多重覆盖的需求，大大降低空中交通管理的费用，并可用于航空公司的运行监控和管理。

（3）INMARSAT SBB 卫星通信系统

SBB（swift broad band）是国际海事卫星组织（INMARSAT）的卫星应用之一，基于 INMARSAT 的 4 代星的窄波速，可覆盖除两极外的全球范围，为民航飞机提供语音、传真、数据通信等服务。作为宽带全球局域网（broadband global area network，BGAN）的终端，利用国际海事卫星组织的卫星，提供 IP 包交换业务，速率最高能够达到 432 kbit/s。

（4）北斗短报文通信系统

北斗导航系统最大的特色是源于双向通信的短报文特色服务。双向通信是指用户与用户、用户与中心控制系统间可实现双向简短数字报文通信，这是其他导航系统不具备的。北斗短报文的功能在国防、民生和应急救援等领域都具有很高的应用价值。特别是灾区移动通信中断、电力中断或移动通信无法覆盖北斗终端的情况下可以使用短消息进行通信，定位信息和遥感信息等。该技术将被用于紧急救援、野外作业、海上作业系统。在 2008 年汶川地震时，进入重灾区的救援部队就利用 120 字的短报文功能突破了通信盲点，与外界取得联系，通报了灾情，供指挥部及时作出决策。同样机上重要的 PHM 信息在紧急时刻也可以通过北斗短报文传输给地面。

(5)天通卫星移动通信系统

天通一号卫星移动通信系统是我国规划的军民两用卫星移动通信系统,是我国现有卫星通信体系完备化的重要组成部分。该系统主要具有如下特点:

1)通信覆盖范围广:陆地点波束覆盖我国国土及领海,最南端可达南沙群岛;海域波束可覆盖太平洋关岛以西和印度洋北。

2)通信容量大:单星至少支持 6 000 个基本信道同时使用;至少支持 30 万用户终端;单用户速率可达 384 kbit/s。

3)对移动用户支持能力强:卫星天线口径和功率大,降低了对用户终端天线尺寸和发射功率要求,可支持手持、便携类、车载、机载的小型终端。

4)系统使用灵活:卫星点波束功率可动态调整,支持区域用户数灵活可变。

3. 功能模块二:数据传输系统

基于机场无线通信方式的航后 PHM 数据传输系统应可以支持 WiFi、3G 以及 4G 等多种方式与地面建立无线通信链路。当飞机处于地面状态时(通过舱门信号和轮载信号判断),机场无线通信单元(AWCU)会对所有可用的航后无线数据链进行优先级排序。

四、地面监控与维护系统

1. 地面系统功能需求分析

(1)数据信息处理

地面系统数据信息处理主要包括两个方面:空地实时数据处理、航后传输数据处理。空地实时数据处理模块接收飞机飞行中经 ACARS 链路数据等实时下传的数据,一方面实时解析和存储,另一方面传输至系统各业务模块调用。航后传输数据处理模块是地面系统的扩展数据监控接口,该接口能够接收经航后数据处理系统(如航空公司常用的 QAR 译码软件)按预先协调的方法处理后的输出数据,并利用这类数据进行监控应用。原始数据信息遵循以下原则进行选择:影响飞机签派放行的信息;在地面难以复现的故障信息;机载设备已经监控的故障信息;基础性信息。根据以上原则确定原始数据主要包括:

1)飞机运行基本信息:主要包括飞机基本构型信息以及使用状态信息。

2）实时航行动态信息：为满足航空公司运营控制和主制造商实时掌握已交付飞机的飞行位置的需要而发送的信息，常见的报文有 POS 报、OOOI 报等。

3）飞机实时状态信息：主要包括超限信息、异常事件信息、勤务信息以及系统状态信息；这些信息主要是由飞机的 ACMS 或信息系统收集并发送相应参数类报文信息，包含飞机重要机载系统的相关状态参数信息，如发动机参数等。

4）飞机故障信息：这类信息是在飞机的中央维护系统（CMS）探测的故障信息。

（2）实时监控功能

航空公司需要实时掌握执飞飞机的运行状态，及时了解飞机的故障及超限情况，提前做好维修准备，保障航班的安全、准点运行。子系统调用实时解析后的 ACARS 报文数据，数据进行整理，以友好、直接形式展示给监控或维护人员。

（3）故障诊断功能

地面系统故障诊断功能根据故障现象，通过一定的算法逻辑，综合应用维修类手册、维修历史案例等信息，实现对飞机故障的快速诊断，并给出合适的维护建议方案。针对故障诊断信息，可以对其影响程度进行排序，同时结合最低设备清单（MEL）进行关联分析，为放飞决策提供辅助依据。因此，该功能需要有以下几项子功能：故障信息集成与显示、基于维修手册的故障诊断、基于维修案例的故障诊断、排故处理方案及信息反馈。

（4）航后数据监控应用

航后数据监控应用子系统是地面系统的扩展数据监控接口应用，该接口能够接收经航后数据处理系统按预先协调的方法处理后的输出数据，并利用这类数据进行监控应用。本子系统利用航后数据进行监控应用，主要实现的应用功能包括两个方面，一是故障监控，二是参数监控。其中参数监控的具体应用包括发动机工况监控、维修事件监控、关联显示维修事件与相关参数、参数趋势监控等。

2. 架构设计

系统的设计原则如下：

1）遵循 ATA、ARINC 等标准，建立标准数据体系。在系统设计时，需要遵循 ATA、ARINC 等航空业内标准，并建立地面系统在数据交换、诊断、预测等方面的标准数据体系，实现与主制造商运行支持体系的无缝集成。这样将确保能够与现有系统、协议和标准的有效互通，并实现飞机设计研制单位、供应商和航空公司的持续有效参与。只有实现了标准化，建立标准数据体系，才能够通过更好的互操作性减少成本，并最大程度避免类似系统设计可能出现的重复性工作。

2）开放性平台化架构，满足系统纵向和横向扩展的需求。在设计时考虑开放性平台化架构，实现机上数据源、数据传输内容、地面处理系统以及跨平台数据源等方面的开放性。在纵向上，开放式系统架构设计将能够在地面系统中应用更多的符合开放架构的技术和模块，实现地面系统的不断优化和技术水平的提高；在横向上，将确保能够为多型飞机在内更多的飞机平台之间的通用性提供基础，最终提高系统有效性并降低总成本。

3）贯穿系统始终的安全策略和机制，确保系统高可靠度与高安全性。由于地面系统是以安全的企业对企业门户网站来提供服务的。先进的安全技术可以防患于未然，是安全的根本保证。从系统的设计到应用，安全策略和机制贯穿系统始终。在系统设计时需要考虑物理、主机、网络、数据等方面的安全以及对外部系统的影响，确保地面系统的高可靠度与高安全性。

4）注重用户体验，提高系统人机接口的信息综合性和友好性。在设计时应重视地面系统的用户体验，不断提高系统人机接口的信息综合性和友好性，满足航空公司等用户的需要。

3. 功能模块一：数据库

地面系统在实际运行过程中需要自动接收与处理实时飞行数据与航后发送数据。这些数据包括飞机运行基本信息、实时航行动态信息、飞机实时状态信息与飞机故障信息。通过对这些信息进行处理分析，进而进行故障诊断、故障预测以及健康评估，并将结果进行存储、显示与导出。系统数据横向按照系统划分成APU、液压系统、起落架、气源系统、空调、电源、飞控等几大类系统对象的数据类型。纵向按照信息类型划分成实时航行动态信息、实时状态信息、实时故障信息、诊断信息等信息内容。系统按照相同机队、相似机型、相同系统、相同分系统、相同故障、相同案例等方面对数据进行统计、管理、分类等。系统涉及数据众多、类型复杂，不同数据要求的访问响应时间也各不相同。

数据库的构建主要用来存储和管理异常事件监控、故障诊断、故障预测以及健康管理等环节，使用各种规则知识、故障案例知识、性能趋势预测模型、统计分析算法以及后续扩展的故障关联性模型、状态预估模型等。数据库的数据量并不会达到海量的程度，但是进行故障诊断等相关业务时需要进行大量的读操作。因此，可采用主从复制、读写分离的方法进行数据库的设计。与其他数据库存储内容所不同的是，由于模型以及算法并不都是结构化数据，数据库需要考虑非结构化数据的存储及管理。同时，系统在设计上按照用户和对象的不同，需要提供按照不同权限的知识访问功能。

（1）故障案例的描述

案例是地面系统的知识支撑，对于民用飞机的故障案例而言，案例包含的信息非常多，而且涵盖故障隔离手册、故障报告手册、维修手册、系统图解手册和配线图表手册等信息。随着飞机使用状态的改变，很多案例都会有相应的调整，这就需要案例的更新、维护比较灵活。

一个完整的案例知识表示由案例分级表、案例基本信息表、故障征兆表和维修步骤表组成，如图7-5所示。

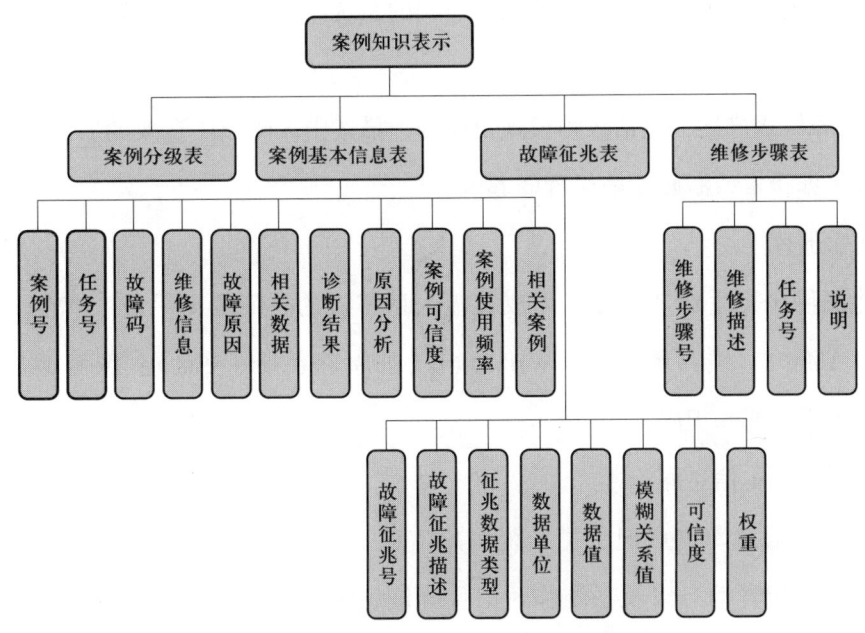

图7-5 飞机故障案例描述方法示意图

（2）逻辑模型

针对民用飞机健康管理应用所需的逻辑模型构建需求，分析关键系统功能原理、故障逻辑，逻辑模型定义流程如图7-6所示。

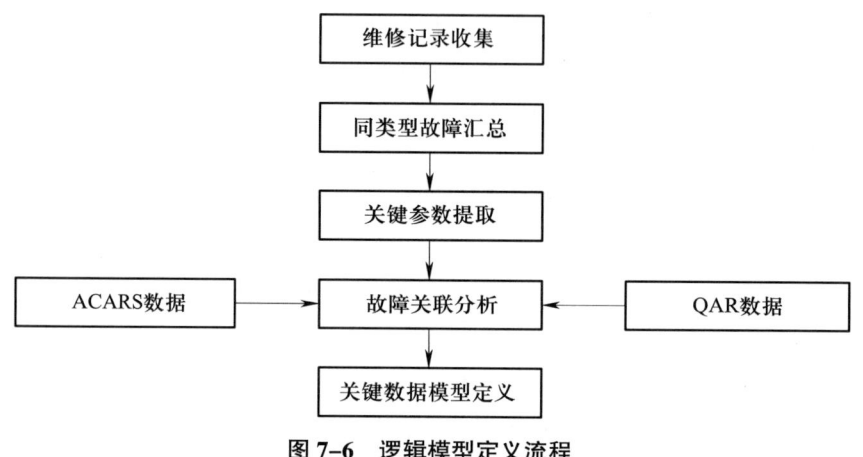

图 7-6　逻辑模型定义流程

（3）故障模式库

对民用飞机关键系统故障模式开展分析，形成故障模式和影响分析（failure mode and effect analysis，FMEA）内容项，主要包括：

1）故障模式基本信息：包括对故障所属的系统、子系统、部件以及部件功能的简单描述。

2）故障模式描述：包括故障模式及原因，描述由故障原因造成的后果的表现形式及故障源（即诱发或激励故障机理的起因）。

（4）手册库

构建民用飞机手册知识库，形成覆盖大型客机的故障隔离手册（FIM）、飞机维护手册（AMM）、线路图手册（WDM）、飞机原理手册（SSM）、图解零部件目录（IPC）等各类手册知识库。

（5）系统基本信息库

系统基本信息库重点记录了系统用户信息、系统日志信息、系统邮件数据、报表数据、系统配置信息以及系统临时信息等信息内容。由于系统的用户很多，因此，这部分信息内容会随着系统的应用不断扩展，数据量会不断增大。但考虑到这部分数据信息内容不需要都进行实时查看等访问操作，因此，采用定期存储备份和限制存储空间等方式来进行数据库的管理和维护。数据库可以采用一般数据库架构进行设计。

（6）实时监控数据库

快速记录飞机实时下传的数据信息，由于实时下传的数据量受到空地数据链带宽的限制，每架航行过程中的飞机并不会发送大量的数据回到地面，但是客户端会进行大量的读操作。因此，需要采用主从复制、读写分离的数据库架构进行设计。采用此架构设计还可以满足系统快速查询、实时显示的功能要求。每架飞机从起飞开始到落地结束，都采用该数据库进行信息的存储，一旦飞机降落以后，该数据库的数据会自动转移到航后数据库中。

（7）PHM应用数据库

PHM应用数据库的设计主要用来记录系统所产生的结果和结论信息，包括诊断系统产生的诊断结论、故障预测结论以及健康管理结论等。由于该数据库存储的只是计算结果，这些结果和结论信息并不会达到海量的程度，但是由于客户端数量存在大量的读操作，因此，需要采用主从复制、读写分离的方法进行设计。考虑到系统产生的结果数据和结论信息需要进行相关的界面显示，同时能提供用户进行快速查看、统计、查询以及报表操作，因此，运行系统产生的结论需要作为一个独立的数据库进行设计。

（8）航后数据库

航后数据库记录实时监控数据库转移过来的实时数据，飞机回到地面后，地面接收到的机载信息系统记录的所有原始数据，以及经过数据处理后的所有数据内容，是故障诊断、健康预测、健康管理等系统的数据输入库。数据量大小应该能够达到PB量级，因此，航后数据库的设计不能采用传统的架构进行。应用的逻辑层以及系统的应用用户都是按照不同的飞机分系统来进行划分的，例如，液压系统故障诊断的推理需要调用液压系统航后数据作为推理诊断的输入，而其他系统的航后数据不会涉及。基于这种需求和考虑，航后数据库的结构层次划分应按照系统的不同进行，同时逻辑层次也应按照系统数据存储和基础数据存储两个逻辑进行。

（9）报文数据库

报文数据库记录实时监控数据库转移过来的实时数据，飞机回到地面后，地面接收到的机载信息系统记录的所有原始报文内容。该数据库数据量非常大，和航后数据库一样，需要采用先垂直分割、再水平分割才能不断保持数据库的扩展性。

4. 功能模块二：状态实时监控

该功能提供给系统用户实时掌握飞机运行状态的功能，及时了解飞机的故障及超限情况，提前做好维修准备，保障航班的安全、准点运行。

实时监控功能通过实时获取飞机的各类 ACARS 报文数据，将报文数据进行解码，进而将监控信息以友好、直接的形式展示给监控或维护人员。这一功能将有效帮助维护人员及时、准确地掌握飞机的技术状态，在飞机降落前获取相关故障信息并及时做出维修决策。

实时监控功能主要包括实时显示飞机航行动态信息、实时驾驶舱效应、实时故障信息、超限信息、异常事件、签派放行限制显示信息等，为机队监控人员、维修控制人员提供实时、直观的信息支持，实现实时故障监控、实时飞机状态参数监控、勤务信息监控、飞机构型信息报告等子功能。

5. 功能模块三：故障诊断

故障诊断子系统是实时监控子系统的延伸，主要通过实时监控子系统收集到飞机实时下传的实时故障信息、FDE 信息、机上记录的故障信息以及参数快照等，将其作为数据源，通过故障集成与显示模块显示给工程技术服务工程师、排故工程师。排故工程师根据系统处理逻辑进行处理。一旦判定为故障，系统利用维修手册与历史故障案例对其进行故障诊断，并将故障诊断结果显示给航线维修工程师。故障诊断子系统可分为四大功能模块，共 18 个功能点，其功能组成如图 7-7 所示。

（1）故障信息集成与显示

故障信息集成与显示模块是故障诊断子系统的基础模块，它将故障信息来源以及故障信息以直观的方式展现给用户，主要包括 FDE 信息、警告类信息以及其他信息，主要以故障优先级、故障码和故障简要描述的方式显示。基于 MEL、FMECA（故障模式、影响和危害性分析）等信息对故障按重要程度、紧急程度进行排序显示，并以不同颜色、不同形状的图标对故障信息进行标识。

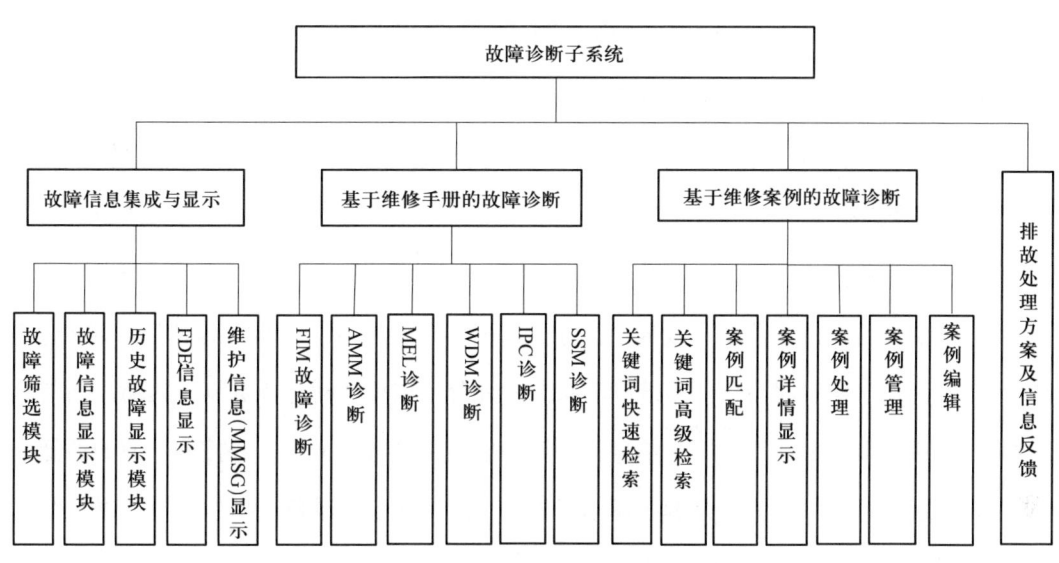

图 7-7 故障诊断子系统功能组成

（2）基于维修手册的故障诊断

基于维修类手册的故障诊断是通过报文中的某些关键词（机型、FDE 代码、ATA 章节等）自动将维修类手册（主要是 FIM、MEL）中的相关内容进行关联显示，并将维修手册的详细内容在用户查看故障详情时进行集中显示；另外，通过系统的某些关键词自动关联到技术出版物系统，并在技术出版物系统中完成自动排故，进而达到支持快速排故的目的。

（3）基于维修案例的故障诊断

基于维修案例的诊断方法是故障诊断的另一种重要方式，其应用原理主要是根据故障关键要素的相似度（机型、ATA 章节、故障码、故障描述的关键词等）检索曾经发生过的类似故障及其排故方案，检索结果可能存在多条类似故障的排故方案，系统将按照故障排除成功率从高到低对结果进行排序显示，集成显示在故障诊断详情页面中。

（4）排故处理方案及信息反馈

用户可参考故障关联信息、手册信息、案例信息等制订对当前故障的排故方案。本系统支持用户在系统中编写排故方案，并填写排故结果的反馈信息。

6. 功能模块四：预测与健康管理

预测与健康管理主要利用飞机的海量历史数据、实时飞行数据等信息，加载预测模型，实现对飞机性能衰减规律的趋势预测、飞机典型系统及其关键部件的故障预测和剩余寿命预测，及时了解飞机性能衰减的变化规律，预测典型系统及其关键部件的故障发生时间及剩余寿命，生成预测结论，并对预测结果、勤务类信息、飞机健康状态等进行报警，评估飞机健康状态，以便维修人员提前做好维修准备。主要包括：性能状态趋势分析，即用户根据实际工作需要设定预测参数和预测目标。关键部件寿命预测，即系统根据用户设定飞机系统的关键部件，获取失效数据，分析系统的失效规律，得到关键部件的性能退化规律。健康评估，提供对飞机各系统健康状态的评分。根据实时监控数据、故障诊断与健康预测的结论以及故障保留情况等信息，计算得出飞机的健康分值，并按照分值的高低进行排序、筛选与显示，形成综合健康评估报告，为维修建议和维修时机的决策提供支撑。

7. 功能模块五：维修辅助决策

在民用飞机 PHM 系统智能诊断、性能趋势预测与健康评估的基础上，以降低维修难度为目标，实现民用飞机智能维修决策，分析民用飞机维修的影响因素，制定维修策略，为机务维修人员的维修工作提供辅助决策支持。

第三节 案例：民用飞机故障诊断技术

考核知识点及能力要求：

- 熟悉基于知识工程的飞机系统故障诊断技术。

一、基于故障推理的飞机系统故障诊断技术

案例推理不需要详细的应用领域模型，其核心思想是借鉴专家丰富的经验来解决

目标问题，为新的故障案例提供参考依据，整个推理过程可以分为案例知识表示和存储、案例检索和匹配、案例修正和添加等阶段。

1. 案例知识表示和存储

基于CBR的故障诊断以飞机服役过程中的排故和维修记录为基础，通过对故障维修记录进行收集、整理及提取获得典型故障案例，形成案例知识库，案例知识库的丰富程度决定了故障诊断的有效性。案例知识的表示模式选择是CBR的数据基础，对案例推理系统的知识获取能力和运用效率有着直接的影响。对于同一个故障案例可以有多个表示方法，但是需要注意不同的表示方法检索和匹配效率会有较大的差异，需要合理选择知识表达方法。

案例的组织方式主要有平面组织、分层组织、网络组织等方式。平面组织类似于关系数据库中的二维表，由一组同类记录组成，优点是案例增删易于实现，缺点是对于复杂的案例库配置需要重构。分层组织是一种按层次结构组织案例库的方式，提供了一种高效的检索方式，缺点是复杂度较高、占用空间大，对于民用飞机的CBR故障诊断多采用这一组织方式，故障案例层次结构如图7-8所示。网络组织是一种更为复杂的组织结构，案例之间形成案例库网络，优点是有利于案例的检索和推理，缺点是不便于案例的增删。

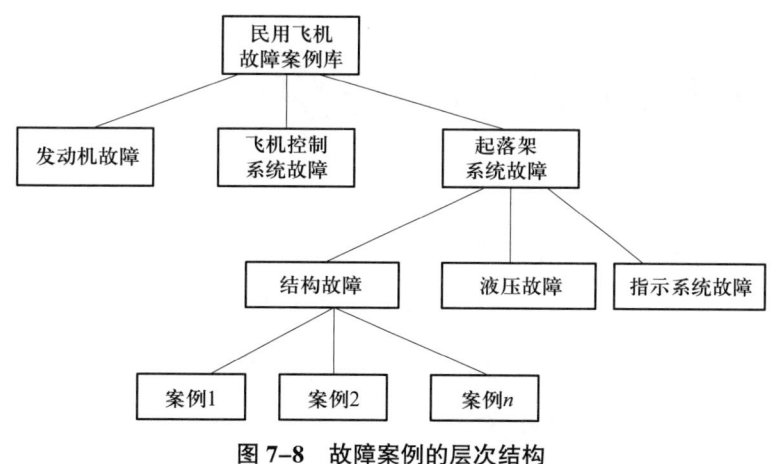

图7-8 故障案例的层次结构

2. 案例检索和匹配

故障案例的匹配是在旧案例或现有的故障案例中，找出一种与新案例比较相似或相近的故障案例，为了能够在数量上进行比较，相似度是新案例与历史案例之间相似性的一种度量。目前大多数采用最近邻法（nearest neighbor）计算案例间的相似度，它把输入的案例与案例库中的案例进行比较，求出案例间的相似度，将相似度超过阈值的案例返回用户，具体的算法有K最近邻检索方法。K最近邻法假定所有案例的特征矢量是n维空间的点，在这些点上建立一个特殊的近邻查找结构，使得当给定一个问题描述时，能迅速找到与之取得最佳匹配的点。最近邻法检索认为两个案例的特征集是相同的，且同一特征在不同的案例中具有相同的权重，根据相似度在相似算法中的级别不同，相似可以分为局部相似度和全局相似度。

针对民用飞机故障诊断系统的特点，采用基于特征属性及关键字计算案例相似度。案例间相似度量的基本方法大都是基于距离测度的相似评判方法，常用的方法有欧式距离、曼哈顿距离、无限模距离。

3. 案例修正和添加

通过检索和匹配算法，从案例知识库中找出与新案例相匹配的案例，为维修人员提供排故指导，但是若通过实际操作测试该方案无法排除故障，则需对案例的指导方案及措施进行修正作为新的案例，在得到新案例的解决措施之后，需要对新案例进行存储。案例库中的部分案例以及措施可能随着飞机的改装而变的无参照性，此类的案例则需要进行更新或者删除。

二、基于知识工程的飞机系统故障诊断技术

1. 基于FIM的故障诊断流程与方法

基于FIM的故障诊断，就是要深入分析手册的结构特点及与手册相关的各种文件资料，构建诊断系统模型，最终建成能够实现手册的管理与搜索、相关手册的关联、手册内容的更改及数据库管理的故障智能诊断系统。故障隔离手册的查询方式主要是基于故障码、发动机显示和机组警告系统（EICAS）信息、观察到的故障索引、客舱故障索引和维修信息这五种信息源进行查找。

基于根据FIM的结构分析和使用要求，通常有两种方式进入查询，一种是通过树形结构，以ATA章节的方式直接进入，在EICAS信息索引、可观察故障码索引和客舱故

障码索引或每一章的故障码索引和维修信息索引，查到相应的维修任务号，通过维修任务号进入故障隔离程序进行排故；另一种是根据故障码、EICAS 信息、故障描述、维修信息快速查询到维修任务号和故障隔离程序。快速查询有四种途径：①故障码：通过快速检索，输入故障码，结合相关维修信息，通过检索获得对应的任务号；单击任务号，快速进入章节部分的故障隔离流程。②EICAS 信息：通过驾驶舱 EICAS 面板的信息指示，通过 EICAS 信息索引得到故障代码。③故障描述：通过快速检索，输入检索词，通过检索结果获得对应的任务号，单击任务号，快速进入章节部分的故障隔离流程。故障描述包括可观察故障和客舱故障的描述。④维修信息：通过快速检索，输入维修信息，通过检索结果获得对应的任务号，单击任务号，快速进入章节部分的故障隔离流程。

2. 多故障原因综合分析方法

多故障原因综合分析是指当系统有多条故障需要排查时，可以首先借助于手册故障原因关系数据库进行分析，确定共有的故障原因，再对其进行排查，达到尽量减少排故次数的目的。危险等级排序是对故障的危险性等级进行分析，一般情况下，排故人员会对高等级故障优先排除，所以，要对选定待排故障的危险等级进行排序。多故障原因综合分析方法流程如图 7-9 所示。

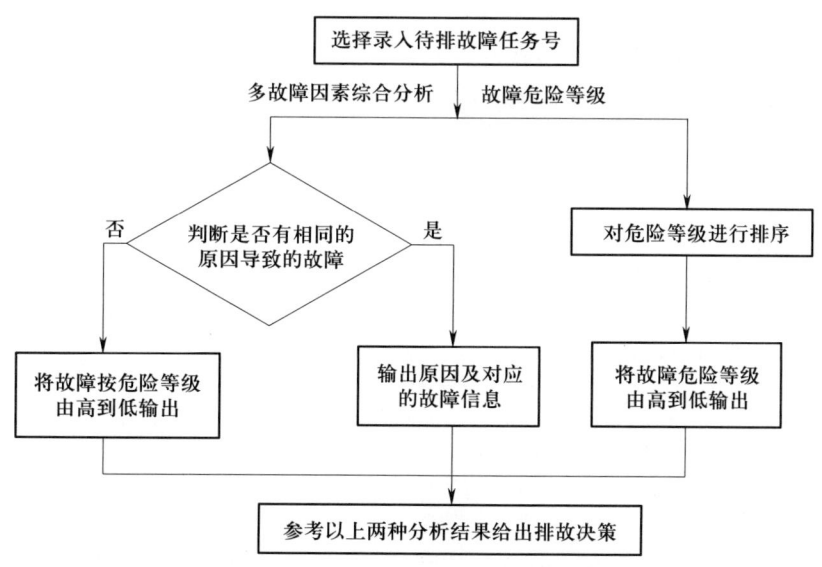

图 7-9　多故障原因综合分析方法流程

第八章
智能制造示范产线的智能运维系统

- **职业功能：** 装备与产线智能运维。
- **工作内容：** 产线的数据采集，产线故障诊断知识库的创建与配置，AR巡检的配置与使用。
- **专业能力要求：** 能构建故障状态指标，进行指标阈值配置，并建立安全告警指标与阈值体系；能进行装备与产线的工作环境预警和实时运行状态监测，对装备智能分析、健康状态评估并制定最优预防性维护策略；能进行智能运维系统的属性和参数配置；能进行装备与产线的远程维护作业。
- **相关知识要求：** 告警指标与阈值体系、AR/VR在运维作业中的应用、网络集成与通信技术、敏捷连接、数据优化、安全等技术；知识工程。

随着第四次工业革命的到来，各国纷纷推出以智能制造为核心的制造业发展计划。如德国"工业4.0""美国工业互联网""中国制造2025"战略，发展智能制造已成为各国重塑制造业竞争优势的新引擎。发展智能制造，人才培养是重中之重。

由于智能制造涉及面宽、系统复杂、技术要求高，急需跨学科和具有全局观的创新型、系统级人才。传统的工程教育普遍存在学科分割、知识老化、重理论轻实践等问题，造成人才培养与实际需求相脱节。德国在20世纪80年代后期首次提出"学习工厂"的概念以来，相关高校和研究机构开始试点建立学习工厂。

所谓"学习工厂"，就是通过真实的工厂产品制造过程及整个价值链，让学生掌握实际生产过程所需具备的知识与技术，培养系统性思维及解决实际问题的能力，同时加速研究成果的产业化。

"学习工厂"强调"工厂"与"学习"的结合，有效打破学科交叉的壁垒，通过教育传播知识，通过研究产生知识，通过创新应用知识，加快知识循环。

第一节　智能制造示范产线

考核知识点及能力要求：

- 了解智能制造产线的组成、体系和特点。
- 熟悉智能制造产线的故障。

一、智能制造示范产线的组成

智能制造示范产线包含 3 个基础工站：智能仓储工站、模块装配工站、视觉检测工站。各工站可独立运行，也可组合成产线协同工作。智能制造示范产线整体构成如图 8-1 所示。

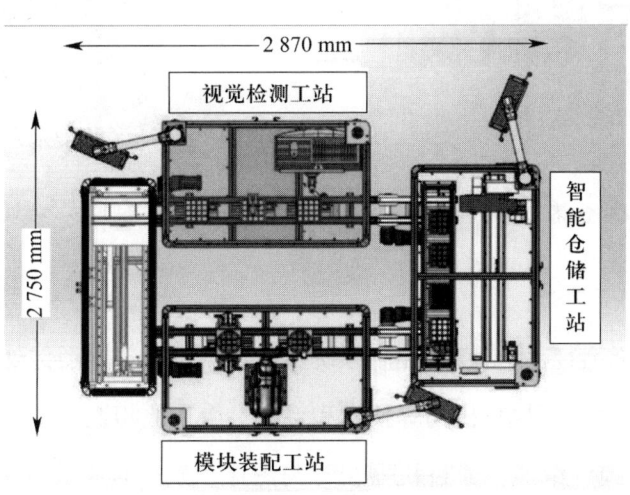

图 8-1　智能制造示范产线整体构成

（1）智能仓储工站

智能仓储工站是由立体货架、堆垛机、出入库托盘输送机系统、通信系统、自动控制系统、计算机监控系统以及其他辅助设备（如电线电缆桥架、托盘、钢结构平台等）组成的复杂的自动化系统，并运用一流的集成化物流理念，采用先进的控制、总线、通信和信息技术，通过以上设备的协调动作进行出入库作业，如图8-2所示。工站采用铝合金框架结构，含人机界面悬臂，三轴堆垛机由伺服电动机驱动；配有仓储管理系统软件，从软件上可对立库进行管理和进行出入库操作；通过仓储管理系统与PLC集成，实现仓储管理指令的下达执行及执行结果的反馈。

（2）模块装配工站

模块装配工站以工业机器人装配功能为示范，综合应用工业机器人、PLC控制、RFID数据通信、物料输送线、定位机构等系统，可开展机器人编程和集成应用的综合实训，适合机械自动化、机器人、智能制造等专业进行实践教学智能检测单元，如图8-3所示。

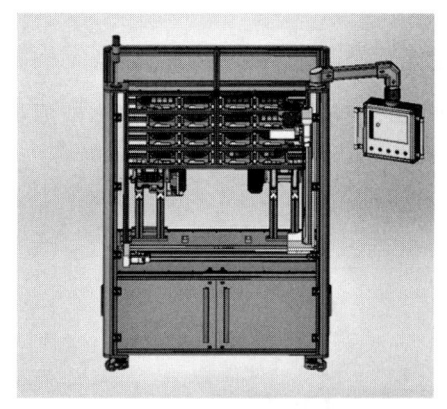

图8-2 智能仓储工站

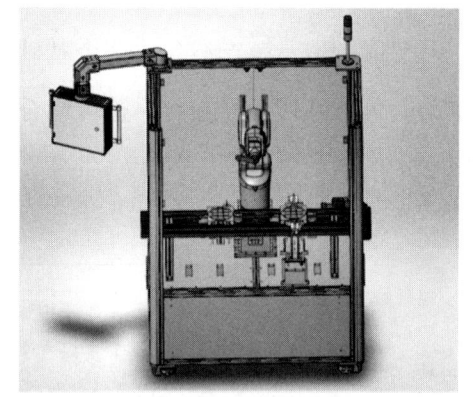

图8-3 模块装配工站

（3）视觉检测工站

视觉检测工站综合应用自动化控制系统、工业相机、数字图像处理、RFID通信模块、工业网络和机械控制执行机构等技术和系统，由工业相机、镜头、光源、工控机、PLC、输送线、触摸屏组成，通过机器视觉与图像识别，判断装配完成的小车模块是否与订单一致，并读取各模块原料二维码溯源信息，返回上层控制系统，如图8-4

所示。

（4）平移输送单元

平移输送单元用于连接机器人装配工站与视觉检测工站，以气动方式驱动移载机在两个工站间传输物料托盘，如图 8-5 所示。

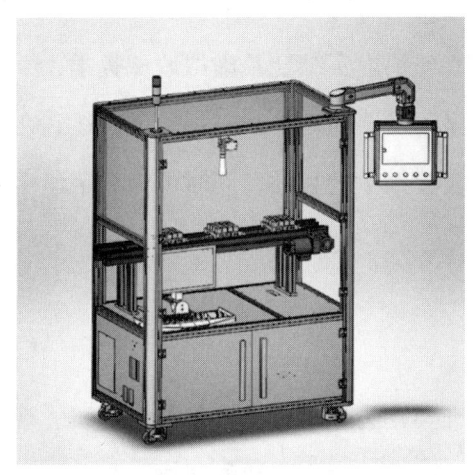

图 8-4　视觉检测工站

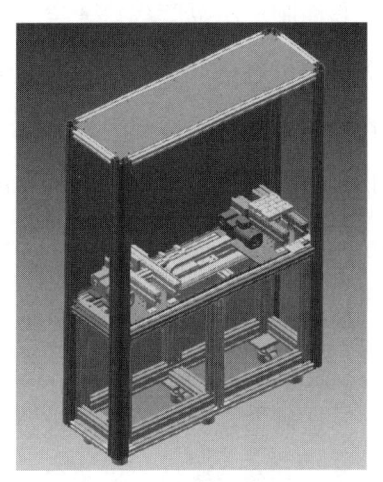

图 8-5　平移输送单元

（5）中央控制单元

中央控制单元是管理、操作实训平台的人机交互枢纽，由控制台、个人计算机、显示器以及生产管理软件构成。

（6）订单管理系统

用户可以通过计算机、手机在线订购，订购有两种方式，一是查看所有的产品列表；二是按需求定制所需的减速机、传动轴模块。管理者可查看、审核用户订单，包括取消订单，修改订单数量、订单优先级等，审核通过的订单将对接制造执行系统（MES），由 MES 安排生产。

（7）制造执行系统

客户订单审核通过后，在订单系统内转化为生产工单。该工单将自动发送给MES。MES 具有制造主数据管理、工序作业级排产、生产执行过程控制、生产过程数据采集、质量跟踪与产品溯源、数据分析等功能。

（8）仓储管理系统

仓储管理系统负责立体仓库的原料和成品的出入库，相关信息记录、库位盘点和分析等。

（9）数字孪生系统

智能制造示范产线数字孪生具有与物理产线相一致的 3D 模型、动作序列、I/O 信号等，并可进行 PLC、机器人的编程与仿真，实现了虚实结合及虚拟调试教学，学生可在数字模型上进行编程、调试，最后再将程序下发至物理产线进行验证，达到在少量物理设备的情况下，以班级为单位同时开展实验教学的目的，同时可为数字孪生开发技术提供实训平台。

二、智能制造示范产线的体系

智能制造示范产线以国家智能制造系统标准架构为参考，涵盖工业网络层、现场设备层、设备控制层、运营管理层、智能应用层等核心功能。智能制造示范产线系统架构如图 8-6 所示。

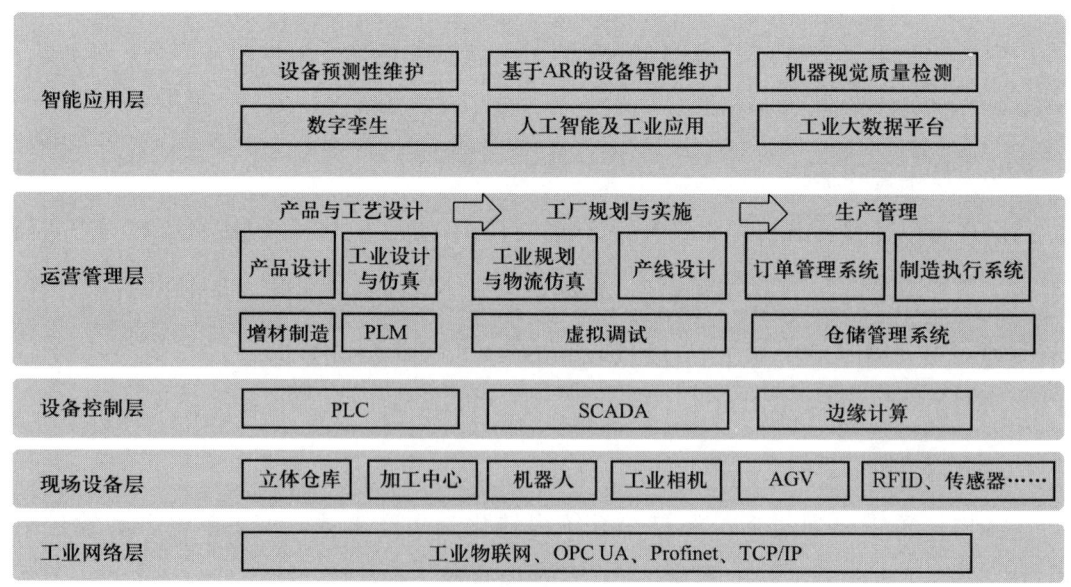

图 8-6　智能制造示范产线系统架构

第二节　智能制造示范产线的远程运维平台

考核知识点及能力要求：

- 了解故障诊断知识库。
- 了解 AR 巡检及故障维修指导系统。
- 熟悉智能制造产线的故障。
- 掌握故障诊断知识库的配置与使用。
- 掌握 AR 巡检及故障维修指导系统的配置与使用。

一、故障诊断知识库

智能制造示范产线的故障诊断知识库是一个用于支持智能制造示范产线运行和维护的信息资源库。这个知识库包含与智能制造示范产线相关的故障诊断信息和数据，旨在帮助工程师、技术支持人员以及操作人员迅速识别和解决产线上可能出现的问题和故障。

智能制造示范产线的故障诊断知识库的总体目标是提高产线的可靠性、效率和可维护性。具体来说，其主要目标包括：

1）减少停机时间。通过提供快速和准确的故障诊断信息，帮助产线操作人员和维修团队迅速识别和解决问题，从而减少产线停机时间，提高生产能力。

2）降低维护成本。通过提供有效的维护和修复指南，降低了维修过程的时间和成本，包括减少不必要的备件更换和维修试错的情况。

3）提高产线的可维护性。使操作员和维修人员能够更好地理解设备和系统的工作原理，更好地进行预防性维护，延长设备寿命，并降低突发性故障的风险。

4）提高知识共享和培训效率。为团队成员提供集中的资源，以帮助他们学习和分享有关生产线的知识和经验，有助于提高团队的整体能力。

智能制造示范产线的故障知识库为用户提供了一系列具体功能，以支持产线的维护和故障排除，见表 8-1。

表 8-1　　　　　　　　　　　故障知识库

序号	模块	主要功能
1	智能制造示范产线的故障诊断知识库	访问知识库：提供远程访问故障知识库的方式
2		搜索问题：使用知识库的搜索功能来查找当前遇到问题的相关信息。提供输入故障描述、设备型号、故障代码或关键词来搜索
3		故障诊断：找到相匹配的故障信息后，用户可以阅读故障诊断步骤，指导他们逐步识别问题并提供可能的解决方案
4		反馈和更新：如果问题得到解决，可以提供反馈，标记问题为已解决并进行上报。如果知识库中的信息有误或需要改进，支持知识库的更新

二、远程运维平台

远程运维平台是一种用于管理和维护计算机系统、网络设备和其他信息技术基础设施的软件工具或服务。平台允许 IT 管理员和技术支持团队通过远程连接访问和控制远程设备，以执行诊断、故障排除、更新、配置和维护操作。

设备远程运维的主要目标是确保设备的高可用性、稳定性和效率，同时降低维护成本。设备远程运维的关键目标有：

1）远程访问和管理。允许运维人员和管理员通过互联网或网络连接远程访问设备，以执行各种管理任务，而无须亲自前往设备所在地点。有助于节省时间和成本，并减少因故障而引发的停机时间。

2）实时监控。提供对设备性能、状态和数据的实时监控，以及对潜在问题的警报和通知。有助于及时检测和解决问题，预防设备故障。

3）故障排除和维护。允许运维人员远程诊断设备故障，执行必要的修复和维护操作，从而减少停机时间，确保设备持续运行。

4）数据分析和优化。收集设备生成的数据，进行分析和报告，以帮助预测性维护、性能优化和决策支持。有助于提高设备的效率和可靠性。

5）降低维护成本。通过远程管理和维护设备，可以降低物理维护的成本，减少差旅费用，延长设备的寿命，并减少停机带来的损失。

6）安全性。设备远程运维平台通常具备安全性措施，包括加密通信、身份验证和授权，以确保远程连接和管理过程的安全性。有助于防止未经授权的访问和数据泄露。

同时，远程运维也是工业互联网的重要组成部分，没有工业互联网核心技术，远程运维就不可能实现目标，设备远程运维平台运用了多种新技术，物联网实现数据接入，云计算实现存储，大数据实现分析，人工智能实现状态检修与预警预报。

工业互联网是新一代信息技术，融合物联网、云计算、大数据、人工智能等技术。工业互联网作为智能制造的基础网络，包含网络、平台、安全三要素。工业互联网的本质是通过开放的网络平台，把设备、生产线、员工、工厂、仓库、供应商、产品和客户等全要素紧密地连接起来，实现全流程、全产业链、全价值链的数字化、智能化应用。

远程运维平台采用端边云的架构，端是指位于物理世界中的设备、传感器、机器和用户终端。在远程运维平台中，端包括所有需要监测、控制或与云端通信的设备和终端。这些设备可以是工厂中的生产设备、传感器、智能制造设备、移动终端等。端的特点是它们通常位于现场，距离云端远，并且需要实时或低延迟的响应。端设备负责数据采集、初步处理和传输到边或云端进行进一步的处理和分析。边是介于端和云端之间的中间层。边计算通常发生在距离端设备更近的地方，通常是位于本地数据中心、边缘服务器或网关设备上。边的主要目标是在设备和云端之间提供计算、存储和网络资源，以满足对实时性、低延迟和带宽的需求。边计算可以用于数据过滤、预处理、事件处理、设备管理和安全性等任务。通过在边进行计算，可以减少云端的负载，同时更快地响应端设备的需求。云端是远程运维平台的核心后台，位于远程数据中心或云服务提供商的服务器上。云端提供了强大的计算和存储资源，用于处理大规模数据、执行复杂的分析任务和支持远程运维系统的核心功能。在云端，数据可以进行更深入的分析、模型训练、长期存储和可视化展示。云端还允许多个端设备同时访问和共享数据，实现全局性的监测、管理和优化。

远程运维平台云端设备监控如图8-7所示。

图8-7 远程运维平台云端设备监控示意图

实验一：产线故障信号采集与状态监控

1. 实验目的

（1）熟悉产线的故障。

（2）掌握产线的信号采集。

（3）掌握产线状态监控的可视化方法。

2. 实验设备

（1）智能制造综合实训平台。

（2）计算机。

（3）MES。

（4）AGV

3. 实验内容

（1）编写产线的故障信号和状态信号采集程序。

（2）对采集的信号进行处理，实现产线状态监控。

4. 实验步骤

（1）参考产线的故障列表对相应信号进行采集，例如，堆垛机限位故障，急停故障，伺服、RFID 通信故障，RFID 读写故障，系统运行超时故障，MES、AGV 通信故障等。

（2）使用博途软件编写故障报警程序并制作 HMI 中的报警显示界面。

（3）开启 OPC UA 服务，通过协议采集产线的状态数据，并使用 Node-Red 编写产线状态监控页面。

实验二：故障诊断知识库的创建与配置

1. 实验目的

（1）熟悉产线的故障。

（2）掌握故障诊断知识库的配置及使用。

2. 实验设备

(1) 智能制造综合实训平台。

(2) 产线远程运维系统。

(3) 计算机。

3. 实验内容

(1) 参考给定的文档,创建产线故障诊断知识库。

(2) 参考给定的文档,在创建的故障诊断知识库中配置故障关系。

4. 实验步骤

(1) 参考给定的故障文档,将指定的产线故障添加到故障诊断知识库中。

(2) 分析各个故障,在故障诊断知识库中配置故障与故障原因之间的关系。

(3) 分析各个故障的原因,在故障诊断知识库中配置故障与维修方法之间的关系。

实验三:产线故障诊断与维修

1. 实验目的

(1) 熟悉产线的故障。

(2) 掌握使用 AR 巡检系统进行故障诊断与维修的能力。

(3) 掌握使用故障诊断知识库进行故障诊断与维修的能力。

(4) 掌握使用故障诊断模型进行故障诊断的能力。

2. 实验设备

(1) 智能制造综合实训平台。

（2）AR 巡检软件系统。

（3）AR 巡检设备。

（4）远程运维系统。

3. 实验内容

（1）使用 AR 巡检设备，对设备进行巡检并查找故障点。

（2）依据 AR 巡检数据对设备故障进行排除。

（3）使用故障诊断知识库平台对设备故障进行分析。

4. 实验步骤

（1）使用 AR 巡检设备在 AR 巡检关键点位查看相关巡检数据。

（2）依据巡检数据确定故障类型与位置。

（3）使用故障诊断知识库或 AR 巡检软件系统，对故障进行分析或建立故障诊断模型进行故障分析。

（4）使用故障诊断知识库查看故障解决方法，对故障进行维修。

（5）统计与分析产线的常见故障。

参考文献

［1］张凯龙. 嵌入式系统体系、原理与设计［M］. 北京：清华大学出版社，2017.

［2］刘伟. DSP 原理与应用［M］. 北京：电子工业出版社，2012.

［3］梁义涛，等. 现代 DSP 技术与应用［M］. 北京：清华大学出版社，2012.

［4］周俊杰. 计算机网络系统集成与工程设计案例教程［M］. 北京：北京大学出版社，2013.

［5］姚羽，祝烈煌，武传坤. 工业控制网络安全技术与实践［M］. 北京：机械工业出版社，2017.

［6］汤旻安. 现场总线及工业控制网络［M］. 北京：机械工业出版社，2018.

［7］秦元庆，周纯杰，王芳. 工业控制网络技术［M］. 北京：机械工业出版社，2018.

［8］计静. 基于 EPON 技术的光接入网组网研究［D］. 北京：北京邮电大学，2011.

［9］WOLFGANG MAHNKE，STEFAN-HELMUT LEITNER，MATTHIAS DAMM. OPC 统一架构［M］. 马国华，译. 北京：机械工业出版社，2011.

［10］樊昌信，曹丽娜. 通信原理［M］. 7 版. 北京：国防工业出版社，2012.

［11］王振力，刘博. 工业控制网络［M］. 北京：人民邮电出版社，2012.

［12］陈在平. 现场总线及工业控制网络技术［M］. 北京：电子工业出版社，2008.

［13］王海.工业控制网络［M］.北京：化学工业出版社，2018.

［14］范其明.工业网络与现场总线技术［M］.西安：西安电子科技大学出版社，2020.

［15］陈雪峰.智能运维与健康管理［M］.北京：机械工业出版社，2020.

［16］梁清华.工业控制网络技术实验教程［M］.沈阳：东北大学出版社，2014.

［17］王春晓.基于数字孪生的数控机床多领域建模与虚拟调试关键技术研究［D］.济南：山东大学，2018.

［18］赵建军，丁建完，周凡利，等.Modelica语言及其多领域统一建模与仿真机理［J］.系统仿真学报，2006（S2）：570-573.

［19］张华，郑国勋，付浩海.面向自然特征的增强现实中高精度目标跟踪注册研究［J］.长春工程学院学报（自然科学版），2021，22（1）：69-73，104.

［20］陈灿鑫.移动增强现实中跟踪注册的关键技术研究［D］.广州：华南理工大学，2013.

［21］韩玉仁，李铁军，杨冬.增强现实中三维跟踪注册技术概述［J］.计算机工程与应用，2019，55（21）：26-35.

［22］吴广运.面向移动增强现实的跟踪注册算法应用研究［D］.无锡：江南大学，2021.

［23］王月，张树生，何卫平，等.基于模型的增强现实无标识三维注册追踪方法［J］.上海交通大学学报，2018（1）：7.

［24］王军，王晓东.智能制造之卓越设备管理与运维实践［M］.北京：机械工业出版社，2019.

［25］李玄基.基于HoloLens增强现实的关键技术研究与实现［D］.成都：西南交通大学，2019.

［26］侯颖，许威威.增强现实技术综述［J］.计算机测量与控制，2017，25（2）：1-7，22.

［27］魏禛，郭宇，汤鹏洲，等.增强现实在复杂产品装配领域的关键技术研究与应用综述［J］.计算机集成制造系统，2022：1-18.

［28］张乐，张元，韩燮，等.一种免注册标识的增强现实方法［J］.科学技术与工程，2020，513（8）：3149-3156.

［29］张雨萌.数字孪生驱动的矿用设备维修MR辅助指导系统［D］.西安：西安科技大学，2020.

［30］段晨东.基于第二代小波变换的故障诊断技术研究［D］.西安：西安交通大学，2005.

［31］李璐洁.基于时间序列分析的内燃机故障诊断及GUI的设计［D］.西安：西安电子科技大学，2014.

［32］张俊.基于灰色理论的变压器故障预测与评估［D］.成都：西华大学，2012.

［33］周日贵.量子神经网络模型研究［D］.南京：南京航空航天大学，2008.

［34］李红梅.基于卷积神经网络的智能故障诊断方法研究［D］.太原：中北大学，2021.

［35］马笑潇.智能故障诊断中的机器学习新理论及其应用研究［D］.重庆：重庆大学，2002.

［36］刘磊.装备智能故障诊断及测试性验证与评价方法研究［D］.郑州：郑州大学，2017.

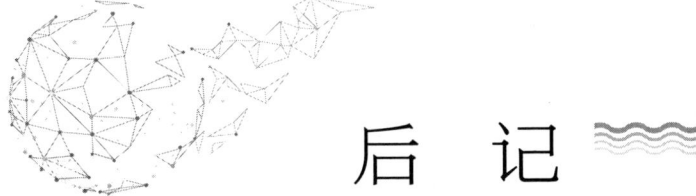

后　记

随着全球新一轮科技革命和产业变革加速演进,以新一代信息技术与先进制造业深度融合为特征的智能制造已经成为推动新一轮工业革命的核心驱动力。世界各工业强国纷纷将智能制造作为推动制造业创新发展、巩固并重塑制造业竞争优势的战略选择,将发展智能制造作为提升国家竞争力、赢得未来竞争优势的关键举措。

智能制造是基于新一代信息技术与先进制造技术深度融合,贯穿于设计、生产、管理、服务等制造活动各个环节,具有自感知、自决策、自执行、自适应、自学习等特征,旨在提高制造业质量、效益和核心竞争力的先进生产方式。作为"制造强国"战略的主攻方向,智能制造发展水平关乎我国未来制造业的全球地位,对于加快发展现代产业体系,巩固壮大实体经济根基,建设"中国智造"具有重要作用。推进制造业智能化转型和高质量发展是适应我国经济发展阶段变化、认识我国新发展阶段、贯彻新发展理念、推进新发展格局的必然要求。

2020年2月,《人力资源社会保障部办公厅　市场监管总局办公厅　统计局办公室关于发布智能制造工程技术人员等职业信息的通知》(人社厅发〔2020〕17号)正式将智能制造工程技术人员列为新职业,并对职业定义及主要工作任务进行了系统性描述。为加快建设智能制造高素质专业技术人才队伍,改善智能制造人才供给质量结构,在充分考虑科技进步、社会经济发展和产业结构变化对智能制造工程技术人员要求的基础上,以智能制造工程技术人员专业能力建设为目标,根据《智能制造工程技术人员国家职业技术技能标准(2021年版)》(以下简称《标准》),人力资源社会保障部专业技术人员管理司指导中国机械工程学会,组织有关专家开展了智能制造工程技术人员(初级)培训教程的编写工作,并于2021年出版。5本智能制造工程技术人员(初级)培训教程一经出版立即获得了广泛的关注与好评,为智能制造工程技术人员提供了全面、实用的学习资料,受到了智能制造工程技术领域从业人员的高度评价。

为加快推进数字技术工程师培育项目,围绕智能制造技术领域,培养一批高水平、创新型数字技术人才,人力资源社会保障部专业技术人员管理司指导中国机械工程学会组织有关专家依据《标准》开展了智能制造工程技术人员(中级)培训教程的编写工作。

智能制造工程技术人员中级专业技术等级分为4个职业方向:智能装备与产线开发、智能装备与产线应用、智能生产管控、装备与产线智能运维。中级教程包含《智能制造工程技术人员(中级)——智能制造共性技术》《智能制造工程技术人员(中级)——智能装备与产线开发》《智能制造工程技术人员(中级)——智能装备与产线应用》《智能制造工程技术人员(中级)——智能生产管控》《智能制造工程技术人员(中级)——装备与产线智能运维》,共5本教程。

《智能制造工程技术人员(中级)——智能制造共性技术》涵盖《标准》中中级共性职业功能所要求的专业能力和相关知识要求,是每个职业方向培训的必备用书;其他4本教程内容涵盖了本职业方向中应具备的专业能力和相关知识要求。

在使用中级系列教程开展培训时,应当结合中级培训目标与受训人员的实际水平和专业方向,选用合适的教程。在智能制造工程技术人员中级专业技术等级的培训中,"智能制造共性技术"是每个职业方向都需要掌握的,在此基础上,可根据培训目标与受训人员实际,选用一种或多种不同职业方向的教程。培训考核合格后,获得相应证书。

本教程适用于大学专科学历(或高等职业学校毕业)及以上,具有机械类、仪器类、电子信息类、自动化类、计算机类、工业工程类等工科专业学习背景,具有较强的学习能力、计算能力、表达能力和空间感,参加全国专业技术人员新职业培训的人员。

本教程是在人力资源社会保障部、工业和信息化部相关部门领导下,由中国机械工程学会组织编写的,来自同济大学、西安交通大学、上海交通大学、华中科技大学、天津大学、上海海事大学、西北工业大学、北京工业大学、东北大学、长安大学、西安工业大学、东华大学、华南理工大学、暨南大学、上海大学、上海电机学院、陆军装甲兵学院、新乡职业技术学院、北京机械工业自动化研究所有限公司、公安部第三研究所、广州明珞装备股份有限公司、青岛海尔电冰箱有限公司、上海飞机客户服务有限公司、上海思普信息技术有限公司、上海天睿物流咨询有限公司、上海犀浦智能系统有限公司、西安东航赛峰起落架系统维修有限公司、西门子工厂自动化工程有限公司、中国科学院沈阳自动化研究所、中国商用飞机有限责任公司等高校及科研院所、企业的智能制造领域的核心及知名专家参与了编写和审定。缪云、张振、丁云飞、宋娜、曾海峰、孙晓宇、宋威、张德义、兰希、秦戎、马驰、康绍鹏、何恩义、洪悦、李想、高翀、魏江、姚仁和、朱俊臻、胡浩、吴春志、丁闯、邵海兵、龙璞、李泊锋、田宇松、明萱、钱伟、唐堂、王亮、王龙华、陈云、吴强、冯蕴雯、黄加阳等专家对教程编写提出了宝贵意见。同时参考了多方面的文献,吸收了许多专家学者的研究成果,在此表示衷心感谢。

  由于编者水平、经验与时间所限,本书的不足与疏漏之处在所难免,恳请广大读者批评与指正。

本书编委会